Rosa Porcel
@bioamara

Eso no estaba en mi libro de Botánica

LIBROS
EN EL
BOLSILLO

Impreso por BLACK PRINT
Libros en el bolsillo: ÓSCAR CÓRDOBA

I.S.B.N: 978-84-17547-72-1
Depósito Legal: M-12867-2022

Código BIC: PDX; PDZ; PST
Código THEMA: PDX; PDZ; PST
Código BISAC: NAT026000

Impreso en España - *Printed in Spain*

A la memoria de mi hermana,
la otra flor de mi primavera.

A Fran, la raíz de todo.

INTRODUCCIÓN

LAS PLANTAS, ESAS GRANDES OLVIDADAS

Querida lectora, querido lector, este libro va de plantas. Sí, de plantas. Cuando estudié Biología, eran pocos los que optaban por dirigir su especialidad hacia la botánica, algunos más hacia zoología y la mayoría a una especialidad que contemplaba asignaturas más orientadas a la investigación en medicina o biología animal. Incluida yo... La casualidad, junto con la generosidad de unas personas que depositaron su confianza en mí, hizo que de repente me viera dos años antes de acabar la carrera en un centro de investigación del CSIC, la Estación Experimental del Zaidín, en Granada, dedicado íntegramente a las ciencias agrarias. ¡Yo trabajando con plantas! Ese tiempo hizo que me picara el gusanillo. Y me debió pegar un buen bocado, porque terminé haciendo la tesis ahí y con ellas sigo, algunos años después. Durante aquel primer contacto con la investigación en microbiología y en plantas, aprendí a entenderlas y a valorarlas. Eran grandes desconocidas.

En la actualidad, con los estudios de biotecnología el panorama es parecido, y son mayoría los que optan por la investigación roja (medicina) o blanca (microbiología, industria) frente a los que lo hacen por la verde (plantas). En este libro voy a tratar de exponerte el papel que han tenido las plantas en nuestra historia, sus mecanismos para alimentarse, relacionarse y defenderse, sus momentos más íntimos, y voy a demostrarte que tienen mucho encanto y glamur.

Macaco disfrutando de su fruta cómodamente y
sobre todo seguro subido en un árbol.

Para empezar, si estás leyendo este libro, es gracias a las plantas. No solo porque el papel se hace de celulosa, que es la que forma todas las estructuras rígidas de los vegetales. La celulosa es también el principal componente del algodón, que probablemente sea la ropa que ahora mismo llevas puesta, y los tintes que han servido para darle color puede que también sean de origen vegetal. Pero vamos más allá. Tú y yo, como animales, somos organismos heterótrofos. Esto quiere decir que no somos capaces de sintetizar nuestra propia materia orgánica a partir de fuentes inorgánicas como podrían ser el CO_2, el sulfato o el amonio. Tampoco podemos aprovechar la energía como la luz solar. Esto nos obliga a alimentarnos de plantas o de animales que hayan comido plantas. Necesitamos una planta, o una alga, o microorganismo capaz de hacer la fotosíntesis para que convierta el CO_2 en azúcar y así introducir energía en la cadena trófica; por eso, es muy complicado encontrar un ecosistema donde no haya plantas, pero podemos encontrarlo sin animales, ya que casi todos dependen de la fotosíntesis (la excepción serían los ecosistemas de las fumarolas oceánicas). Una extinción de todas las plantas podría acabar con la vida en la Tierra, pero una extinción de todos los animales no sería definitiva. Seguramente se extinguirían las plantas que para polinizarse dependen de insectos o de pájaros, pero otras plantas sin polinización zoodependiente ocuparían su lugar. Las abejas están sobrevaloradas. Por lo tanto, si estás vivo, es gracias a las plantas. Sin ellas, no tendrías qué comer, aunque tu dieta fuera 100 % carnívora, ya que esos animales que te alimentan se han alimentado también de plantas. Y si tu dieta es 100 % carnívora, házelo mirar, antes de que te revienten los riñones, se te solubilicen los huesos por un exceso de ácido úrico o se te taponen las arterias por el colesterol. Una dieta equilibrada está formada principalmente por productos de origen vegetal; así que, ya sabes, mucha fruta y ensaladas es básico para la salud.

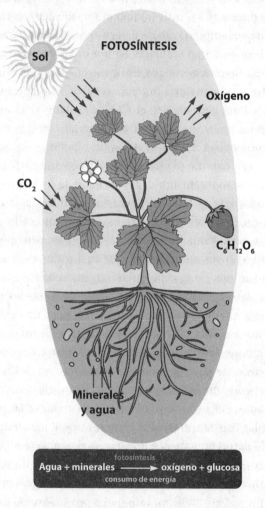

FOTOSÍNTESIS

Sol

Oxígeno

CO_2

$C_6H_{12}O_6$

Minerales y agua

Agua + minerales $\xrightarrow[\text{consumo de energía}]{\text{fotosíntesis}}$ oxígeno + glucosa

Esquema simplificado del proceso de fotosíntesis.

El gran poeta portugués Fernando Pessoa habló en un poema de «Nuestras hermanas las plantas, esas santas a las que nadie reza». Esto sirvió de inspiración a la fotógrafa Ouka Leele para componer una obra del mismo título. Una fotografía nostálgica, triste, pero a la vez profundamente evocadora y que transmite una gran paz y emotividad, o al menos eso es lo que siento cada vez que la veo. La fotografía representa una vieja escoba apoyada en un árbol entre piedras llenas de musgo, otra vegetación y soledad. La escoba está hecha de caña y de enea, por tanto, es vegetal. El árbol, la vegetación y el musgo no hace falta explicarlos, y las piedras serían las únicas partes no vegetales de la composición. Dejando de lado el sentimiento religioso que nos pueda suscitar el título de la obra, sí que es cierto que las plantas han sido las grandes olvidadas en los libros de biología o de ciencia en general. La divulgación científica peca de zoocentrismo, solo hay que ver la cantidad de documentales que hay en televisión sobre mundo animal, pero ¿cuántos hablan de plantas? Y si nos vamos a los libros editados, pues parecido. Coge cualquier título que tenga que ver con la biología y normalmente hablará de animales. Da igual que el libro trate de virus, de la percepción de la luz o de la evolución. Esto no deja de ser una clamorosa injusticia. ¿Alguna vez te has preguntado cuántos avances en la biología se han hecho investigando plantas y no animales o microorganismos? La primera célula la descubrió Hooke estudiando corcho, donde descubrió unas celdillas que llamó «células». El primer virus fue descubierto por Ivanovski y Beijerinck tratando de encontrar el agente causante de una enfermedad que afectaba a las plantas de tabaco. La cromatografía, una técnica básica en la química que sirve, entre otras cosas, para hacer muchos de los análisis que te manda el médico, la desarrolló el botánico ruso Mijaíl Tsvet tratando de separar una mezcla de pigmentos de plantas. Si quieres hacer la prueba en casa, solo tienes que coger una tira de cartulina blanca y machacar una hoja o una flor en alcohol. Luego, pones una gota en un extremo de la cartulina, la colocas en vertical y verás cómo va difundiendo, los diferentes pigmentos (no te pienses que hay solo clorofila) migran a diferente velocidad, por lo que se quedará una preciosa y ordenada mancha multicolor. La primera evidencia de que los cromosomas se entrecruzan durante la división celular y de que existen elementos móviles dentro del genoma la obtuvo Barbara McClintock estudiando el maíz. Esto explica fenómenos tan fundamentales como que los hermanos sean diferentes y no sean clónicos entre ellos, o la evolución de los genomas. Y, por supuesto, un monje agustino, trabajando en el patio de su monasterio en Brno (actual República Checa) y haciendo cruces con guisantes o judías, logró descifrar las leyes de la herencia, mundialmente conocidas como leyes de Mendel, que son básicas en genética.

Y esto no es casualidad. Hemos descubierto más procesos básicos en plantas que en animales porque su biología es mucho más interesante y compleja que la de un animal. Cuando a una vaca le pica un bicho, mueve el rabo; cuando tiene sed, busca agua, y, cuando tiene calor, se va a la sombra. Ante cualquier circunstancia adversa, la respuesta se basa en tener un sistema nervioso que capta todas las señales, las procesa y envía las órdenes al sistema musculoesquelético para que se mueva y encuentre una solución o huya del problema. Las plantas, en cambio, son organismos sésiles, es decir, viven inmóviles (aunque ya veremos en el libro que no siempre es así). Están quietas, pero no indefensas.

Llevan millones de años sobreviviendo a duras circunstancias ambientales y a bichos que se las quieren comer, lo que indica que tener músculos o cerebro (desarrollarlos suele ser excluyente) no es para tanto. Las plantas, ante cualquier situación complicada, lo que hacen es poner en marcha una respuesta basada en la activación y represión de genes para sintetizar moléculas tóxicas que las protejan frente a depredadores, antioxidantes que las amparen del exceso de luz solar, moléculas solubles que retengan agua, etc., por eso su biología es tan fascinante. Desde hace tiempo hemos conocido que las plantas son una fuente de productos curiosos y muy útiles, y hemos sabido sacar provecho a esta impresionante riqueza química. Las plantas no solo nos dan comida, también nos dan tejidos para vestirnos, medicinas para curarnos, colorantes para teñir o materiales como la madera, la celulosa o el caucho para los neumáticos de los coches y un largo etcétera. A nivel molecular, eso se traduce en que, en general, cualquier planta tiene un genoma bastante más grande que el de un animal y un mayor número de genes. El organismo con mayor genoma conocido hasta ahora, como ya habrás adivinado, es una planta: *Paris japonica*, una especie ornamental. Por eso, estudiar cómo se regulan y cómo interaccionan estos genes para generar estas moléculas es complicadísimo y a la vez apasionante, pero gracias a eso podemos, entre otras cosas, obtener alimentos de forma más eficiente. No deja de ser curioso que en la actualidad gastemos muchos más recursos en investigar procesos relacionados con la biología animal que con la vegetal, cuando en el mundo la población sigue creciendo y debemos aumentar la producción de alimentos.

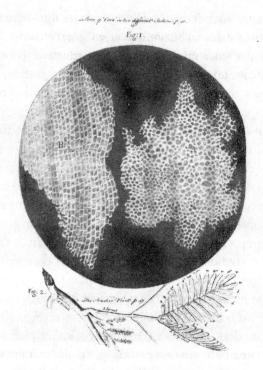

Ilustración realizada por Robert Hooke y publicada
en su libro *Micrographia* donde se observan celdillas
en corcho a las que llamó «células».

Como te decía, este libro va de plantas, pero no es un
tratado de botánica. Juntos, vamos a hacer un recorrido por
la historia para saber cómo han influido en nuestra cultura,
cómo se alimentan, cómo viven, cómo se relacionan y qué
mecanismos tienen para defenderse o adaptarse al entorno,
para terminar finalmente con la reproducción y el origen
de una nueva planta. Verás que, detrás de cada brote verde,
de cada flor o de cada raíz, se esconde una historia increíble. Las formas, colores y texturas de las plantas, y especialmente de sus flores, son variadas y, en algunos casos, verda-

deramente sorprendentes. Disfruta de las ilustraciones de este libro y no te cortes en buscar en internet imágenes de plantas que verás en este viaje. Estoy segura de que entenderás mejor mi pasión por ellas.

Paris japonica la planta con mayor tamaño de genoma conocido.

Espero que disfrutes de la lectura y, cuando llegues al final, te haya transmitido la misma fascinación que siento por las plantas después de veinte años de investigación con ellas.

Comenzamos.

PARTE I.
LAS PLANTAS Y NOSOTROS

AL PRINCIPIO HABÍA...

«Verde es el color principal del mundo, y a partir
del cual surge su hermosura». Calderón de la
Barca (1600-1681), escritor del Siglo de Oro.

Me llamo Rosa y vine al mundo el primer día de la primavera,
cuando el verdor y los perfumes de la naturaleza nos abraza-
ban después del duro invierno. El prodigio de la primavera
desplegaba todo su esplendor, regalándonos estampas bellas
y ganas de vivir. Todo tipo de plantas exhibían sus renova-
das galas de colores y formas para indicarnos su existencia y
recordarnos que la tierra siempre está viva.

Ni mucho menos soy única, tengo compañeras, que se
llaman Azucena, Margarita, Violeta o Azalea, y no faltan los
chicos, con nombres como Narciso y Jacinto, o incluso algún
amigo vasco que se llama Aritz, que significa «roble»... Toda
una declaración de nuestra relación con el entorno que nos
rodea y al que siempre prestamos atención. Es difícil que
el ser humano, al asomarse al mundo desde su ventana, no
atisbe un árbol, una pequeña hierba o una minúscula flor.

Pero, cuando nacimos, el reino vegetal ya estaba ahí
esperándonos. Si ponemos en contexto nuestra existencia
con las plantas, todo nuestro particular mundo se hace más
pequeño. Si al género *Homo* se le atribuye la aparición en
una fecha en torno a los 2,5 millones de años, y particularmente al *Homo sapiens* una edad de 350 mil años, es
momento de saber que se han encontrado en China micro-

fósiles de algas verdes de hace 1000 millones de años y que podrían ser el antepasado de las primeras plantas terrestres que nuestros ancestros se encontraron.

En aquel incipiente mundo de seres vivos primitivos formado por arqueas, bacterias y eucariotas, y tomando de ellos su materia prima, el reino vegetal se adelantó en la colonización de tierra firme.

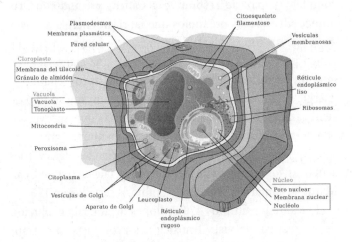

Estructura esquematizada de una célula eucariota vegetal. Autora: Mariana Ruiz Villarreal.

Un organismo eucariota, del griego *eu* («verdadero») y *karyon* («núcleo»), es aquel cuyo material genético está aislado del citoplasma de la célula en un núcleo con una membrana verdadera. Para la aparición de las plantas hacía falta algo más. Muchas veces, en la naturaleza, igual que entre las personas, lo que mejor funciona es aquello donde hay una asociación entre distintos que proporciona beneficio mutuo. Pero aquí ocurrió algo añadido, una serie de uniones que hicieron posible el nacimiento de un organismo celular nuevo y con características arrebatadas de todos los que participaron en su original construcción.

Primero, dos procariotas, menos evolucionados, primitivos y sin un material genético confinado, como en los eucariotas, se fusionan. Esta unión ocurre entre un organismo que respira oxígeno y otro acuático que no lo necesita. Aquí surge hace unos 2000 millones de años algo trascendental para cualquier ser vivo: un organismo complejo, capaz de respirar y acuático, precursor de las mitocondrias (esos orgánulos que fabrican energía a través de la respiración celular). Y después, este eucariota engulle e incorpora (porque no puede digerirla) una cianobacteria, que son bacterias que realizan fotosíntesis aprovechando la energía de la luz solar. Esto crea, a su vez, un nuevo tipo de célula aún más compleja con mitocondrias que aprovechaban el oxígeno y cloroplastos para «alimentarse» gracias al sol. Aquí tenemos las células que originarían las algas verdes acuáticas, los ancestros de las células vegetales actuales. Lynn Margulis llamaría a esto «endosimbiosis seriada» en 1967.

Durante los últimos 470 millones de años, la evolución de las plantas ha visto transiciones evolutivas importantes, como el salto de las plantas del agua a la tierra y los orígenes de los tejidos vasculares, las semillas y las flores. Sin embargo, no imaginábamos que la complejidad de la estrategia reproductiva fuera tan antigua. Este 2020 se ha publicado en la revista *Current Biology*, el hallazgo del fósil de una planta de hace 400 millones de años, que ya contaba con un sistema reproductivo complejo: producía esporas de diferentes tamaños para asegurarse la reproducción.

Seguimos con las algas verdes acuáticas. ¿Cómo llegaron a ser terrestres?

Las plantas terrestres o embriófitas aparecieron como descendientes de las algas verdes multicelulares. Durante más de un siglo se ha dicho en los libros de texto que surgieron a partir de las algas verdes desde el medio acuático. Sin embargo, cada vez tenemos más pruebas de que no fue así. Posiblemente las algas verdes llegaran a la tierra hace unos 850 millones de años y estuvieran ahí unos millones de años más antes de evolucionar a plantas terrestres. Lo que era una hipótesis va cobrando el significado de teoría con los últimos hallazgos. Por ejemplo, aparece en las algas verdes la pared celular, típica de organismos terrestres (cuya función sería servir de soporte cuando ya no están flotando); pierden estructuras típicas de organismos acuáticos, y, lo que es más interesante, comparten genes con las plantas terrestres que se encargan de que puedan resistir el exceso de luz o la sequía, por motivos obvios. Las teorías más recientes sostienen que la aparición de las plantas terrestres vino acompañada de dos explosiones genéticas, que son unos periodos temporales en los que, por diferentes circunstancias, se produce una gran diversidad genética en poco tiempo. La primera de ellas ocurrió antes de colonizar la tierra y explica el origen de la multicelularidad, mientras que la segunda concuerda con el origen de las plantas terrestres atendiendo a los genes, que, como hemos visto, comparten y están relacionados con la adaptación.

Las algas verdes acuáticas se fueron adaptando a la tierra. Podrían haber sobrevivido fuera del agua, en la arena, cerca de su medio original, simplemente con la aportación del agua de lluvia y con el tiempo, con una serie de adaptaciones para sobrevivir en tierra firme. Por ejemplo, entre estas adaptaciones encontraríamos una cutícula de material ceroso para soportar períodos cada vez más largos de sequía, flavonoides para protegerse de la radiación ultravioleta, estomas (unos pequeños poros para estar en contacto con el aire) o la fotorrespiración, un proceso metabólico que les permitiría vivir en presencia de altas temperaturas y mayor concentración de oxígeno.

Marchantia polymorpha conocida como hepática paraguas.

Por tanto, las primeras plantas terrestres fueron los musgos, antoceros y hepáticas, englobados en las briófitas, que posteriormente se diversificaron para originar las plantas vasculares, antecesoras de todas las que conocemos hoy en día. No tenían verdaderas hojas, tallos ni raíces, pero sí estructuras análogas que, junto con el desarrollo de las adaptaciones que ya hemos mencionado antes y la asociación con otros organismos como los hongos micorrícicos, como veremos más adelante, les permitieron sobrevivir en un nuevo medio con unas condiciones completamente distintas y no muy favorables.

Y se adaptaron. ¡Vaya si se adaptaron!

Allí donde llega el ser humano hay plantas, y más allá… La Antártida ha sido demasiado fría y seca para soportar plantas vasculares durante millones de años. Si hay poca vegetación, se debe a la temperatura, falta de luz solar, poca lluvia, mala calidad del suelo y falta de humedad. Aunque te parezca mentira, a pesar de haber agua, las plantas no pueden absorberla si está en forma de hielo, así que la flora actual de la Antártida se compone de líquenes, musgos, algunas hepáticas y cientos de especies de algas terrestres y acuáticas. Con temperaturas de -57 °C de media, además de la altitud y la elevada radiación ultravioleta, únicamente dos plantas han conseguido adaptarse a estas duras condiciones: el clavel antártico (*Colobanthus quitensis*) y el pasto antártico (*Deschampsia antartica*). Y, si hablamos de calor, en zonas volcánicas de Nueva Zelanda, con un suelo a 72 °C, habita *Campylopus pyriformis* o *Lycopodiella cernua*, una planta que puede vivir a 68 °C. Si escalamos en la India a 6150 metros sobre el nivel del mar, donde la ausencia de oxígeno para el humano es mortal y el frío arrecia, crecen, entre otras, ejemplares de la *Draba alshehbazii*, *Draba altaica*, *Ladakiella klimesii*, *Poa attenuata*, *Saussureea gnaphalodes* o *Waldheimia tridactylites*. Con mucha agua, ¡y salada!, tenemos los manglares, donde viven decenas de especies de mangles, como *Rhizophora mangle*. Y, en el extremo opuesto, adaptados a la falta de agua, existen los cactus del desierto o las plantas de hojas carnosas.

Lycopodiella cernua una planta que puede vivir
en zonas con una alta temperatura.

Como ves, las plantas ya estaban ahí cuando llegamos y hemos podido recorrer, junto a ellas y gracias a ellas, algunos de los acontecimientos de la historia, la medicina y la ciencia, que vamos a ver en este libro. Es buen momento para que comience esta particular primavera.

LOS VEGETALES QUE HICIERON HISTORIA Y NOS DESCUBRIERON EL MUNDO

«Lo primero que hay que hacer para entender a un nuevo país es olfatearlo», Rudyard Kipling (1865-1936), escritor y poeta británico.

Ya hemos visto que las plantas tienen una importancia vital para el ser humano, acompañándolo a lo largo de su andadura. Y, sin duda, el comercio de las especias ha sido uno de los catalizadores de las hazañas más épicas, hazañas que han dado para escribir muchos libros y un importante precursor primitivo de la globalización.

Se conoce desde muy antiguo la utilización de diferentes partes de las plantas, como las semillas, corteza, tallo, vaina, capullo, estambres, estigmas u hojas de algunas plantas, aprovechando las partes con mayor concentración de aroma y sabor como medicamento, conservante, sazonador o aderezo de perfumes. Los reinos bíblicos de Sumeria y Acadia, en la antigua Mesopotamia hacia el 3000 a. C. ya utilizaban especias. En el libro del Éxodo, en el episodio de la huida de Egipto, Dios señala a Moisés que el incienso a utilizar en el tabernáculo debía estar constituido por mirra y canela. De niña me preguntaba qué era eso de la mirra con que los Reyes Magos obsequiaron al niño Jesús... Se trata de una sustancia resinosa que era valorada entonces por sus propiedades aromáticas y medicinales y que se obtiene de una planta del mismo nombre (*Commiphora myrrha*). En el Egipto de los faraones, además de la mirra, se empleaba el comino en las momificaciones y embalsamamientos; la civilización china invocaba con clavo al mundo de los espíritus, y la Europa medieval recurría a la nuez moscada para tratar la peste.

Plantación de vainilla, *Vanilla planifolia*.

Commiphora myrrha planta de cuya resina se obtiene la mirra.

El uso de las especias en la actualidad está generalizado en todo el mundo, y también su cultivo, pero, hasta llegar a este punto, estas plantas han tenido una singladura fascinante. India es el principal productor mundial, acaparando las 3/4 partes del total. Esta posición dominante en la actualidad no es casualidad. Cuando Alejandro Magno se lanzó a la conquista de este vasto país en el 327 a. C., el comercio de las especias despegaba en intercambios entre Grecia y la potencia asiática, que incluían, además, el oro y la seda.

El azafrán jugó un papel importante en el periodo clásico grecorromano y así aparece retratado en los frescos palaciegos, dándole uso como cosmético y medicina. Hipócrates, en el 400 a. C., enumeraba más de 400 medicamentos hechos de especias y hierbas. La primera receta escrita en la que se usó una especia, vieiras con pimienta, fue obra del griego Dífilo de Signos en el siglo IV a. C. Se cuenta que Alejandro

Magno obligaba a sus soldados a curarse las heridas con azafrán, atribuyéndole un poder cicatrizante. Incluso, el conquistador exigía comer arroz coloreado por esta especia. Amigos valencianos, ¿os suena de algo? Bien, podríamos considerar pues a Alejandro Magno como uno de los vectores de expansión de las especias. Pero no fue el único. Los fenicios en su frenético comercio las fueron dando a conocer por la Europa mediterránea. Se trataba de las especias que venían de la zona de Egipto (sésamo, mostaza, azafrán…). Y seguimos con los árabes, que crearon el camino dorado de Samarcanda entre el sur de Asia y Turquía, convirtiendo a este país en otro de los lugares destacados en el comercio y producción de estas exquisiteces. Sabiendo que tenían todo un tesoro entre manos, trataron de envolver en misterio el origen de sus proveedores a fin de evitar la competencia. Era el momento del comino, el clavo y la canela.

Durante los cuatro primeros siglos después de Cristo, el Imperio romano extendió la cultura de las especias por Europa, que obtenía cambiando por su preciada plata, y, tras su declive, fueron los mismos árabes quienes controlaban y monopolizaban el lucrativo comercio que convertía en aquel momento la nuez moscada en una mercancía más valiosa que el oro.

Los navegantes venecianos, tras la incursión de Marco Polo a China, se convirtieron en intermediarios entre Oriente y Europa, situando a Venecia como el puerto comercial más importante por entonces y su mercado de especias, el de más esplendor. Los acuerdos con los árabes en Constantinopla y Egipto propiciaban valiosos intercambios. Eran frecuentes las rutas marítimas hacia la costa meridional de Asia entre los siglos XI a XIV. Esto creó el antecedente de los embajadores, como una especie de agentes que, residiendo en un país extranjero y conocedores de su idiosincrasia, eran favorecedores del comercio internacional entre países, y Alejandría se convirtió en el puerto de operaciones a tal fin.

Bazar tradicional con especias en Tashkent, Uzbekistán.

Eran tiempos en que la pimienta negra se utilizaba como moneda de cambio y era muy codiciada. Se contaba grano a grano en los intercambios. Se valoraba mucho el uso de especias que permitían aromatizar vinos y bebidas y, sobre todo, dar sabor y matices a una alimentación poco variada, a base de muchos cereales y carne, sin unas adecuadas técnicas de conservación como las actuales. El dominio del comercio mediterráneo que disfrutaban los venecianos llegaba a su fin hacia 1453 con la caída de Constantinopla por el Imperio otomano, lo que dificultó el uso de esta vía marítima, pero al tiempo fue el pistoletazo de salida para las grandes hazañas que a continuación sucederían.

Los precios eran demasiado atractivos como para renunciar al negocio en pleno apogeo. Se trataba de un producto que ocupaba poco y que su precio en origen era mucho menor que en el destino. La escasez de la mercancía y la dificultad para conseguirla la hacían muy preciada, al tiempo que aumentaba su demanda, aunque solo estaba al alcance de las clases más pudientes. Eso hizo que se exploraran nuevas vías marítimas por parte de las potencias del momento. Las rutas comerciales que eran eminentemente por mar sirvieron para mejorar la ingeniería naval y expandir los conocimientos geográficos, además de propiciar un importante tráfico cultural. Esto hace que en esas circunstancias, gracias a las rutas de las especias, sea un momento clave en la historia de la humanidad. Portugueses y españoles pugnaban por hacer valer su poderío y el conocimiento científico que emanaba de unas universidades de prestigio, como es el caso de la Universidad de Salamanca, clave en el descubrimiento de América.

Aquí es donde aparece Cristóbal Colón y su proyecto de llegar a las Indias Occidentales, Cipango (actualmente Japón) y a las tierras del Gran Khan, navegando hacia el oeste por el Atlántico, en búsqueda de una nueva ruta de las especias. Su arriesgada empresa se basaba, entre otros, en las aventuras de Marco Polo. Rechazada la idea por Portugal, fue acogida y financiada en el reino de Castilla por Isabel I y escriturada mediante las Capitulaciones de Santa Fe en 1492. Y ahora es cuando comienza la época de los viajes de Colón, que, sin quererlo, y por un error en los cálculos de la circunferencia de la Tierra, se topó con América. Época de conquistadores, descubrimientos, exploraciones e intercambios culturales con el continente americano que introdujeron en Europa la pimienta de Jamaica, el chile y la vainilla. Toda una revolución cultural. Como curiosidad, debes saber que la vainilla y el cacao fueron introducidos en Europa por los españoles antes que la patata o el tomate.

Casi de forma paralela, Portugal, con Vasco de Gama, encontraba una nueva ruta hacia Asia rodeando África a través del cabo de Buena Esperanza, convirtiéndose en toda una potencia en el comercio de las especias en el Índico provenientes de Asia y África (Zanzíbar).

Cultivo de pimienta, *Piper nigrum.*

Y es aquí cuando Carlos I de España apoya el proyecto del portugués Magallanes (también rechazado por Portugal) en 1519. Navegando por el Atlántico y rodeando el continente americano por el sur, pasó al Pacífico para así llegar a las islas de la Especiería, las asiáticas islas Molucas, cerca de Indonesia. Y se hizo sin surcar mares dominados por los portugueses, tal como se había acordado en el Tratado de Tordesillas. Aquello propició la primera vuelta al mundo en barco completada por Juan Sebastián Elcano en 1522. Esto implicó una nueva e importante ruta comercial que dominaba España desde Filipinas, pasando por América hasta Europa, lo que ha dejado una huella muy reconocible en la cultura popular. ¿Te suena la escena de *La verbena de la Paloma* donde cantan aquello de «Dónde vas con mantón de Manila»? Pues los mantones de Manila llegaban por esa ruta comercial, tan importante que se obviaba que el origen de esas codiciadas prendas era chino y no filipino, aunque ciertamente su nombre se debe a que salía del famoso puerto comercial.

Hacia 1600, los ingleses y holandeses crearon sus propias compañías de las Indias Orientales para romper el monopolio de España y Portugal. Estas dos nuevas potencias que entraban en escena para no quedarse atrás ante el monopolio de los ibéricos católicos se enfrentaron en guerras por el dominio del Índico e Indonesia. Los holandeses, ganadores, desplazaron a los portugueses y coparon el comercio hasta el siglo XVIII, cuando entonces los precios de las especias comenzaron a bajar porque el cultivo se había extendido por el mundo.

Hoy en día los mayores productores son la India, gran dominador, y después encontraríamos a Turquía, Bangladesh, China, Indonesia, Paquistán, Etiopía, Nepal, Colombia y Sri Lanka. No faltan en nuestras cocinas las especias según las costumbres culturales. En España, pimienta, pimentón, regaliz, cayena, azafrán, nuez moscada, clavo, canela, comino, anís y ajonjolí perfuman nuestros platos y postres. Hay alrededor de cincuenta y también combinaciones de ellas, como el curry. Las especias más caras al peso son el azafrán, la vainilla y el cardamomo. Entre las más consumidas encontramos la pimienta, el pimentón, el chile, el cardamomo, el clavo, la casia, la nuez moscada y la canela.

Comerciantes de especias de Bagdad a primeros del siglo XX.

Para que te hagas una idea, el azafrán en España actualmente cuesta entre 2500 y 5000 euros el kilo, y se necesitan entre 200.000 y 250.000 flores para elaborar un kilo. Se obtiene con sumo cuidado de tres estigmas secos de la flor que se extraen uno a uno. Costoso, ¿verdad? La vainilla viene de una variedad de orquídea que se poliniza a mano juntando el estambre macho y el estigma hembra con una fina astilla, lo que acelera la producción de la vaina a unos nueve meses. Luego se seca otros cuatro meses. No falta en muchos postres en nuestras mesas. La nuez moscada que nos acompaña en algo tan nuestro como las croquetas viene de un árbol de gran altura, unos 25 metros. En realidad, del fruto se obtienen dos especias. La nuez moscada proviene de la propia semilla y otra del envoltorio carnoso de esta una vez secado (conocida como «macis»). Aunque la especia más consumida es la pimienta negra, seguramente también conozcas la pimienta verde o la pimienta blanca. Todas son el fruto de la planta *Piper nigrum*, solo que el momento de la recolección y tratamiento posterior es distinto, variando sus propiedades, aromas e intensidad. En el caso de la verde, se trataría de la baya inmadura y fresca, mientras que la roja es el grano verde que ha madurado en la planta y se vuelve rojo; la pimienta blanca es la baya madura roja, secada y pelada, y la negra estaría a medio madurar y secada al sol. Se consumen más de 400.000 toneladas al año.

Extracción de estigmas del azafrán, *Crocus sativa*.

España es el segundo productor mundial de azafrán después de Irán. ¿Cómo llegó hasta la península ibérica? Se piensa que se introdujo en la zona de La Mancha en la época del califato de Córdoba a través de los musulmanes del norte de África. Y de ahí a la paella hay un camino muy corto… Hay quien considera a las hierbas aromáticas, que se obtienen de hoja, como especias. Hay una treintena. Dado lo fácil que es obtenerlas en jardín, no son tan valoradas como las que ocupan el capítulo.

A propósito, quizá no sepas que, cuando consumes canela molida en España, en realidad no es tal, sino casia o falsa canela, *Cinnamomum cassia*. La casia tiene un origen chino y se obtiene de una planta que nada tiene que ver con la de la canela. Aunque se parece en el sabor y aspecto, no tiene la delicadeza de la *Cinnamomum verum* (la verdadera canela). La casia es más picante y de un color más oscuro. Contiene una cantidad más elevada de cumarina, una molécula vegetal que también está presente en una alta concentración en otras plantas, como en el haba de tonka, la grama de olor o en la aspérula olorosa. A pesar de que este compuesto tiene propiedades medicinales interesantes que están en continua evaluación, su consumo puede ser muy tóxico para el hígado, hasta el punto de que las agencias europeas de salud advierten del peligro de tomar incluso bajas dosis de esta falsa canela. Por muy agradable que nos resulte el olor, y me costaría creer que no te gusta el olor de la canela, la cumarina tiene un sabor amargo. Su función es disuadir a los posibles animales con su mal sabor y evitar así que la planta sea comida, además de que les podría causar una hemorragia interna en ciertas condiciones.

Aspecto de la falsa canela (izquierda) Casia
y la verdadera (derecha) Ceilán.

La «verdadera canela» es la variedad de Ceilán (Sri Lanka), *C. verum*, que se obtiene a partir de un árbol que tarda un año en crecer. Se extraen unas láminas que posteriormente se secan. Aunque en Asia las hay en forma de láminas, lo habitual es encontrar la canela enrollada, como un barquillo o puro, lo que conocemos como «canela en rama». La casia, por el contrario, tiene una corteza mucho más gruesa, rugosa y dura, y asemeja, viéndola a través de su corte, a las volutas de una columna jónica. ¿Sabes distinguir ahora qué canela tienes en casa? Es fácil. Busca en internet *casia* y *Ceilán* y notarás la diferencia claramente si las ves juntas. Yo ya hice los deberes cuando descubrí esto y te aseguro que, a pesar de que la mayoría de la que se ofrece en el mercado es la casia, hay algún sitio y marca que venden la Ceilán. Como no podemos estar seguros de cuál es la que venden molida, lo que te recomiendo es comprar Ceilán en rama y molerla tú.

Extracción de Casia en Fort de Kock, Sumatra. Recogiendo la primera barra. Fotografía de 1927. Fuente: Tropenmuseum, Ámsterdam.

Aunque no es propiamente una especia, no quería dejar de hacer una mención al palo de Campeche, hoy en peligro de extinción. Se trata de un árbol del que se extrae un tinte vegetal muy codiciado en el pasado. Antes del descubrimiento de América, el color negro resultaba casi imposible de fijar en los textiles y era todo un signo de distinción. Se descubre en Centroamérica, y Felipe II, en el siglo XVI, promociona este color en un momento en que la moda europea estaba muy influenciada por la corte española. El comercio del palo de campeche se convirtió en un lucrativo negocio para España que pronto encontró competidores y la ambición de piratas ingleses y franceses. Esto llevó a establecer concesiones para el corte de árboles y maderas a las compañías inglesas interesadas en explotar el palo de tinte, que rápidamente establecieron asentamientos ilegales en Centroamérica, lo que tuvo un papel importante en la independencia de los Estados Unidos de América.

Como ves, las plantas y algunos de sus productos han moldeado nuestra existencia; han provocado guerras, avances científicos, intercambios culturales, y han originando algunos de los episodios que todos estudiamos en el colegio. Y ahora, no olvides echar una pizca de canela (Ceilán) a tu arroz con leche mientras paso a contarte una historia de brujas.

Detalle de las flores de *Haematoxylum campechianum,* el palo de Campeche.

ENTRE LA MAGIA Y LA CIENCIA: LA SABIDURÍA DE LAS BRUJAS

«Ratas, raíces y esqueletos / todo mezclado en un crisol / lo pongo a fermentar / dos horas ni una más». *Esclava del mal*, Alaska y Dinarama.

Si hay un período de la historia que verdaderamente me fascina, es, sin duda, la Edad Media. Mil años que se han visto representados en cine y literatura como una época oscura de ignorancia, superstición, barbarie, cruzadas, batallas y conquistas, mazmorras y castillos, enfermedades y suciedad. Y verdaderamente hay mucho de cierto. Pero también fue la época del nacimiento de las primeras universidades europeas, como la Universidad de Bolonia, Oxford, Cambridge o la de Salamanca en España. Fue un período donde el arte medieval fue riquísimo y lleno de influencias. Soy de Granada, así que comprenderás que este arte no me es indiferente. He crecido entre templos, monasterios, abadías y palacios; la Alhambra y el Generalife; he recorrido barrios enteros una y otra vez, como el barrio judío del Mauror o el Albaicín, con sus murallas, aljibes y miradores; me he imaginado usando los baños árabes, como los de El Bañuelo; contemplado la herencia reflejada en los nombres de muchas calles, y disfrutado de la gastronomía... Fue un momento de un enorme florecimiento intelectual y grandes contribuciones vitales para el desarrollo de la ciencia como hoy la conocemos, a pesar de los métodos y las condiciones. Por suerte, la imprenta de Gutenberg fue decisiva para difundir el conocimiento generado y propiciar una auténtica revolución cultural.

Los demonios y las brujas llegan al sábado. Grabado de J. Aliamet según D. Teniers el joven, siglo XVIII. Galería de Wellcome Collection.

Pero la Edad Media también fue época de brujas.

Siempre hubo hechiceras que con sus sortilegios decían ser capaces de torcer voluntades de enamorados, lanzar maleficios, curar enfermedades, provocarlas o, incluso, predecir el futuro. Sabían cómo convencer y manipular a su público, un público que, por qué no decirlo, también era muy crédulo. Sin embargo, en realidad, las brujas eran herederas de las curanderas de la Antigüedad, de aquellas mujeres sabias que conocían los poderes curativos y las propiedades psicotrópicas de aquellas hierbas. La iglesia cristiana temía ese poder y en el II Concilio de Braga, en el año 572, prohibió «recoger hierbas medicinales y hacer uso de supersticiones y encantamientos». Así que, desde ese momento, esas prácticas pasaron a considerarse actos heréticos de brujería y, como tales, fueron fieramente perseguidas. Unos años después, en el Concilio de Toledo de 633, se prohibieron las consultas a los magos. Las mujeres sabias, depositarias del conocimiento de las plantas mágicas, se convirtieron en la fuente de todos los males. Aun así, la Iglesia no consiguió que desaparecieran. Seguía habiendo curanderas, hechiceras y parteras que hacían sus pócimas y encantamientos, ya que eran las mujeres a las que acudía la gente del pueblo ante una enfermedad o desgracia. Se les temía, es verdad. Pero también se les necesitaba.

El hecho de que las brujas estuvieran convencidas de la efectividad de sus hechizos con ayuda de sus ungüentos y pociones les proporcionaba un poder extraordinario. La icónica escoba de las brujas tiene una historia detrás. ¿Quieres saberla?

En el libro *Plantas de los dioses*, Richard Evans Schultes y Albert Hofmann relatan que en 1324, ante la sospecha de brujería, se llevó a cabo una investigación. Se informó que «al revisar el armario de la dama se encontró un tubo de ungüento con el cual engrasaba un bastón; sobre este cabalgaba a trote y galope contra viento y marea y como ella quisiera». Más tarde, en el siglo XV, un documento similar decía:

> Pero el vulgo cree, y las brujas confiesan, que en ciertos días y noches untan un palo y lo montan para llegar a un lugar determinado, o bien se untan ellas mismas bajo los brazos o en otras partes vellosas, y a veces llevan amuletos entre el cabello.

Efectivamente, en los rituales de *sabbat* o aquelarres, como más los conocemos, las brujas cabalgaban en sus escobas «engrasadas», pero probablemente lo que no decían es que lo hacían desnudas y antes se habían untado la piel, incluidos los genitales y el ano, con esos ungüentos. Con el roce más o menos vigoroso del palo, les llegaban las sustancias activas de esas plantas y, dado que la mucosa que reviste la vulva y el interior de la vagina es muy permeable a muchas sustancias, los alcaloides de los ungüentos utilizados rápidamente pasaban al torrente sanguíneo, y no me quiero ni imaginar la fiesta. No solo estaban convencidas de que volaban, sino de que habían copulado con el mismísimo Lucifer; además de convencer al pueblo inculto, la misma santa Teresa de Jesús, Baltasar Gracián, oidores de la Inquisición, clérigos, altas jerarquías de la Iglesia y hasta el papa también lo creían. Los testigos oculares afirmaban que estas mujeres deliraban en sus orgías, tenían alucinaciones y la piel se les enrojecía.

Las brujas y hechiceras salían al bosque a recolectar los ingredientes de sus pócimas al caer el sol, cuando apenas iba quedando luz y la noche se iba adentrando. Está claro que el motivo principal era por su propia seguridad. No estaba la situación como para arriesgarse a que sus propios vecinos las vieran recogiendo plantas venenosas; las culparían de brujería y serían condenadas a la hoguera. Pero el otro motivo es aún más interesante. Fruto del conocimiento heredado durante siglos, ellas sabían perfectamente que las plantas que usaban acumulan mayor cantidad de principios activos durante las horas de sol, aumentando a lo largo del día y alcanzando el máximo al caer la tarde…, el momento idóneo para recolectarlas. Si en una receta típica de un cuento o en una película has oído alguna vez a una bruja echando ingredientes en un gran caldero a la lumbre y saliendo pompas y llamaradas mientras decía «lengua de serpiente, oreja de liebre, cola de caballo o uña de gato», no te lo creas, que no habían ido de caza. Son nombres comunes de plantas: *Ophyioglossum vulgatun, Cynoglossum officinale, Equisetum ramosissimum y Uncaria tomentosa.* Pero sí es cierto que algún animalillo, tipo sapo y rana, caía en el caldero. Más que nada porque en su piel contienen bufonina o batracotoxina, que son potentes alcaloides. Lo que no podía faltar, como el arroz en la paella, era el extracto de beleño, la belladona, la mandrágora y, si acaso, para dar sabor, estramonio, cicuta o cannabis.

En el beleño, belladona, mandrágora y el estramonio, los ingredientes principales tienen unos efectos parecidos. Esto se debe a que son géneros de plantas pertenecientes a la misma familia: solanáceas. Sí, como la patata, el tomate o la berenjena, solo que miles de años de agricultura y selección han conseguido que hoy en día estos cultivos no sean tóxicos. Estas especies son silvestres y, como tales, contienen una concentración relativamente alta de alcaloides, concretamente atropina, hiosciamina y escopolamina —¿te suena la burundanga? Pues es lo mismo, y cantidades de más de 100 mg pueden matar a un adulto—. Son extremadamente tóxicas y quienes las utilizan no recuerdan nada de lo vivido durante la intoxicación, pierden el sentido de la realidad y duermen profundamente…, en el mejor de los casos.

Es momento de salir al bosque y recoger algunas plantas.

El beleño, *Hyoscyamus niger*, se conoce desde la Antigüedad. El nombre de su género, *Hyoscyamus*, proviene del griego *hyos* («cerdo») y *kyamos* («haba»), o sea, «haba de cerdo». Posiblemente sea una alusión a un episodio de la *Odisea* en el que Circe, una hechicera, transforma a los compañeros de Ulises en cerdos, haciéndoles beber una poción a base de beleño. Este género pertenece a una familia algo compleja que se clasifica en secciones y subsecciones, pero básicamente, y aunque todos producen principios activos muy tóxicos en toda la planta, destaca el beleño negro (*H. niger*), que sería la especie representativa y la más tóxica, aunque también menos abundante, y el beleño blanco (*H. albus*). Si te cuento qué aspecto tiene, no es porque destaque por su belleza, sino para que la reconozcas y evites males mayores. Es una planta de tipo herbácea, de medio metro de altura, que vive en bordes de caminos y zanjas. Huele muy mal. Su tallo es cilíndrico y velloso, con flores de color amarillo pálido, su fruto tiene forma de cápsula que libera semillas con una superficie alveolada, como si estuvieran cubiertas de una redecilla. Tanto el beleño negro como el blanco viven en España.

En el *Papiro Ebers*, descubierto por el egiptólogo alemán Georg Ebers, que data de unos 1500 años a. C se describe su uso «ungiendo el sexo de las futuras madres cuando llegaba el momento de dar a luz». Siglos después, las brujas medievales lo usarían para untar sus escobas, dado que posiblemente sus principios activos fueran los responsables de hacer creer a las brujas que podían volar debido a la sensación de ligereza e ingravidez que produce.

Flores del beleño negro, *Hyoscyamus niger*.

Desde tiempos muy remotos se ha utilizado, como vemos, para mitigar el dolor, pero especialmente en aquellos que eran sentenciados a tortura y muerte. Además, tenía la ventaja de inducir un estado de completa inconsciencia, así que la muerte resultaba menos cruel. Dioscórides fue un médico, farmacólogo y botánico griego nacido en el año 40. Su gran obra, llamada *De Materia Medica*, de cinco volúmenes, en la que describe más de 600 plantas medicinales, minerales y sustancias de origen animal, fue el principal manual de farmacopea utilizado durante toda la Edad Media y el Renacimiento. En su tratado, ya advirtió que el beleño se podía utilizar para el dolor y el insomnio, pero que se debía manejar con sumo cuidado porque podía ser mortal. Unos siglos más tarde, Celso (filósofo griego del siglo II), en vez de usarlo por vía oral, que es muchísimo más tóxico, hacía con él un colirio que inyectaba en los oídos para tratar una dolencia como otorrea purulenta (cuando tienes una otitis tan grave que te sale pus). No sé si es la descripción más acertada, pero posiblemente sea la primera de la que se tiene evidencia. Se trata de la del médico persa del siglo X Avicena, que dijo:

> Los que lo comen se salen del sentido, creen que les azotan todo el cuerpo, tartamudean, rebuznan como asnos y relinchan como caballos. Los que han experimentado una intoxicación con beleño sienten una presión en la cabeza, la sensación de que alguien les está cerrando los párpados por la fuerza; la vista se vuelve poco clara, la forma de los objetos se distorsiona, y se presentan las alucinaciones visuales más extrañas. Con frecuencia, la intoxicación es acompañada de alucinaciones gustativas y olfativas. El sueño, interrumpido por alucinaciones, termina con la embriaguez.

Entre esto y chupar sapos me da que no debe haber mucha diferencia.

La belladona, *Atropa belladonna*, es otro clásico de la farmacopea de las hierbas de las brujas. Es, sobre todo, nativa de Europa, pero se ha naturalizado en Norteamérica. Es conveniente aprender a identificarla, pues, al igual que el beleño, es otra solanácea, cuyos alcaloides son altamente tóxicos. Se trata de un arbusto que encontrarás antes en zonas de sombra que de sol. Mide metro y medio, hojas ovaladas y flores acampanadas verde-púrpura que no huelen especialmente bien ni destacan por su belleza. Quizá lo más característico sean las flores, que son fáciles de reconocer, y los frutos, que son similares a aceitunas negras cuando están maduros. Los pájaros son inmunes a estos alcaloides y, al comerse las bayas, se encargarán de dispersar las semillas en sus excrementos. De hecho, sus jugos gástricos ayudan a que germinen. Sin embargo, el sabor dulce de los frutos puede convertir esta planta en una verdadera asesina para otros animales, incluidos nosotros. En un adulto, tomar de cuatro a ocho bayas puede suponer la muerte.

Para muchas tradiciones europeas, la belladona sigue siendo objeto de creencias y leyendas. En el antiguo Egipto fue usada como narcótico; en las orgías dionisíacas griegas, como afrodisíaco; en las ofrendas griegas a Atenea, diosa de la guerra, para provocar el fulgor en la mirada de los soldados; en la mitología romana, para honrar a Belona, diosa de la guerra. Pero en la Edad Media, y con su aplicación formando parte de pócimas y ungüentos, su uso y difusión pasa a ser secreto.

Su nombre genérico, *Atropa*, viene de Átropos, una de las tres moiras de la mitología griega que simbolizaban el destino. *Cloto*, que significa «hilandera», la más joven, hilaba la hebra de la vida con una rueca y un huso y decidía cuándo nacía una persona. Láquesis, que significa «la que echa a suertes», medía con su vara la longitud del hilo de la vida y, por tanto, determinaba cuánto vivía una persona, y, finalmente, Átropos, que significa «inevitable», elegía el mecanismo de la muerte y terminaba con la vida de cada mortal cortando su hebra con sus «aborrecibles tijeras».

Fruto de la belladona, *Atropa belladonna*.

En la Edad Moderna, la Europa rica y culta consideraba un rasgo de belleza el tener las pupilas dilatadas. *Belladonna* significa en italiano «mujer hermosa», ya que una dosis adecuada de esta planta conseguía sonrojar las mejillas de las damas italianas de alta alcurnia y dilatar sus pupilas, pareciendo más bellas y con una mirada más hermosa.

¿Y cuáles son sus efectos?

En usos farmacéuticos, su extracto en pequeñas dosis provoca la contracción de la musculatura lisa, de ahí su efecto de dilatar la pupila. También se utiliza, siempre bajo estricto control médico, en casos de enfermedades que tienen su origen en la musculatura lisa, de contracción involuntaria o refleja. A dosis intermedias, vía oral, puede generar alucinaciones, lo mismo que el beleño, la mandrágora o el estramonio. Por esto era usada en brujería. En dosis más elevadas, sus efectos pueden generar la muerte casi instantánea. Insisto, casi instantánea.

La mandrágora, *Mandragora officinarum*, es una planta perenne no demasiado alta, mide como mucho 30 cm. Sin embargo, la raíz sí puede alcanzar más de un metro de longitud y, echándole imaginación (no digo cuánta), puede asemejar una figura humana. Los frutos que produce son similares a los de otras primas cercanas, en forma de bayas rojas parecidas a pequeños tomates. Tiene la poca gracia de ser muy tóxica solo con tocarla, así que no se deben manipular hojas, frutos y sobre todo raíces, porque puede provocar mareos, dificultad para respirar y bradicardia (ritmo cardíaco por debajo de lo normal). La encontraremos en el sur y centro de Europa, Mediterráneo y en el Campo de Gibraltar.

Esta planta se volvió famosa en la magia y en la brujería a causa de sus poderosos efectos narcóticos y por la forma tan extraña de su raíz. Aunque en primera instancia no lo parezca, tiene tantas ramificaciones y es tan retorcida que, ocasionalmente, se llega a parecer a un cuerpo humano, lo cual fue descrito por Pitágoras en el siglo I a. C. Desde la Antigüedad, la mandrágora ha sido objeto de numerosas leyendas, supersticiones y rituales debido a sus propiedades mágicas, figurando en todos los recetarios de pócimas calmantes y afrodisíacas de la época. Los magos de la Edad Media tallaban una figura humana presionando la raíz a cierta altura para darle la forma de cuello y cortando todas las bifurcaciones hasta dejar cuatro, que serían las extremidades. Buscaban una forma humana y la adoraban como si se tratara de un dios.

Flores de la mandrágora, *Mandragora officinarum*.

Hay muchas creencias en torno a su cosecha. Desde que, a pesar de ser una planta «viva», puede ser domada si se le salpicaba con orina y sangre menstrual, hasta que sea un perro el que se encargue de cosecharla. Es frecuente encontrar en las ilustraciones de mandrágoras que hay un perro cerca. Pura superstición. Un relato de la época romana dice:

> El hombre debe guardarse de extraerla él mismo, pues su vida peligraría. Por eso hay que atar un perro negro a la parte superior de la planta y azuzarlo hasta que la planta surja de la tierra y se yerga. En ese preciso instante la planta de figura humana proferirá un horrísono grito y el perro caerá muerto al instante.

Para sobrevivir, el buscador de mandrágora deberá tomar la precaución de taparse bien los oídos con cera.

Y así la representa, como un hombrecillo que grita, J. K. Rowling en las novelas de *Harry Potter*.

La mandrágora en el *Tacuinum Sanitatis,* un manual medieval sobre salud de finales del siglo XIV.

A principios de la Edad Media, cuando tuvieron lugar las cruzadas, surgió una leyenda alemana. Afirmaba que el semen vertido en ocasiones por los ahorcados debido a una eyaculación *postmortem* fecundaba la tierra donde caía y de ahí nacía la mandrágora con forma de hombrecillo o de mujercilla. Era un amuleto contra la brujería y traía al propietario mucho dinero, pero también desdicha para los demás habitantes de la casa. Igualmente, circulan las leyendas en torno a Juana de Arco. Se dice que siempre llevaba mandrágora bajo su escudo y que gracias a ella pudo soportar mejor el dolor al ser quemada viva en la hoguera. Otros dicen que la llevaba en su pecho porque esperaba que le diese una próspera fortuna, riqueza y otros bienes. Parece que, cuando la juzgaron argumentando que las voces que decía escuchar pertenecían a Satanás, en realidad, no eran más que delirios producidos por sobredosis de mandrágora, aunque lo más probable es que tuviera esquizofrenia.

Pues la raíz de mandrágora, al igual que las otras solanáceas que ya hemos visto, contiene alcaloides muy tóxicos, como la atropina, la hiosciamina, la escopolamina, principalmente, y cantidades menores de la escopina y la cuscohigrina. Por tanto, su consumo efectivamente tiene efectos alucinógenos y narcóticos. En dosis bajas se ha usado en la medicina antigua para inducir un estado de olvido, anestésico, tratamiento de la melancolía, convulsiones, etc. Los indios americanos utilizaron la raíz como un laxante fuerte, para tratar gusanos, parásitos e inducir el vómito; la aplicaban tópicamente por sus propiedades antisépticas y calmantes del dolor. Sin embargo, en dosis elevadas, provoca estados de delirio y locura e incluso la muerte.

Está claro que, para conocer hoy en día los efectos fisiológicos y usos en medicina de algunos compuestos derivados de plantas, han tenido que pasar siglos y muertos. Las leyendas y supersticiones alrededor de la mandrágora hoy tienen explicación. A finales del siglo XVI, los botánicos comenzaron a dudar de algunas de las leyendas asociadas con la planta. Ya en 1526, el inglés William Turner había negado que todas las raíces de la mandrágora tuvieran forma humana y protestó contra las creencias relacionadas con su antropomorfismo. Otro botánico inglés, John Gerard, escribió sobre la mandrágora en 1597: «Todos estos sueños y cuentos de viejas han de desaparecer de vuestros libros y de vuestra memoria sabiendo que todos son falsos y de lo más engañosos, pues tanto yo como mis sirvientes hemos desenterrado, plantado y replantado muchas». Sin embargo, las supersticiones que rodeaban a la mandrágora pervivieron en el folclore europeo hasta bien entrado el siglo XIX.

Durante milenios, magos, brujas y hechiceras han realizado pócimas, tinturas, aceites y ungüentos usando sustancias de origen vegetal. Aunque el uso de esas plantas ha sido causa frecuente de muerte en los rituales curativos del siglo XIV, hoy en día, los efectos pueden ser explicados por la ciencia y, actualmente, muchos de esos principios activos en la dosis adecuada tienen un fin terapéutico, dado que sus propiedades han demostrado tener un efecto en la salud… sin matarnos.

PROTAGONISTAS SECRETAS DE LA PÁGINA DE SUCESOS

> «La diferencia entre un veneno, una medicina
> y un narcótico es sólo la dosis». Albert
> Hofmann (1906-2008), químico suizo.

El asesinato es tan antiguo como la propia humanidad. Desde siempre, ha habido alguien con interés en matar. Poder, herencias, títulos, fama, celos o eliminar una barrera que obstaculiza amores prohibidos… eran las motivaciones para poner fin a una vida que resultaba incómoda. Además, si el medio era un veneno, resultaba imposible detectarlo hasta el siglo XIX, con lo cual era un delito que quedaba impune. Se decía entonces que el veneno era un arma de cobardes, aunque para el asesino suponía una muerte limpia, relativamente rápida, aparentemente natural y que no dejaba huella: el crimen perfecto.

La información que tenemos hoy en día se ha ido asentando desde la Antigüedad a través de papiros, notas, literatura religiosa, médica, botánica y universal.

Ante la necesidad de alimentarse, el ser humano se vio obligado a consumir los productos que encontraba a su alcance. No sabía si podía suponer un riesgo, así que, si después de ingerirlo seguía vivo, era la prueba irrefutable de que se trataba de un producto comestible. En otras ocasiones no había tanta suerte y el hombre conoció los envenenamientos por sus efectos mortales. Surge de esta manera la primera aplicación de los venenos como arma de caza, lo cual da origen al nombre de *toxicología* («flecha envenenada»). Etimológicamente, la palabra se deriva del latín *toxicum*, «veneno», y esta, del griego *toxik*, «veneno de flechas», «veneno», y -*logí* (ā), «estudio». Se han encontrado puntas de lanzas y flechas del Paleolítico empleadas para la caza, impregnadas en sustancias tóxicas de origen animal y vegetal. Entre esos venenos era frecuente el uso de alcaloides, algunos de ellos muy tóxicos, como la aconitina, coniína, estricnina, nicotina, morfina, etc. Algunas tribus aborígenes del Amazonas, como los jíbaros o los yanomamis, usan una planta, *Strychnos toxifera*, entre otras, para obtener el curare, una pasta con la que untan sus flechas o dardos que usan para cazar... o matar. Juan de la Cosa, cartógrafo de Colón y autor del mapa más antiguo conservado donde aparece el Nuevo Mundo, murió en 1510 atravesado por flechas envenenadas con curare en la selva colombiana. El descubrimiento de América amplió extraordinariamente el catálogo de plantas venenosas. También era muy común usar otras plantas, como el tejo y el eléboro (*Helleborus* sp.), que combina las propiedades tetanizantes (que provoca violentas contracciones musculares) en el músculo estriado con bradicardia (descenso de la frecuencia de contracción cardíaca por debajo de 60 pulsaciones por minuto) e hipotensión a nivel cardiovascular. De hecho, la palabra *helleborus* viene del griego *heleîn*, que significa «herir», y *borá*, que significa «alimento», indicando que daña si es ingerida.

Desde la Edad de Bronce ya se conocían los efectos de la adormidera, de la que se obtiene el opio, y, a lo largo de la historia, hay referencias a venenos de origen vegetal en famosos papiros, como el *Papiro Ebers* (1500 a. C.). En él se describe el opio, el acónito, hioscina (o escopolamina), eléboro, coniína, cáñamo índico y metales tóxicos como el plomo y cobre.

La muerte de Chatterton (1856) de Henry Wallis. Una obra prerrafaelita que recoge el suicidio del joven poeta por una posible dosis de arsénico o láudano. Versión del museo de Birmingham.

En la antigua Grecia, los venenos se conocen con detalle, pero era el Estado quien los controlaba y usaba como arma de ejecución o para el suicidio, siempre que el suicida expusiera y argumentara las razones para abandonar la vida. Este hecho lo narra en toda su crudeza Platón en su obra *Fedón*.

«Amigo, tú que tienes experiencia de estas cosas, me dirás lo que debo hacer». A lo que el hombre contestó: «No tienes que hacer más que pasearte, mover las piernas; entonces te tiendes en la cama y el veneno producirá su efecto». Así diciendo, entregó la copa a Sócrates, quien la tomó con gesto amable, y sin inmutarse miró al carcelero y le dijo: «¿Crees tú que puedo hacer una libación a algún dios con el veneno?». El hombre respondió: «Preparamos, Sócrates, solo la cantidad que juzgamos necesaria». «Comprendo —repuso Sócrates—; no obstante, antes de beberlo quiero y debo rogar a los dioses que me protejan en mi viaje al otro mundo». Y tomando la copa, sin vacilar, bebió el veneno. Hasta entonces, los discípulos que rodeaban a Sócrates habían podido contenerse sin manifestar su dolor, pero cuando el maestro hubo tragado el último sorbo de veneno, empezaron a llorar y gemir, y hasta uno de ellos, llamado Apolodoro, se deshizo en llanto, escapándosele un gran grito. Tan solo Sócrates se mantenía en calma. «¡Qué extraños ruidos hacéis! —les dijo—; he mandado que las mujeres se marcharan para que no nos molestaran con su llanto, porque yo creo que un hombre debe morir en paz. ¡Estad tranquilos y tened paciencia!». Cuando los discípulos oyeron esto, se avergonzaron y reprimieron sus lágrimas. Sócrates continuó paseándose hasta que sus piernas no pudieron sostenerle; entonces se tendió sobre el lecho. El carcelero le tocó los pies, preguntándole si lo notaba, y él contestó que no. Después le palpó las piernas y más arriba, diciéndonos que ya todo él estaba frío y rígido. Sócrates se palpó también y dijo: «Cuando el veneno llegue al corazón será el fin». Pronto empezó a ponerse frío de las caderas, y descubriendo entonces la cabeza, que ya se había tapado, dijo: «Critón, ahora me acuerdo que debo un gallo a Asclepio». «Se pagará, no lo dudes —díjole Critón—; ¿quieres algo más?». Pero Sócrates ya no respondió a esa pregunta. Al cabo de uno o dos minutos pareció moverse y los que rodeaban el lecho lo destaparon. Tenía ya los ojos fijos, y Critón le cerró boca y párpados.

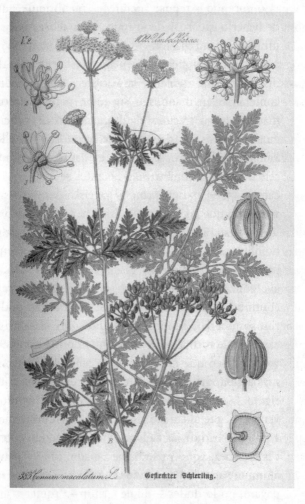

Cicuta, *Conium maculatum.*

Corría el año 399 a. C. y Sócrates había tomado el «veneno de estado», la copa de cicuta, tras ser juzgado, declarado culpable y condenado a muerte por despreciar a los dioses atenienses y por corromper a los jóvenes, alejándolos de los principios de la democracia. En la Atenas posterior a Pericles, el empleo de veneno como modo de ejecución era algo habitual. Murió a los 70 años y aceptó serenamente este final.

Desde entonces, los métodos de ajusticiamiento han visto horcas, hogueras, guillotinas, sillas eléctricas, o inyecciones letales, todo ello aparentemente más siniestro que la supuesta idílica muerte que tuvo Sócrates. Sin embargo, los síntomas del envenenamiento por cicuta no cuadran con lo que entendemos como muerte plácida. Platón no era un buen CSI…

Veamos por qué.

La cicuta es una planta herbácea bianual de la familia de las apiáceas, *Conium maculatum*. Es originaria de Europa y el norte de África, y suele crecer en zonas húmedas, como orillas de los ríos, pero también en bordes de caminos y zonas sin cultivar, hasta el punto de que es considerada una especie invasora en doce estados de EE. UU.

Conium maculatum puede alcanzar hasta dos metros de altura. Tiene un tallo largo, pelado, con manchas purpúreas. Las flores, blancas y pequeñitas, están recogidas en agrupaciones en forma de sombrilla y sus frutos son pequeños y ovalados de color verde claro. Las semillas son negras y, si ves sus hojas, quizá te recuerde a una hierba muy culinaria. De hecho, un pariente próximo, la cicuta menor, es conocido como «perejil de perro», «perejil de las brujas» o el explícito «perejil de tonto». Se han dado casos de envenenamiento de personas por ingestión accidental de esta planta al ser confundida con el perejil de nuestros platos.

La muerte de Sócrates de Jacques Louis David, 1787.

La variedad que crece a orillas de los arroyos y estanques, la cicuta acuática, *Cicuta virosa*, es más venenosa que las variedades de secano y su porte es algo menor: mide entre sesenta centímetros y un metro de altura. Todas las variedades tienen un olor muy desagradable cuando se rompen o restriegan y contienen alcaloides tóxicos. Estos alcaloides están en toda la planta, aunque lógicamente sus proporciones son variables dependiendo de la etapa de maduración y las condiciones climáticas: siempre más abundantes en frutos verdes, y más en frutos que en flores. El alcaloide responsable de la toxicidad de la cicuta mayor es la coniína, también llamada «cicutina». Es un veneno violento para toda clase de ganado y bastan pocos gramos de fruto para causar la muerte en humanos.

Decíamos que los síntomas de envenenamiento por cicuta no cuadraban con la plácida muerte que tuvo Sócrates. Lejos de la parálisis ascendente que sufrió, la cicuta empieza a mostrar síntomas de intoxicación muy rápidos que conducen a una muerte desagradable, ya que no se pierde la consciencia en ningún momento: fuerte dolor de cabeza, náuseas, diarrea, vértigos, dolor abdominal, sed, dificultad para tragar y hablar, vómitos violentos y parálisis de los miembros inferiores que va ascendiendo (esto sí que coincide con la descripción de Platón, pero casi que es lo único). A continuación, tienen lugar la dilatación de las pupilas, la pérdida de coordinación, el enfriamiento de las extremidades y los estertores (sonido similar al de las gárgaras que procede de la parte de atrás de la garganta y es propio de la persona moribunda). A estas alturas, el intoxicado no puede hablar debido a una parálisis de la faringe y de la lengua, aunque sigue consciente, y, finalmente, paraliza músculos respiratorios y muere por fallo respiratorio.

A pesar de la terrible agonía que provoca, la muerte por envenenamiento con cicuta se consideraba en la época de los griegos la «muerte dulce», un privilegio caro al cual no todos los reos podían aspirar. Me pregunto cómo serían las otras. A Sócrates no le dieron frutos ni hojas (6-8 g hubieran sido suficientes), sino el alcaloide puro. Una dosis letal de 0,2 g. Dado que es poco soluble en agua, pero muy soluble en alcohol, puede que se la dieran disuelta en vino, e incluso que estuviera mezclada con otros narcóticos, como el opio, lo cual suavizaría los efectos reales del envenenamiento.

No hay antídotos específicos frente a la coniína. Actualmente, con un vaciado gástrico, carbón activado, benzodiacepinas para las convulsiones y alguna asistencia mecánica renal y ventilación asistida, cabría la posibilidad de que la mejoría fuera rápida y total, siempre que la administración y atención médica fuera inmediata. Pero los centenares de ciudadanos que fueron ejecutados bebiendo cicuta durante el régimen de los Treinta Tiranos, allá por el 404a.C., y el Gobierno que los derrocó no corrieron la misma suerte.

El brebaje era muy costoso de obtener y no todos los condenados podían pagarlo, así que en el caso de Sócrates, que no tenía fuente de ingresos (conocida, al menos) y vivía como un pobre, se lo pagaron sus discípulos. Para la preparación del veneno había que extraer el principio activo de las semillas de la planta, y para eso machacaban y molían las semillas en un mortero, les agregaban agua y dejaban reposar. Después, filtraban el preparado y ya estaba listo para ser administrado.

Inflorescencia de *Conium maculatum*.

Además de ser el «veneno de Estado» usado para ajusticiar en la Antigüedad, la cicuta tuvo otros usos. Está documentado que en épocas de hambruna, por el 63 a. C - 21 d. C., se suministraba forzosamente a los mayores de 60 años «por el bien común», buscando que los alimentos disponibles fueran suficientes para el resto de la población. Ha sido usada como antiespasmódica y sedante nervioso para calmar dolores persistentes. Por este motivo, se aconsejaba su uso como antídoto para la estricnina. Tiene un efecto narcótico similar a la belladona y persistente, ya que se prolonga más de 40 horas. Por vía externa, se ha usado en linimentos para la ciática, neuralgia del trigémino y dolores reumáticos.

¿Hay algo más natural que una hierba fresca y lozana que podamos encontrar en las orillas de los ríos?

Seguimos con más envenenamientos. Se dice que Alejandro Magno fue envenenado con estricnina; Andrés Hurtado (el personaje de *El árbol de la ciencia*, de Pío Baroja), con aconitina, y Cleopatra, con una mezcla de compuestos tóxicos obtenidos de plantas. ¿Pensabas que le había mordido un áspid? Cleopatra había probado con sus esclavos y prisioneros buscando la sustancia perfecta que le proporcionara una muerte inmediata y dejara un hermoso cadáver. Desestimó el beleño negro y la belladona porque, aunque eran rápidos, producían mucho dolor. También descartó la estricnina porque provocaba convulsiones y hubiera dejado una mueca horrible en la cara, y ella quería permanecer bella hasta el final. Aunque es popular la creencia de que muriera por el mordisco de un áspid, es posible que no sea del todo cierta. Sería una muerte muy dolorosa. En 2010, el historiador alemán Christoph Schaefer planteó la hipótesis de que la última reina del antiguo Egipto pudo ingerir una mezcla de cicuta, acónito y opio tras ataviarse con sus mejores galas en una estancia perfumada. Cuando hallaron el cadáver de Cleopatra (y era hermoso), no había signos de mordedura, ningún áspid cerca ni indicios de que lo hubiera habido.

La muerte de Cleopatra de Jean-André Rixens, 1874.

A veces la leyenda se confunde con la realidad. La literatura o el cine pueden hacer que pensemos en algunos envenenamientos con sustancias de origen vegetal que en realidad no lo fueron. Sin embargo, el cianuro sí que tiene el deshonroso honor de haber sido el componente activo del Zyklon-B, un pesticida que fue empleado con profusión para gasear a millones de judíos en la Segunda Guerra Mundial.

Los venenos han tenido sus modas según la época. En el Medievo, los venenos de origen vegetal tuvieron más de un triunfo y, como cabía esperar, también llegaron a palacio. Sancho I (935-966), llamado el Craso, rey de León en dos momentos distintos del siglo X, fue asesinado por el conde gallego Gonzalo Menéndez cual Blancanieves, con una manzana envenenada.

El nombre de la planta de tabaco, *Nicotiana tabacum*, fue puesto por el embajador francés en Portugal Jean Nicot de Villemain, quien envió tanto el tabaco como las semillas a París en 1560, presentándolo al rey de Francia y promoviendo su uso medicinal. A finales del siglo XVII, el tabaco se fumaba y se utilizaba como insecticida. La nicotina es un alcaloide, como veremos más adelante, uno de los grupos de metabolitos secundarios más importantes de plantas porque comprende moléculas que en humanos tienen un enorme efecto, aunque estemos hablando de dosis muy pequeñas. Se encuentra principalmente en la planta de tabaco (aunque también en mucha menor cantidad en otras solanáceas, como berenjena, patata, tomate o pimiento) y, dentro de esta, se localiza en las hojas, a pesar de que se sintetiza en la raíz. No fue hasta 1828 cuando el médico alemán Wilhelm Heinrich Posselt y su compatriota el químico Karl Ludwig Reimann aislaron la nicotina y la consideraron un veneno. Sí, aunque te parezca mentira, es un potente veneno, lo que ocurre es que a bajas concentraciones actúa como estimulante y es en gran medida responsable de la adicción al tabaco. En altas concentraciones tiene otras finalidades menos dignas.

En Mons, una ciudad belga cerca de la frontera con Francia, se encuentra el castillo de Bitremont, una residencia que, además de ser testigo mudo de bacanales y pomposas cacerías, fue lugar de uno de tantos asesinatos premeditados del siglo XIX. El conde de Bocarmé, Hipólito de Visart, se casó con una señorita de buena familia, Lidia Fougnies. El nivel de vida de los condes agotaría pronto la herencia de la condesa, así que la forma de escapar de la pobreza era matar al hermano de la condesa, que disfrutaba su parte de la herencia paterna. Si él moría, sus bienes los heredaría su hermana, de modo que, teniendo en cuenta que estaba muy enfermo y con una pierna recién amputada, nadie sospecharía. Gustav Fougnies, a pesar de su delicada salud, iba a casarse y el 20 de noviembre de 1850 tenía previsto ir al castillo para anunciarles a los condes su próxima boda, algo que no hizo más que adelantar el plan. El conde era aficionado a la química y conocía el secreto de los venenos. Había conseguido destilar la nicotina. La propia condesa sirvió la comida. Lo que ocurrió después solo los que estaban en la estancia lo sabían porque, a pesar de los ruidos y quejidos de Gustav, no se les permitió a las doncellas entrar. Cuando pudieron hacerlo horas después, el hermano de la condesa yacía muerto en el suelo. La condesa tomó las ropas de su hermano, las lavó en agua jabonosa hirviendo, quemó sus muletas, frotó el suelo del comedor y raspó el entarimado con un cuchillo. El médico dictaminó una muerte por apoplejía, pero en el pueblo las habladurías indicaban que la muerte no había sido natural, así que el juez de paz comenzó una investigación al darse cuenta, cuando visitó el castillo, de que los condes trataban de ocultar heridas muy severas en la boca y la lengua del difunto. La boca del hermano de la condesa estaba ennegrecida, como si hubiese sido regada con ácido sulfúrico. Mandó tomar todos los órganos y enviarlos a un joven químico y médico de 37 años, el Dr. Jean Serváis Stas. Este experto realizó un análisis exhaustivo poniendo en práctica por primera vez un método nuevo y relevante para localizar un alcaloide incluso en un cadáver. Llegó a la conclusión de que el veneno que había matado a Gustav había sido nicotina, sabiendo que 50 mg de esta sustancia bastaban para matar a una persona en unos minutos. La boca, junto con su cuerpo, exhalaba un olor a acético, porque lo habían lavado con vinagre y se lo habían hecho beber para camuflar el olor del veneno, mientras que el extracto de nicotina lo había bebido previamente camuflado en una botellita como agua de colonia. Sus ropas no tenían residuos porque habían sido cuidadosamente lavadas, pero sí los encontraron en las tablas del suelo. El 8 de diciembre de 1850, el juez y los guardias encontraron enterrados restos de gatos y perros con los que el conde había experimentado previamente. Hipólito de Visart fue ejecutado en Mons el 19 de julio de 1851; su esposa Lidia, también acusada, fue declarada inocente.

Después de la Segunda Guerra Mundial, se usaban en agricultura más de 2500 toneladas de insecticida con nicotina, pero desde 2014 ya no se utiliza ninguno en EE. UU. ¿Te suenan los neonicotinoides? Fueron insecticidas muy utilizados desde los años 90 porque, además de ser eficaces, eran menos tóxicos para aves y mamíferos que otros existentes. Luego se ha comprobado que puede existir una relación entre algunos neonicotinoides y el colapso de las colonias de abejas melíferas (aunque no es el único motivo) y, desde 2018, en Europa se ha prohibido el uso en espacios abiertos de los tres neonicotinoides más importantes.

Los límites entre los efectos adversos, la sobredosis y la intoxicación intencional (que ya hablaríamos de asesinato) pueden llegar a ser muy sutiles y difíciles de probar. Uno de los casos más horribles fue protagonizado por el mayor asesino en serie de la historia de Reino Unido (y según algunos, de todo el mundo), el Dr. Harold Shipman, más conocido como el Dr. Muerte. Aunque fue oficialmente probado el asesinato de 15 mujeres pacientes suyas con sobredosis de morfina, se sospecha que fueron unas 250 y, al parecer, 459 personas que estaban a su cuidado fallecieron. Kathleen Grundy, la hija de una de las pacientes fallecidas, descubrió al leer el testamento que su propia madre la había desheredado, dejándole todos sus bienes al Dr.

Shipman. Sin ser consciente, tiró de la manta. El cadáver de su madre fue exhumado y la autopsia reveló grandes cantidades de morfina. La morfina, una potente droga opiácea, es usada con fines médicos por su poder analgésico y se obtiene de la adormidera. La investigación demostró este hecho con 15 casos más, así que el Dr. Muerte fue juzgado y condenado en el año 2000 a 15 cadenas perpetuas por los crímenes ocurridos entre 1995 y 1998, que habría tenido que cumplir si no hubiera sido porque fue encontrado ahorcado en los barrotes de la celda de la prisión de Wakefield el 13 de enero de 2004. Después de aquellas primeras investigaciones, las nuevas pesquisas concluyeron que al menos 250 personas fueron asesinadas de la misma forma, aunque en realidad se cerró la investigación oficialmente con 218 altamente probables desde 1975.

Muchas de las muertes que han ocurrido en extrañas circunstancias en la historia de la humanidad no se han debido al uso de venenos, obviamente. Pero seguro que muchas, muchísimas de las muertes certificadas como naturales tampoco han sido tales… Las sustancias tóxicas de origen vegetal se han empleado desde siempre para asesinar. Ya hemos visto que los venenos pueden hacernos perder la cabeza, casi tanto como la belleza de una flor.

LA BELLEZA SÍ TUVO UN PRECIO Y NOSOTROS, UNA CRISIS FINANCIERA

«Prefiero tener rosas en mi mesa que diamantes en mi cuello». Emma Goldman (1869-1940), activista anarquista rusa.

Hoy en Holanda se encuentra el mayor mercado de flores del mundo con 155 kilómetros cuadrados repartidos entre Aalsmer, Naaldwijk y Rijnsburg, por lo que a este país se le conoce como la «floristería del mundo». Cada 24 horas se reciben 30 millones de flores que se comercializan en pocas horas. La *Royal Flora Holland*, la mayor cooperativa de la industria de la flor, factura casi 5000 millones de euros anuales, el doble que todo el sector editorial español junto, con 2400 millones de euros.

Hemos visto que la existencia de las plantas es anterior a la vida humana y que su comercialización y utilidades han modelado grandes momentos de la historia.

Ahora veremos cómo una flor, sin un perfume embriagador ni uso medicinal ni culinario, como ocurre con otras, se acabó convirtiendo en imagen identificadora de un país, motivo de una de las crisis paradigmáticas que se estudian en historia económica y auténtica pesadilla para muchos: el tulipán.

Campo de tulipanes con los típicos molinos holandeses al fondo.

Algunos tratados antiguos sobre plantas, los «herbarios», atribuían a los tulipanes propiedades para cuajar la leche y así hacer queso, aunque este uso no tendría mayor trascendencia y tan solo su valor como elemento estético justificaba su cultivo. Se tiene certeza de que su origen estaría en las montañas de Kazajistán, Irán y Afganistán, y de ahí pasaría a la región turca de Anatolia hace unos 1000 años, donde esta flor investida de un carácter religioso alcanzó una notable distinción en palacios, mezquitas, vestimentas y cerámicas del Imperio turco otomano.

Su nombre en turco, *lale*, contiene las letras en árabe de *Alá*. *Lale* es uno de los nombres femeninos más comunes en Turquía. Sobre su nombre europeizado, existe la teoría de que podía ser por la adaptación de la palabra turco-otomana *tülbend*, cuyo significado, «turbante», podía hacer alusión a la forma de los bulbos, o tal vez se relaciona la adaptación del nombre de la flor a una casualidad... Algunos sostienen que se usó de manera ornamental en al-Ándalus en el siglo XI, pero su entrada en Europa de una manera definitiva tuvo lugar en el siglo XVI, de la mano de un embajador del Imperio austríaco en Turquía que, impresionado por la belleza de los tulipanes rojos, quiso que lucieran en los jardines imperiales de Viena, introduciendo algunos bulbos desde Constantinopla hacia 1554. Se llamaba Ogier Ghislain de Busbecq. Y aquí es donde aparece la otra versión sobre el origen de la palabra *tulipán*.

En cierta ocasión, el embajador se dirigió a un hombre que portaba en su cabeza un turbante típico donde lucía un tulipán. Curioso por aquella flor desconocida, preguntó sobre su nombre, pero, por un malentendido, el hombre ataviado por la prenda en su cabeza pensó que la pregunta iba referida al propio accesorio de su cabeza, por lo que respondió: «*Tülbend*». He aquí el otro posible origen de la denominación europea de la flor.

El botánico holandés Charles de L´Écluse, más conocido como Carolus Clusius, uno de los más prestigiosos del momento y amigo del embajador, fascinado por esta flor, la llevó a los Países Bajos, habiendo conseguido de la mano de Ogier unos bulbos para su estudio en la Universidad de

Leiden. El insigne botánico trasplantó los exóticos tulipanes en unos jardines de la Universidad, el *Hortus Botanicus*, el jardín botánico más antiguo de Holanda y uno de los más antiguos del mundo. Había conocido esta rara flor en un dibujo de un tratado de Conrad von Gesner de 1561, naturalista suizo. Pronto, estos bulbos despertaron gran admiración entre sus conciudadanos, a pesar del celo con que el botánico quería guardar su tesoro. Consiguió nuevas variedades mediante cruces y otros ejemplares que crecían con facilidad en los jardines holandeses, haciendo que su colección fuera única en Europa.

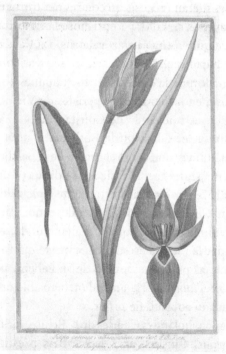

Ilustración de 1772 de tulipán escarlata (*Tulipa coccinea, alberscentibus, oris Eyst.*). Biblioteca de la Sociedad de Horticultura de Massachusetts.

Una noche alguien robó los bulbos del jardín de Carolus Clusius. Y resultó que, tal como ya había comprobado el botánico, Holanda era el lugar más adecuado para el crecimiento de esta flor, por lo que rápidamente su cultivo fue exitoso y se extendió por todo el país. Y ahí no terminaba todo. Algo extraordinario que los expertos del momento no podían explicar ocurría ante el asombro de todos.

La exitosa germinación de la planta, favorecida por las características climatológicas y geológicas de los Países Bajos con terreno ganado al mar, venía acompañada por una transformación incontrolable que hacía que los bulbos holandeses fueran únicos, con colores aleatorios e intensos, pétalos rayados de colores caprichosos, moteados... Toda una rareza que los hacía más valiosos, exóticos e irrepetibles. Las flores monocromáticas se transformaban en un lienzo de hermosos colores. Aquellos tulipanes que lucían su hermosura mudaban sus colores sin explicación, resultando aún más bellos.

Durante mucho tiempo, los botánicos británicos más prestigiosos trataron de domesticar el proceso de cambio de color sin éxito. El propio Clusius también buscó explicación y en 1576 denominó al extraño fenómeno que ocurría en la planta «rectificación». De nada servía cultivarlos en los estiércoles más raros o vulgares, plantarlos a diferentes profundidades, someterlos a condiciones climatológicas extremas ni ponerlos en contacto con los vinos de mayor calidad, que, según algunos hipotetizaban, podía ser el medio para el control de tan extraordinaria y bella transformación. Ninguna manipulación de los bulbos podía conseguirlo, tan solo el azar y capricho de la naturaleza. Se pensaba que alguna condición ambiental incontrolada producía el fenómeno, pero no se acertaba a explicar cuál.

No todo eran buenas noticias. Aquella belleza sobrevenida era etérea y la planta parecía acusarla: se debilitaba, tal como describió Carolus Clusius en 1585.

Retrato de un erudito, probablemente Carolus
Clusius, de Marten van Valckenborch, 1535.

En aquellos tiempos, las flores eran todo un fenómeno cultural, un signo de distinción y estatus social. Las más bellas flores exóticas lucían en jardines y eran portadas por hombres y mujeres como si fueran joyas. Es difícil de entender hoy en día, pero en la sociedad de entonces tenía mucho impacto, y no solo en los Países Bajos. Holanda, a través de su exitosa Compañía Holandesa de las Indias Orientales, había conseguido una prosperidad social y económica que destacaba ante el declive de algunos de los puertos comerciales del Mediterráneo de gran importancia hasta entonces. Era el país más rico de Europa, dominando el comercio internacional.

Además de los adinerados aristócratas, una emergente clase de comerciantes, con suficiente riqueza para gastar en productos suntuarios, adornaban sus mansiones con preciosos jardines donde hacían destacar las plantas y flores más extravagantes. No les importaba pagar importantes sumas de dinero con tal de que sus casas tuvieran los tulipanes más exclusivos. Se puede decir que era el lujo del buen gusto del siglo XVII. Esto provocó que el mercadeo de tulipanes exóticos se generalizara ante la gran demanda, haciendo que muchos comerciantes vieran este negocio como una lucrativa fuente de vida. El ansia de obtener los ejemplares más raros que después poder vender hacía que, una vez que conseguían una variedad única, muchos durmieran con ella por miedo a los robos.

El cultivo de los tulipanes desde semilla suponía una espera de siete años y se requerían grandes dosis de paciencia para que la aleatoria «rectificación» consiguiera que alguno de los bulbos fuera único entre los muchos que se habían cultivado.

Los extravagantes y valiosos bulbos tenían nombres según la variedad conseguida: Generalísimo, Admiral Liefken, Viceroy... Pero, entre todos, uno sobresalía en cuanto a su valor y escasez: el *Semper Augustus*. En 1624, solo había 12 ejemplares de *Semper*.

Se vio que las variedades raras se podían clonar usando vástagos del bulbo madre por medio de reproducción asexual, no mediante semillas producidas por fecundación tras la polinización. Pero era un proceso costoso, pues los bulbos mutados, más pequeños de lo común, apenas producían vástagos. Y, además, el proceso de reproducción era lento y difícil. A primeros de 1637, los botánicos observaron que, injertando bulbos con «rectificación» en bulbos normales, el resultado era un bulbo con transformaciones de color. Esto haría que la escasez de las mejores variedades multiplicara exponencialmente el precio que se pagaba por ellos, convirtiendo el cultivo y la venta de tulipán en un negocio sumamente rentable.

Semper Augustus. Famoso por ser el tulipán más caro vendido durante la *tulipomanía* en los países bajos del siglo XVII.

De forma paralela, el mercado iba aumentando con una demanda mayor, no solo en el interior de Holanda, ¡y a cualquier precio! Cada vez más gente entraba en la producción y comercio de los bulbos. Los tulipanes eran vendidos y revendidos varias veces, multiplicando su precio según pasaban de unas manos a otras. El valor que se le atribuía a esta flor era semejante al de las piedras preciosas. En una pintura flamenca de autor desconocido de 1640, hoy expuesta en el Frans Hals Museum de Haarlem (Holanda), aparece Flora, la diosa de las flores, los jardines y la primavera, equilibrando bulbos de tulipán *Semper* con piedras preciosas en una balanza.

Los tejemanejes comerciales tenían lugar en tabernas, donde comerciantes registrados realizaban sus transacciones entre cerveza, comida y tabaco. Los mercados holandeses también centran gran parte de su actividad económica en los intercambios de tulipanes, llegando incluso al mercado de valores.

Surgieron catálogos florales, como el de Emanuel Sweert y su *Florilegium*, donde se publicitaban hasta 560 bulbos diferentes, con el fin de exponer a la venta estas flores, siendo así el primero de su género. La expansión del negocio alcanzaba a otros países a los que se exportaban las plantas. Pronto surgieron nuevos catálogos con delicadas ilustraciones. El crecimiento de la actividad se realizaba de manera caótica. Los precios subían cada vez más, y la llamada de la alta rentabilidad hacía que se incorporaran al negocio personas ajenas a la clase comerciante. Todas las clases sociales participaban del negocio.

Es entonces cuando surge lo que se conoce como el «negocio del aire». Los vástagos del bulbo madre se vendían incluso cuando no se habían recolectado y estaban sembrados bajo tierra. Un negocio peligroso, de mucho riesgo. Podemos decir que es un antecedente de lo que hoy se conoce en el mundo bursátil como «futuros». En aquella Holanda calvinista, los predicadores avisaban de lo contrario que era a la religión el no tener templanza en los beneficios, pero todo eran oídos sordos, ante lo que los religiosos profetizaban una plaga bíblica como forma de castigo divino.

Y... la realidad pareció darles la razón. Una temida plaga llegó, la de la peste negra, favorecida por las ratas que viajaban en los barcos holandeses en un ir y venir de un comercio frenético. Sin embargo, esta temible enfermedad no hizo sino aumentar el comercio de tulipanes. Ante la posibilidad de la inminente desgracia y las grandes rentabilidades que se estaban alcanzando en el mercadeo de tulipanes, la aversión al riesgo inversor cada vez era menor. Como veis, impulsos de consumo irracionales motivados por una pandemia, como ha ocurrido con el coronavirus y la COVID-19 en nuestros días.

Los precios escalaban según pasaban los años. Hacia 1623 el sueldo medio de un holandés rondaba los 150 florines, mientras que un solo bulbo se podía vender por 1000. Por un *Semper Augustus* en 1635 se pagaban más de 4000 florines. Se llegó a cambiar una residencia lujosa en Ámsterdam por una sola flor *Semper*. El cénit de los precios se alcanzó en las primeras semanas de 1637. En una subasta de 99 bulbos, el 5 de febrero de ese año, se pagó la suma de 90.000 florines, el equivalente actual a varios millones de euros. Al día siguiente, en una nueva subasta, medio kilo de bulbos salió con un valor de 1250 florines y no hubo compradores... El mercado de tulipanes había colapsado.

En el «mercado del aire», el exceso de oferta y unos precios desorbitados habían acabado con el próspero negocio y con muchas fortunas que se vieron en riesgo por los compromisos adquiridos que no se podían cumplir. Fue uno de los desastres financieros más grandes de la historia.

A pesar de que en el exitoso libro de 1841 de Charles Mackay, *Delirios populares extraordinarios y la locura de las masas,* se alimentó el mito de la tulipomanía describiendo cómo la gente arruinada se suicidaba arrojándose a los canales y que las bancarrotas eran masivas, Anne Goldgar, en *Tulipomanía: Dinero, honor y sabiduría,* lo desmiente, pero no cabe duda de que pasó factura a muchos.

Durante los seis años de furor, ¡qué no se hubiera dado por saber lo que en 1928 la Dra. Dorothy M. Cayley descubrió! La Dra. Cayley concluyó sus investigaciones en el Instituto Horticultural John Innes de Norwich, en Reino Unido, determinando que aquella rareza de los tulipanes que los hacía tan exóticos con colores aleatorios, a la que llamaron «rectificación», no era sino una enfermedad de la planta provocada por un virus cuyo vector de transmisión era el pulgón. Igual que los tulipanes encontraron en Holanda el medio óptimo para su cultivo, el insecto transmisor vivía en las condiciones favorables en los jardines protegidos de las brisas. Fue entonces cuando cambió la hipótesis mantenida durante siglos de que la rotura de color se producía por factores ambientales.

El virus TBV (*Tulip Breaking Virus*), cuando infecta un bulbo de tulipán, dependiendo de la variedad y de la edad de la planta en el momento de infección, afecta a la capa de epidermis más superficial de los pétalos, modificando su aspecto. Se debilita la coloración original o, por el contrario, hay un exceso de pigmentos, describiendo originales combinaciones de colores debido a que las antocianinas, los pigmentos que dan color a distintas partes de las plantas, están repartidas de forma irregular en la superficie epidérmica. Se puede apreciar además una paleta de color distinta en el haz y envés del pétalo.

Tal como observó Clusius, el patógeno debilita la planta, haciendo cada vez más difícil la reproducción del bulbo mediante vástagos del bulbo madre. A su vez, la descendencia obtenida por vástagos acusa este debilitamiento progresivamente y en relación directa con el número de reproducciones sucesivas.

Y esta es la razón por la que algunas de las variedades de tulipanes con color roto más famosas hoy son historia, entre ellas la *Semper Augustus*. Pero ni la crisis económica que causó la tulipomanía del siglo XVII ni esta extinción de las variedades más emblemáticas acabó con el tulipán.

Millones de tulipanes siguen floreciendo entre marzo y mayo en inmensos campos donde la vista se pierde en los tapices multicolores de rojos, lilas, blancos, amarillos…, y con bellas formas que imitan las plumas de las aves y otras caprichosas figuras. Al lado de Ámsterdam, podemos encontrar el mayor jardín de tulipanes del mundo, Keuhenhof, con 800 variedades diferentes.

Hoy en día hay importantes festivales del tulipán en Nueva York y Holland (Michigan), dos ciudades en Estados Unidos con importantes raíces holandesas. Y en Estambul (Turquía) se celebra el Istanbul Lale Festivali, haciendo patente la presencia mítica de esta flor en el país desde donde se introdujo a Europa, dando pie al episodio histórico que te acabo de contar. Durante los siguientes 100 años posteriores al desastre, la tulipomanía se satirizó y ridiculizó en pintura y literatura, resaltando aquella codicia, sobrevaloración y posterior ruina, en una especie de lección moral de lo que no debió hacerse. Parecía cumplirse el dicho de

Quevedo que popularizó siglos después Antonio Machado: «Solo el necio confunde valor y precio».

Dice el refranero español: «El hombre es el único animal que tropieza dos veces en la misma piedra». Un siglo más tarde, Holanda volvería a caer en otra fiebre: esta vez por los jacintos. Pero esa es otra historia…

LAS PLANTAS EN LA CULTURA: EL DESPERTAR DE LOS SENTIDOS

«Hay tres cosas que cada persona debería hacer durante su vida: plantar un árbol, tener un hijo y escribir un libro», José Martí (1853-1895), escritor y político cubano.

Las plantas forman parte de nuestra vida, y tanto es así que, además de suplir todas nuestras necesidades básicas, forman parte de nuestra cultura. En la Antigüedad griega y clásica, muchos mitos se asocian con las plantas y algunos de ellos han pervivido en nuestro lenguaje. A Narciso le gustaba tanto ver su imagen reflejada en un estanque que los dioses lo convirtieron en la flor del mismo nombre. El padre de Dafne la convirtió en un árbol de laurel para que escapara del acoso de Apolo. El árbol de laurel fue desde ese momento sagrado para Apolo. Ceres era la diosa de la agricultura, cuya hija, Proserpina, fue raptada por Plutón para convertirse en reina de los muertos, pero cada seis meses volvía a la tierra con su madre y, en señal de su alegría, Ceres llenaba toda la tierra de plantas y flores, traía la primavera y las cosechas brotaban. Las manzanas también están muy representadas en la mitología grecorromana, había manzanas de oro en el jardín de las Hespérides protegidas por el dragón de cien cabezas Ladón y robadas por Hércules, que probablemente fueran naranjas, tan extrañas, exóticas y caras en el Imperio romano que bien podrían parecer de oro. También Hipómenes utiliza manzanas doradas para distraer a la cazadora Atalanta y ganarle en una carrera para así poder casarse con ella, y una manzana es la que crea la discordia en el juicio de Paris entre Hera, Atenea y Afrodita. De todos los mitos grecorromanos relacionados con las plantas, uno de mis preferidos es de los menos conocidos. Zeus un día iba por la isla de Kynaros cuando vio a una hermosa joven en la playa. La chica, de nombre Cynara, era tan bella que el dios se enamoró (esto le pasaba mucho), así que le dio el don de la inmortalidad, convirtiéndola en diosa, y se la llevó al Olimpo, pero la pobre chica se aburría y extrañaba a su familia, así que un día se fue sin despedirse y se volvió a su isla. Esto irritó a Zeus (también le pasaba mucho, Zeus era un dios muy previsible), que no pudo tolerar que una diosa tan hermosa estuviera a la vista de los humanos, así que hizo que de su piel empezaran a brotar escamas verdes que la envolvieron. La convirtió en una planta muy fea, la alcachofa, pero en el interior de la alcachofa quedó encerrada toda la ternura y el amor de la hermosa Cynara, por eso hay que quitar las hojas duras de fuera y comerse el corazón, que tiene un sabor dulce con un punto amargo, exactamente como el amor. Para un cristiano, el cuerpo de Cristo es pan ácimo, pero, para un romano, comerse una alcachofa era comerse una diosa. El nombre científico de la alcachofa, *Cynara scolymus*, hace referencia a este mito.

La mitología grecorromana no es la única que se nutre de mitos vegetales. El libro sagrado de los mayas, el *Popol Vuh* o *Libro de la Comunidad*, nos cuenta que había dos dioses aburridos, Kukulkán y Tepeu, que se plantearon crear seres para que los adoraran, porque, a fin de cuentas, de qué sirve ser dios si nadie te adora. Como que luce muy poco. Para empezar, separaron la tierra y el mar y crearon toda la vegetación, tanto la silvestre como la que podía cultivarse para dar de comer. Después crearon a los animales, pero salió muy mal. Cuando tenían que adorarlos, solo emitieron sonidos ininteligibles. Esto les sentó fatal y, para castigarlos, los condenaron a comerse unos a otros durante toda la eternidad. Entonces se propusieron aprender del error y hacer un ser capaz de adorarlos y además llevar la cuenta de los días (los mayas se pirraban por los almanaques). Para esto utilizaron barro, pero otra vez fallaron. No se tenía en pie, se deshacía con la lluvia y ni hablaba ni se reproducía, así que lo descartaron. Luego hicieron otra versión que, ahora sí, era de origen vegetal. Utilizaron madera, pero volvieron a fallar. Era mejor que el de barro, pero no tenía ni alma ni memoria, por lo que olvidaban quiénes eran sus creadores y no los adoraban. Se enfadaron tanto que enviaron un diluvio y los mataron a todos, aunque sobrevivieron unos cuantos de estos seres, a los que llamaron «monos». Después de tantos fracasos, los dos dioses, desesperados ya, cambiaron la estrategia y utilizaron como punto de partida la más valiosa de sus creaciones: el maíz. A partir del maíz blanco moldearon la figura humana y con el maíz rojo hicieron su sangre; por lo tanto, para los mayas, los hombres no somos más que un vegetal modificado genéticamente.

La mitología judeocristiana recogida en el Antiguo Testamento también es rica en mitos relacionados con los vegetales, desde la manzana de Eva a la zarza ardiente donde se aparece Dios, o la rama de olivo que lleva la paloma como señal de vida tras el diluvio. En el Levítico se detallan leyes relacionadas con el cultivo de vegetales y qué cultivos son impuros si se cultivan juntos. De hecho, la tierra prometida lo es por su valor para la agricultura, como deja claro el propio Dios en el capítulo 8 del Deuteronomio (versículos del 7 al 9):

Ahora, Yavé, tu Dios, va a introducirte en una buena tierra, tierra de arroyos, de fuentes, de aguas profundas, que brotan en los valles y en los montes; tierra de trigo, de cebada, de viñas, de higueras, de granados; tierra de olivos, de aceite y de miel; tierra donde comerás tu pan en abundancia y no carecerás de nada; tierra cuyas piedras son hierro y de cuyas montañas sale el metal (el cobre).

Alcachofa en flor, *Cynara scolymus.*

Por poner otro ejemplo de los muchos que hay, en el segundo Libro de los Reyes, capítulo 18, versículo 31, se dice:

No deis oídos a Ezequías, porque así habla el rey de Asiria: Haced paces conmigo y rendíos a mí y comerá cada uno de los frutos de su viña y de su higuera y beberá el agua de su cisterna hasta que yo venga a trasladaros a una tierra como la vuestra, tierra de grano y de mosto, tierra de pan y de viñas, tierra de olivas y de miel.

Malus domestica de Royal Charles Steadman, 1918.
Original de la colección de acuarelas pomológicas del Departamento de Agricultura de EE. UU. Colecciones Raras y Especiales, Biblioteca Nacional de Agricultura.

Y en el Levítico 19:19 y Deuteronomio 22:11 se prohíbe cultivar juntas dos especies diferentes y llevar ropa de lino y de lana a la vez. Otro de los pasajes que más me ha llamado siempre la atención es que, en el Antiguo Testamento, se habla frecuentemente de exterminios y sacrificios y, sin embargo, Dios explícitamente habla de proteger a los árboles en el Deuteronomio 20:19 : «Cuando sities a alguna ciudad, peleando contra ella muchos días para tomarla, no destruirás sus árboles metiendo hacha en ellos, porque de ellos podrás comer; y no los talarás, porque el árbol del campo no es hombre para venir contra ti en el sitio».

Durante la fiesta judía del Sucot (o de los Tabernáculos) se utilizan cuatro «especies», todas de origen vegetal: tres ramas con hojas de palma, de sauce y de mirto, y un fruto de una variedad de cidro llamada «etrog», que tiene que conservar el estigma y el pedúnculo. Dado que la mayoría de los cítricos lo pierden durante el proceso de maduración, existen unas variedades de este frutal que no pueden ser hibridadas ni injertadas y que se cultivan bajo supervisión rabínica, aunque se permite el tratamiento con una hormona vegetal llamada «auxina» para que cumpla con los requerimientos para formar parte del tabernáculo.

En el Nuevo Testamento también hay muchas referencias a vegetales. De hecho, se puede interpretar toda la vida de Jesús desde una perspectiva vegetal. En su nacimiento, Jesús se acuesta en un lecho de paja, y los Reyes Magos le llevan oro, incienso y mirra; de tres, dos son producto de origen vegetal. A lo largo de su vida pública, maldice a una higuera, cuenta parábolas sobre viñadores, multiplica los panes y convierte el agua en vino, y con estos dos alimentos de origen vegetal instituye la eucaristía en la última cena. Durante su pasión y muerte, es apresado en un huerto de olivos, coronado con espinas, crucificado en madera y enterrado con un sudario de lino. Toda una vida alrededor de las plantas.

Otro símbolo cultural poderoso relacionado con las plantas son los árboles de junta o concejo, a la sombra de los cuales se celebraban asambleas o se tomaban decisiones importantes. El más conocido en nuestro ámbito cultural probablemente sea el árbol de Guernica, un roble situado en el actual Parlamento vasco. También fue a la sombra de un árbol donde el príncipe Siddharta encontró la iluminación y se convirtió en Buda. Fuera del ámbito religioso las plantas también han servido de poderosos referentes culturales. Ya en la antigua Grecia los capiteles corintios iban decorados con representaciones en piedra de hojas de acanto. Si alguna vez pasas por una catedral, fíjate en los relieves y decoraciones en piedra. ¿Cuántos relieves ves que representen hojas, plantas o flores? De hecho, hay una leyenda dedicada a esto en mi tierra de adopción. En Valencia, cuando alguien es muy hipocondríaco o siempre está quejándose de salud, se dice que parece «la delicada de Gandía», que le cayó una flor en la cabeza y se murió. La historia es real, pero lo que no cuenta la leyenda es que lo que le cayó en la cabeza fue una flor de piedra de 400 kilos de uno de los rosetones de la fachada de la Colegiata de Santa María de Gandía. Parece que los hechos tuvieron lugar en 1498, y la delicada, que se llamaba Inés de Catani, era una dama noble de origen lombardo.

De hecho, si no fuera por las plantas, no tendríamos ni literatura ni pintura. ¿A que no lo habías pensado? Las primeras referencias escritas se hicieron en piedra o en hueso, pero eso era poco práctico. Hasta que no llegaron los primeros manuscritos en papiro y luego en papel, transmitir información escrita era muy engorroso. El antepasado de la imprenta era la xilografía, que se hacía sobre planchas de madera, y las primeras imprentas de Guttemberg, que realmente eran imprentas de tipos móviles, se hicieron también de madera... Como dice el dicho: «La letra con material vegetal entra». Y la pintura, lo mismo. ¿Cómo piensas que se hacían los lienzos que utilizaban Botticelli, Caravaggio, Velázquez, Picasso o Dalí? Pues con lino, algodón o cáñamo. Es decir, sin plantas solo tendríamos esculturas.

Hay una parte más interesante en la que las plantas tienen un papel fundamental. Si ahora quieres pintar o escribir, es tan fácil como ir a una tienda y comprar óleos, acuarelas o tintas del color que quieras. Pero durante la mayor parte de la historia no existían las tiendas de pintura ni las papelerías, por lo que cada escribano o cada pintor tenía que prepararse sus propios colores. Para eso utilizaban preparados a partir de plantas, minerales o extractos de animales. Muchas veces utilizaban fórmulas secretas que solo ellos conocían para mantener su prestigio y su toque personal. El secreto de muchos de esos pigmentos todavía no lo conocemos, aunque algunos los estamos desvelando gracias a la ciencia. ¿Te suena algo llamado «tornasol»? Sí, ya sé que piensas que era el científico despistado que acompañaba a Tintín en sus aventuras. El profesor Tornasol está inspirado en el científico Auguste Piccard, amigo de Hergé, que fue el inventor del batiscafo, submarino que permitió batir récords de profundidad en su momento. No es casualidad que el primer invento del profesor Tornasol que sale en *El tesoro de Rackham el Rojo* sea un submarino en forma de tiburón.

Pero, volviendo al tema, realmente el tornasol es un tinte que se utiliza desde el siglo XIII en los manuscritos medievales. Tenía la particularidad de que cambiaba de color del azul al rojo, pasando por el púrpura. Esto se debía al pH del medio. La reacción normal del papel a medida que pasa el tiempo es que se vaya acidificando y adquiera ese aspecto amarillento de papel viejo. Eso hace que la mayoría de colores desaparezcan. Sin embargo, el tornasol adquiría un color más vistoso con el tiempo, y por eso era tan apreciado. De hecho, antiguamente, al papel que se utilizaba para medir si una solución era ácida o alcalina se le llamaba «papel tornasolado». Recientemente se ha descubierto el secreto de ese pigmento. Se obtiene a partir de una planta llamada *Chrozophora tinctoria*, originaria del mediterráneo, y se extraía de los frutos recolectados en agosto y septiembre, por lo que posiblemente es una de las moléculas que la planta utiliza para protegerse del calor y la desecación, pero nosotros la utilizábamos para los manuscritos. Ya sabes, sin plantas no hay cultura.

En la pintura los motivos vegetales han sido en algunos casos géneros por sí mismos, como los bodegones o los cuadros con motivos florales, por no hablar de todas las representaciones mitológicas o religiosas que solían darse en entornos bucólicos con profusión de especies vegetales, que en muchos casos nos han servido para estudiar cómo ha ido evolucionando la vegetación o los alimentos. Por seleccionar algunos pintores con gusto por lo vegetal (entre los muchos que hay), podríamos mencionar a Giuseppe Arcimboldo, pintor italiano del siglo XVI, famoso por representar figuras humanas con vegetales. En el siglo XIX los impresionistas fueron unos grandes amantes de las plantas, solo hay que ver las exuberantes representaciones de jardines a los que la Fundación Thyssen-Bornemisza dedicó una exposición; o los que pintó Sorolla, que también fueron objeto de una exposición en la Fundación Bancaja; o los nenúfares de Monet; los girasoles de Van Gogh; o, ya en el siglo XX, los impresionantes cuadros de flores de

Georgia O'Keeffe; las selvas de Henri Rousseau; las flores fantásticas de Seraphine Louis; las granadas, alcachofas y mazorcas de Dalí, o las sopas de tomate de Andy Warhol.

Sería muy largo y aburrido hacer un recorrido por la influencia que han tenido las plantas en la literatura universal, pero vamos a hacerlo más divertido. Cierra los ojos y dime los primeros libros que te vengan a la mente con plantas en su título. Te digo los míos: *La dama de las camelias*, de Dumas; *Las uvas de la ira*, de John Steinbeck; *Melocotones helados*, de Espido Freire; *Entre naranjos* y *Flor de Mayo*, de Blasco Ibáñez... Bueno, pues no te vayas, que no hemos acabado. Ahora hacemos el mismo juego pero con el cine. Tres, dos, uno, ¡ya!... *La dalia azul*, *La dalia negra*, *Ironweed*, *Malvaloca*, *Flores de otro mundo*, *Tomates verdes fritos*, *El olivo*, *Flores rotas*, *Lirios rotos*, *Flores de fuego*, *Cerezos en flor*... Vaya, me ha salido una mezcla rara con películas clásicas y actuales. Con la música estoy convencida de que se te ocurre un buen número de canciones cuyo título o protagonista es una planta o una flor. Solo sobre rosas encontramos alguna de Mecano, Seal, Outkast, Bon Jovi, La Oreja de Van Gogh, Joaquín Sabina o Sting.

Las plantas se han convertido en un icono y un símbolo tan poderoso que algunos países las han incorporado a su bandera. La bandera de España contiene dos plantas: la granada, como símbolo del reino de Granada, y la flor de lis, como símbolo de los Borbones (en realidad, es símbolo de la realeza desde la Edad Media). El cedro es el símbolo del Líbano, y la hoja de arce, de Canadá. En la bandera de Chipre hay dos ramas de olivo, y en la de Eritrea, una. Sin duda, la planta campeona en la vexilogía es el laurel. Encontramos ramas de laurel en las banderas de México, El Salvador, Paraguay, Moldavia, Guatemala, San Marino,

República Dominicana y las islas Vírgenes de Estados Unidos. De esta planta viene lo de «laureado» como «ganador» o «premiado». Entre plantas menos frecuentes, la bandera de Belice lleva un árbol de caoba; la de Haití, una palmera de aceite; la de Guinea, una ceiba, y la de la isla caribeña de Granada lleva un fruto de nuez moscada. Y no puedo dejar de mencionar la de la república de Fiyi, en la que encontramos un huerto entero en la bandera: un cocotero, una rama de olivo, un racimo de plátanos y un fruto de cacao. Aunque no aparecen en banderas nacionales, Japón se le conoce como el reino del crisantemo; la rosa blanca era el símbolo de la casa de York, y la roja, de la casa de Lancaster; de ahí que a la guerra civil entre estas dos casas en el siglo XV se le diera el nombre de la guerra de las Dos Rosas. El actual símbolo es el de la rosa de la casa Tudor, que es rosa, por la mezcla de los dos colores. Por cierto, ¿no te recuerda a *Juego de Tronos*? Esta es la historia real que inspiró a George R. R. Martin para escribir sus exitosas novelas. Las casas Lancaster y York tienen su equivalencia en las poderosas Lannister y Stark.

El trébol es considerado un símbolo de buena suerte si tiene cuatro hojas, no tres. Más que nada porque es difícil de encontrar. Este significado viene de los celtas, y las cuatro hojas representan la esperanza, la fe, el amor y la buena suerte. Pero para los irlandeses, el trébol es omnipresente (vete a una tienda de *souvenirs* y verás) y tiene otro significado. La leyenda cuenta que san Patricio estaba tratando de explicarle a los celtas el concepto de la Santísima Trinidad, pero los celtas no lo pillaban (no los culpo por ello). San Patricio ya no sabía qué hacer y, mirando al suelo, vio un trébol entre la hierba. Lo arrancó y lo volvió a intentar, explicando que, al igual que de un solo tallo del trébol salen tres hojas distintas, en la Santísima Trinidad, el Padre, el Hijo y el Espíritu Santo también venían de uno solo. Los celtas de esta forma lo entendieron. Después de esto, los irlandeses unieron el trébol a san Patricio y convirtieron a esta planta en símbolo nacional y al santo en patrón del país, cuyo día se celebra el 17 de marzo.

Escudo de España en el que aparecen la flor
de lis de los Borbones y la granada.

Hay un día especial para todos los ciudadanos de la Commonwealth. Si estás por Reino Unido, Canadá, Australia o Nueva Zelanda desde mediados de octubre, fíjate que muchos de sus ciudadanos lucen en la ropa un broche de una amapola. Las verás también en tiendas, en monumentos... Esta amapola es la forma de conmemorar el *Remembrance Day*, el día del Recuerdo, día de la Amapola o *Poppy Day*, celebrado generalmente el 11 de noviembre para honrar a los militares que perdieron la vida en la I Guerra Mundial. En el año 2014, en la Torre de Londres, se «plantaron» un total de 888.246 amapolas de cerámica, algunas hechas por los familiares, que representan a cada uno de los soldados ingleses que fallecieron durante la guerra. Te preguntarás: ¿y por qué una amapola? Durante la Primera Guerra Mundial, el teniente coronel médico John McCrae, del Cuerpo Expedicionario Canadiense desplegado en Flandes, vio morir a su amigo y antiguo alumno el teniente Alexis Helmer. Al día siguiente de su muerte, el 3 de mayo de 1915, McCrae, totalmente destrozado, observó la cantidad de amapolas que crecían entre las cruces de los caídos y le rindió homenaje a Helmer y a otros tantos soldados escribiendo el poema *In Flanders Fields*. La referencia del poema a las amapolas que crecen sobre las tumbas de los soldados caídos ha hecho de esta flor uno de los símbolos para el recuerdo de los soldados muertos durante uno de los más sangrientos conflictos armados de la historia.

Amapola silvestre, *Papaver rhoeas.*

Así que, como ves, las plantas han modelado gran parte de tu cultura, y también de tu vida… Comer, vivir, amar, todo el mundo lo hace. También las plantas.

Poppies en la Torre de Londres

PARTE II.

COME… LAS PLANTAS TIENEN HAMBRE Y SE ALIMENTAN

DONDE COMEN VARIOS
SE COME MEJOR

«Cuando invitas a alguien a sentarse a tu mesa y quieres cocinar para ellos, lo invitas a entrar en tu vida». Maya Angelou (1928-2014), poeta, cantante y activista por los derechos civiles.

Para que las plantas crezcan y se desarrollen medianamente bien, requieren básicamente luz, agua y nutrientes, que son diferentes moléculas que las plantas no pueden sintetizar por sí mismas y necesitan tomarlas del medio, como nosotros las vitaminas. Son lo que se llaman en biología o ecología «factores limitantes», es decir, que si hay menos (o también en exceso), se frena el crecimiento de una población. Lo habrás notado en cualquier maceta que tengas en casa y que se te haya pasado regarla durante un tiempo. Suponiendo que las necesidades de luz y agua estén cubiertas, entre los nutrientes, el más importante es el nitrógeno. Las plantas, todas, lo necesitan entre otras cosas para formar proteínas, ácidos nucleicos, hormonas, etc., de manera que, si hay una deficiencia de nitrógeno, disminuye el crecimiento de la planta, el de sus hojas y también el de sus frutos. Siempre piensa que, en términos agrícolas, si una planta crece poco, producirá menos cosecha, así que a biotecnólogos y mejoradores clásicos lo que nos interesa es conseguir plantas grandes y fuertes que sean más productivas.

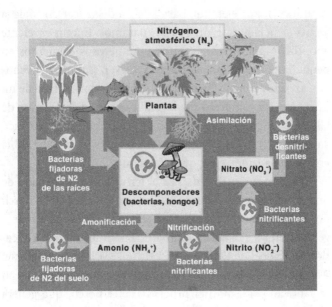

Ciclo del nitrógeno en la naturaleza.

Hasta el comienzo del siglo XX, el nitrógeno se aportaba a los suelos a través del abono orgánico (era la agricultura ecológica del pasado, porque no había otra cosa). El uso del estiércol es la causa de alertas alimentarias en agricultura ecológica hoy en día por la presencia de ciertas cepas peligrosas de bacterias fecales (claro, es caca), pero entre las bondades de este producto como abono, se encuentra no solo ser una buena fuente de nutrientes, sino la de mejorar las características físicas del suelo, de manera que está más aireado y mantiene el agua de una forma óptima. Llegó un momento en el que había que aumentar la productividad y no había materia orgánica suficiente, así que entró en escena el fertilizante nitrogenado de origen natural, el salitre, más conocido como nitrato de Chile. A principios del siglo XX todavía se importaban en Europa 100.000 toneladas anuales. En España se utilizaba, por ejemplo, para la caña de azúcar en Málaga y en Valencia para el arroz y los naranjos. Era un excelente abono compuesto por nitratos y numerosos elementos en pequeñas proporciones. Todavía se ven anuncios hechos con azulejos con la silueta negra sobre fondo amarillo de un jinete con un sombrero y la leyenda «Abonad con nitrato de Chile» en algunos pueblos. Tanto se usó que se pronosticó su agotamiento en 1940, pero, poco antes, el nitrato había empezado a sintetizarse químicamente.

El salitre fue sustituido por el fertilizante nitrogenado de origen sintético obtenido mediante el proceso de Haber-Bosch por el que se forma amoníaco a partir de nitrógeno e hidrógeno. Tanto a F. Haber como a C. Bosch les valió la concesión del Nobel de Química en 1918 y 1931, respectivamente. Actualmente, el 80% de los fertilizantes químicos de nitrógeno se fabrican utilizando el proceso Haber-Bosch, que genera millones de toneladas de fertilizante nitrogenado al año.

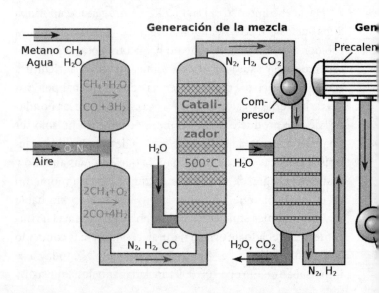

Obviamente, la fertilización de origen sintético nos ha procurado alimentos y ha permitido el crecimiento de la población mundial desde antes de la segunda revolución verde, pero presenta una serie de problemas. En primer lugar, el proceso en sí consume mucha energía y combustibles fósiles, lo cual lo hace insostenible a largo plazo. Pero el mayor problema es medioambiental. El ciclo de Haber-Bosch produce amoniaco (nitrógeno unido a tres átomos de hidrógeno), que es muy reactivo y sirve como fertilizante, mientras que el nitrógeno de la atmósfera está unido a otro átomo de nitrógeno por un enlace químico triple, lo que hace que sea prácticamente inerte. El caso es que este nitrógeno tiene una serie de efectos perjudiciales para las plantas y animales, y, de paso, para nosotros. Más del 50 % del nitrógeno que se aplica a los cultivos va a parar a las aguas, con lo cual se favorece el crecimiento de algas en ríos, lagos y estuarios, provocando una falta de oxígeno que incide en la biodiversidad animal y vegetal.

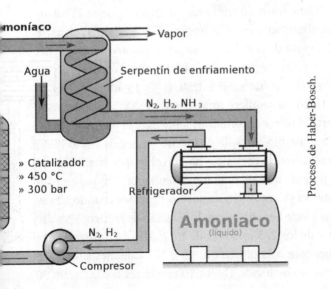

moníaco

Vapor

Agua

Serpentín de enfriamiento

N_2, H_2, NH_3

» Catalizador
» 450 °C
» 300 bar

Refrigerador

Amoniaco
(líquido)

N_2, H_2

Compresor

Proceso de Haber-Bosch.

Por otra parte, el nitrógeno reactivo que pasa a la atmósfera como consecuencia de la desnitrificación del abono y de la combustión del petróleo y derivados provoca la presencia de compuestos perjudiciales en el ambiente, el deterioro de la capa protectora de ozono y contribuye al efecto invernadero con tanta o mayor intensidad que el anhídrido carbónico.

El uso de este nitrógeno de origen sintético supone un problema económico por el gasto que genera hacer frente al daño ambiental y la salud pública, pero, además, estos fertilizantes que son producidos en países industrializados del hemisferio norte tendrían que transportarse al hemisferio sur, y los costes para ello son altos. Al final, los que salen más perjudicados son los agricultores (y consumidores) de las zonas más pobres, puesto que la producción agrícola será más baja y, seguramente, cara.

Parece que la única opción es aportarles a las plantas nitrógeno, ya sea orgánico o de síntesis, ¿no? Pues verás. Resulta que existe una opción biológica que no es nada nueva. Tiene unos 60 millones de años. Aunque el nitrógeno es abundante en la atmósfera (78 %), la mayor parte del nitrógeno disponible en suelo se encuentra en forma orgánica y las raíces de las plantas únicamente pueden tomarlo en forma de iones nitrato (NO_3^-) y amonio (NH_4^+); por lo tanto, se requiere una actividad microbiológica que convierta el nitrógeno en asimilable para la planta.

La fijación biológica de nitrógeno (conocida como FBN) es el proceso que lo permite, y ha sido objeto de intensa investigación desde que en 1888 fue descubierta, aunque empíricamente era ya aprovechada por los romanos cuando observaron el efecto beneficioso de la rotación de cultivos. Por dar un dato, de los 275 millones de toneladas de nitrógeno que se incorporan a la biosfera al año, 175 millones provienen de la fijación biológica. De los 100 millones restantes, un 30

% provienen de causas naturales, como descargas eléctricas, erupciones volcánicas, etc., y un 70 %, de la fijación industrial por Haber-Bosch. Desde el punto de vista ecológico, la FBN tiene un enorme interés, dado que puede evitar el uso excesivo de fertilizantes nitrogenados, con el consiguiente ahorro en el consumo de energía y la disminución de la degradación del medio. Además, es conveniente señalar la importancia de la FBN en el mar, por la necesidad de nitrógeno asimilable disponible que requieren los océanos para actuar como sumideros del CO_2 de la atmósfera.

Este proceso microbiológico es llevado a cabo por bacterias del suelo que viven de forma libre o asociadas a las plantas formando una simbiosis mutualista, aquella asociación biológica en la que ambos organismos obtienen un beneficio mutuo. Como bacterias de vida libre, hay algunos géneros más conocidos, como *Klebsiella, Clostridium, Anabaena, Thiobacillus*..., pero, realmente, las que tienen mayor relevancia, como puedes imaginar, son aquellas asociadas con especies vegetales de interés para la agricultura. Y en este caso, todo se reduce prácticamente a un grupo de plantas que son las leguminosas, asociadas con un grupo de bacterias con varios géneros (principalmente, *Rhizobium, Bradyrhizobium, Azorhizobium, Mesorhizobium* y *Sinorhizobium*), llamados de forma genérica «rizobios», y, por otro lado, unos pocos géneros, como *Azospirillum, Azotobacter* o *Bacillus*, que se asocian con gramíneas (para entendernos, los cereales del tipo del trigo, arroz o el maíz).

La asociación *Rhizobium*-leguminosa (en general se llama así, aunque se refiera a los rizobios) es la que proporciona mayor cantidad de nitrógeno en los ecosistemas terrestres, teniendo además un gran impacto a nivel agronómico y ecológico. De los 175 millones de toneladas de nitrógeno que comenté antes que se obtenían mediante FBN,

140 millones de toneladas vienen a través de esta asociación *Rhizobium*-leguminosa, y el resto, mediante la acción de las bacterias de vida libre. Si alguna vez tienes posibilidad, arranca una planta de guisante o alfalfa y observa la raíz. Fíjate bien. Verás unas pequeñas bolitas visibles a simple vista de color rosado o parduzco. Ahí es donde tiene lugar la fijación de nitrógeno. Son los nódulos. El color se debe a la presencia de la leghemoglobina. Si este nombre te recuerda a la hemoglobina que da color a nuestra sangre, no vas mal. Curiosamente, esta proteína solo la encontraremos en las leguminosas al asociarse con los rizobios, y de ahí la parte *leg* de su nombre. Aunque esta asociación posiblemente ha sido la que más se ha estudiado a lo largo de la historia en biología, reproducirla en otras plantas es muy muy difícil. Es un proceso muy complejo y está perfectamente estable-cido entre la planta y la bacteria, fruto de la coevolución de millones de años, así que es prácticamente imposible aislar los componentes genéticos o moleculares necesarios para que tenga lugar fuera de esa unión. Hay una comunicación entre ambos organismos a través de unas moléculas produ-cidas por la planta, que le indican a la bacteria que ya puede empezar a penetrar la raíz y activar los genes para formar los nódulos. Una forma de decirle: «Ahora. Ya estoy lista para que me invadas y comencemos a fijar nitrógeno». Además, es muy específica y solo se establece cuando en el suelo está el rizobio o los rizobios característicos de cada planta. Por ejemplo, la alfalfa solo «se junta» con *Sinorhizobium meliloti*; el guisante o la lenteja, con *Rhizobium legumino-sarum bv viciae*, y la soja, con *Bradyrhizobium japonicum*.

A pesar de estas dificultades, no creas que no se está inten-tando. Los principales cultivos que alimentan al mundo son el maíz, el trigo y el arroz, y todos dependen de fertilizantes nitrogenados ya sea abono, compost o fertilizantes sintéticos. Si los genes implicados pudieran transferirse y expresarse con éxito en cereales, ya no se necesitarían fertilizantes químicos para agregar el nitrógeno necesario porque estos cultivos podrían obtener nitrógeno por sí mismos. ¿Te imaginas la cantidad de fertilizante que se ahorraría con esto y los daños colaterales que se evitarían? Lo que ocurre es que estos genes bacterianos se organizan en grupos y no solo habría que transferir los grupos, sino que, al tratarse de un diálogo molecular, también habría que transferir los sistemas de la planta que controlan estos genes. Lo dicho, complicado. Recientemente se ha conocido un avance importantísimo en este campo y se ha hecho abordando no los genes, sino los orgánulos, es decir, las diferentes estructuras localizadas en el citoplasma de las células. Ha sido un grupo de investigación liderado por Christopher Voigt, del Departamento de Ingeniería Biológica del Instituto de Tecnología de Massachusetts (MIT). La proteína clave en el proceso de fijación de nitrógeno es bacteriana y se llama «nitrogenasa». Tiene un problema, y es que, si hay mucho oxígeno en el entorno, no funciona. ¿Te acuerdas de que antes te he dicho que los nódulos eran rojos porque había leghemoglobina? La función que tiene es precisamente unirse al oxígeno para quitarlo de en medio y proteger a la nitrogenasa, mientras que en la sangre, la hemoglobina se encarga de transportarlo. La idea es tratar de que las mitocondrias y cloroplastos de las plantas produzcan esta proteína. ¿Por qué mitocondrias y cloroplastos? Pues, en primer lugar, porque ambos orgánulos celulares evolutivamente tienen un origen bacteriano (debería ser más fácil por la cercanía evolutiva) y tienen su propio genoma, y, en segundo lugar, porque, tanto en los cloroplastos por la noche como en las mitocondrias de las plantas, los niveles de oxígeno existentes no dañarían a la nitrogenasa. Hasta el momento, se ha conseguido insertar los genes relacionados con la síntesis de nitrogenasa en un organismo modelo como la levadura, así que, diciéndolo de otro modo, se ha dado el primer paso creando un eucariota (organismo cuyas células tienen el material genético aislado en un núcleo. En este sentido, la levadura es eucariota, como las plantas) capaz de tener la herramienta imprescindible para fijar nitrógeno. Si todo va bien, de ahí a las plantas, en breve.

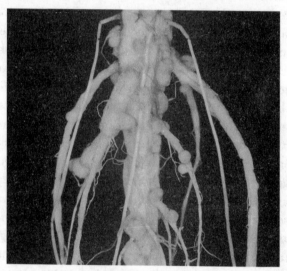

Detalle de unos nódulos en una raíz.

¡Pero no solo de nitrógeno viven las plantas! El cóctel esencial para un buen estado de salud estaría formado por nitrógeno, fósforo y potasio, que serían los macronutrientes, pero también necesitan pequeñas cantidades de calcio, magnesio y azufre, conocidos como micronutrientes. Por suerte, hay muchos microorganismos echándoles una mano a la hora de comer. El fósforo es muy importante en el metabolismo de las plantas. No solo lo requieren para la fotosíntesis y la respiración, sino que forma parte del material genético. Su deficiencia causa retraso en el crecimiento y baja calidad de semillas y frutos. Por ejemplo, las micorrizas, que son unos hongos asociados también a las raíces de forma simbiótica (y de las que te hablaré más adelante en detalle), colaboran ayudando a nutrir a la planta, ya que, por un lado, le aportan fósforo y, por otro, tienen la particularidad de desarrollarse alrededor de la raíz. La importancia de esto es que consiguen que la raíz explore el suelo y llegue más lejos, pudiendo captar agua y nutrientes de lugares que serían inaccesibles para ella si estuviera sola.

Los hongos del género *Aspergillus*, *Penicillium* y *Rhizopus*, junto con bacterias como *Bacillus* y *Pseudomonas*, solubilizan las formas orgánicas e inorgánicas del fósforo procedentes de la descomposición de animales y plantas y de los fertilizantes, respectivamente, y lo trasforman en fosfatos asimilables para las plantas. Estos géneros de hongos y bacterias y algunos más también contribuyen a la nutrición vegetal solubilizando potasio. Este elemento tiene un papel clave controlando la entrada y salida de agua en la planta mediante el cierre de los estomas, aquellos pequeños orificios que te conté que tenían las plantas en las hojas para transpirar. Al igual que nosotros, es un mecanismo para regular la temperatura y el consumo energético, ya que por estos poros entra el CO_2 y sale el oxígeno de la fotosíntesis. Además, el potasio mejora la resistencia a enfermedades, el tamaño de las semillas y granos y también la calidad de frutas y verduras, y determina la tolerancia de la planta a sequía y a salinidad.

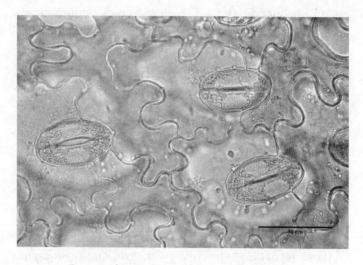
Estomas abiertos (izquierda) y cerrados (derecha.

Ya ves que la actividad de los microorganismos que viven dentro o cerca de las raíces de las plantas les ayuda a estar alimentadas y crecer de forma saludable. Pero, en ocasiones, parece no ser suficiente y la planta busca fuera lo que no tiene en casa..., sin moverse. ¿Quieres que descubramos cómo lo consigue? Vamos al siguiente capítulo.

PLANTAS CARNÍVORAS

«Ahí fuera hay algo que nos está esperando,
y no es ningún hombre, vamos a morir
todos». Depredador (1987).

Películas como *La pequeña tienda de los horrores* (1986), *Jumanji* (1995) o *La Vida de Pi* (2012), y un sinfín de cuentos y leyendas, han perdurado a lo largo de generaciones hablando de plantas y árboles que devoraban a los hombres. En algunos casos, como en *La invasión de los ultracuerpos* (1978) o *El enigma de otro mundo* (1951), eran plantas extraterrestres las que venían a convertir a los hombres en zombis o a comérselos. Las plantas también han despertado durante siglos los peores terrores de los más pequeños y los más grandes.

Desde finales del siglo XIX nos han llegado textos donde se narran historias de árboles carnívoros. Decían que eran lo suficientemente grandes como para matar y engullir personas y animales de gran tamaño, con tentáculos más grandes que serpientes y la voracidad de leones. Nada de esto es cierto. Tanto la criptobotánica como la criptozoología pretenden probar la existencia de plantas o animales mitológicos que la ciencia no ha podido encontrar. Como te imaginarás, ambas son pseudociencias.

África, sudeste asiático, Madagascar, Brasil, Amazonas, Bolivia, Paraguay…, pocas localizaciones se salvan de la presencia de estos árboles malditos. Su estrategia se basa en la formación de ramas con aspecto de zarcillos que atrapan a la presa cuando pasa por debajo, la levantan y se la comen, como hace el Yateveo o el Duñak, descrito este último en las leyendas tribales de Filipinas y el sudeste asiático. Aunque hay tantas estrategias como árboles (árbol carnívoro de Madagascar, árbol diablo en Brasil, árbol trampa de mono del Amazonas, flor de la muerte del Pacífico Sur, etc.), no se ha demostrado la existencia de ninguno y posiblemente no son más que los hábitos exagerados de alguna planta carnívora real o un relato que se les ha ido de las manos.

Imagen promocional de *La tienda de los horrores* en la versión de 1986. © 1986 The Geffen Film Company / Warner Bros.

Cuando los naturalistas en el siglo XIX exploraron el monte Kinabalu de Borneo, encontraron algo muy extraño: plantas con grandes cavidades en forma de cántaros. Dentro de uno de estos había un cuerpo parcialmente digerido de una rata. Seguro que, ni en sus peores pesadillas, el roedor podía imaginar que iba a ser devorado ¡por una planta! Este hallazgo disparó la curiosidad de un gran naturalista de la época, Charles Darwin. Con el tiempo, Darwin demostró que algunas plantas atrapaban insectos y luego digerían sus cuerpos con extraños y sorprendentes métodos.

Para que una planta sea carnívora, debe atrapar y matar a sus presas. Hay más de 650 especies, pero prácticamente todas tienen en común vivir en suelos muy pobres, especialmente en nitrógeno, tipo zonas pantanosas o rocosas, con lo cual, como ya sabes, deben obtenerlo mediante otra vía. Sus estrategias para conseguirlo son tan curiosas como retorcidas. Muchas actúan como un papel atrapamoscas, que suele ser la propia hoja modificada impregnada de gotas pegajosas que se adhieren a los insectos. Otras tienen forma de cántaro lleno de un líquido que ahoga y digiere a la presa. Y otras han evolucionado y tienen trampas con diseños muy elaborados.

Carlos Linneo, naturalista y botánico sueco del siglo XVIII y padre de la taxonomía, recibió un espécimen de una planta carnívora. Cuando la evaluó, sorprendido, llegó a afirmar que se trataba de una blasfemia, que iba contra lo que Dios había establecido, contra natura. Se rebelaba ante esta idea y rehusó que las plantas pudieran ser carnívoras. Llegó a la conclusión de que solo atrapaban insectos por accidente, y que, en cuanto el pobre insecto dejara de forcejear, la planta sin ninguna duda abriría las hojas y lo dejaría libre. Pues va a ser que no…, Sr. Linneo. No lo digo yo, sino el Sr. Darwin, que lo demostró más de un siglo después. Charles Darwin comenzó sus experimentos en 1860 con la drosera o rocío de sol, y tanto le fascinaba que llegó a decir: «Me importa más esta planta que el origen de cualquier otra especie del mundo». No deja de ser curioso que el científico más influyente de la historia, padre de la evolución, y autor de *El origen de las especies*, hiciera tal afirmación. Esta planta tiene las hojas transformadas en tentáculos con un tipo de mucosa adherente. Los insectos, al acercarse, se quedan pegados. Darwin pasó meses haciendo experimentos con la drosera. Dejaba caer moscas sobre las hojas y observaba cómo se plegaban lentamente los tentáculos pegajosos encerrando su presa. Les puso agua, leche, carne, piedra, papel y orina en sus hojas y registró las reacciones de la planta. La leche hizo que los tentáculos se doblaran, como la carne y la orina. Pero con la piedra y el papel, la planta no reaccionaba (si estás pensando en la tijera, tampoco habría reaccionado). Para Darwin era maravilloso observar que una gota de agua tampoco desencadenaba esta respuesta. Solo ocurría ante cualquier sustancia que tuviera nitrógeno. No se trataba de un accidente, como pensó Linneo, sino de una estrategia encaminada a la obtención de este nutriente.

La mala fortuna se alió con este pequeño insecto que quedó atrapado por las pegajosas hojas de una drosera.

La forma de obtener nitrógeno de estas plantas es capturar y matar insectos. Las hojas responden a su prisionero y, lentamente (no hay prisa, no se va a escapar ya), los tentáculos aprietan a la víctima y la acercan a las glándulas, que liberan un cóctel de enzimas para ir descomponiéndola. Darwin en algún momento llegó a decir: «¡Por Júpiter, a veces pienso que la drosera es un animal disfrazado!». Era carnívora como un animal.

Para nada creas que las plantas carnívoras son pequeñas. Las hay que viven a nivel del suelo, pero también carnívoras de 2-3 m de altura. Las trampas pegajosas funcionan tan bien que otras plantas han evolucionado imitando técnicas similares, como la rorídula, cuyo género (*Roridula*) tiene solo dos especies que viven en Sudáfrica. Esta planta forma unas gotas de resina, mucho más adhesivas que las de la drosera. Atrapa insectos más grandes y duros. Lo curioso de esta planta es que, a diferencia de otras carnívoras, no tiene glándulas que segreguen enzimas para digerir el insecto. Si te estás preguntando cómo lo hace, prepárate para conocer un método propio de un avezado cazador. La rorídula se asocia con un insecto, digamos «asesino», llamado *Pameridea roridulae* (fíjate que el nombre de la especie le está dando exclusividad a la planta asociada). Este depredador se pasa toda la vida sobre esta planta y, para no quedarse pegado en ella, tiene una cubierta de cera antipegamento que le permite moverse por ella libremente. La planta puede tener cientos de ellos. *Pameridea* establece con la rorídula una simbiosis mutualista. El insecto, gracias a la capacidad de atracción de la planta, come sin esfuerzo cualquier otra presa más pequeña que se acerca a la trampa. El socio de la rorídula espera a que otros insectos queden atrapados, luchen por escapar y, finalmente, se agoten, momento en el que él se los comerá. Y la planta se nutre del nitrógeno procedente de los desechos de la digestión de *Pameridea*. Esos excrementos son el fertilizante perfecto, prefabricado y predigerido.

La venus atrapamoscas, *Dionaea muscipula*, ha evolucionado de la drosera. Es la única especie de este género y Darwin también la estudió en detalle. La cultivó en un invernadero y observó. Además de las espinas alrededor del borde de la hoja, que hacen de barrotes cuando esta se cierra, había tres finos pelillos en un extremo. Asumió que eran gatillos que accionaban un mecanismo y los probó. Tocando uno no se disparaba la trampa, pero tocando dos se disparaba siempre. Activar la trampa requiere energía. Que la trampa se dispare en una décima de segundo sin ayuda de músculos o nervios es algo que ha asombrado a los científicos durante años. Hoy ya sabemos que la planta dispone de un sistema de ahorro de energía que le permite distinguir entre las presas y otros estímulos. Una vez activados los dos pelillos, una carga eléctrica estimula las células exteriores de la hoja permitiendo que cambie rápidamente de forma, de convexa a cóncava, y que los dos lóbulos que la forman se cierren uno sobre otro encajando perfectamente.

Estas plantas viven donde llueve mucho y de continuo, así que una gota de lluvia no debía desencadenar la reacción. Para ello, dos de estos pelillos deben tocarse con una diferencia máxima de unos 20 segundos. El insecto toca el primer pelillo. La planta entra en alerta. Con un toque más, la trampa se cierra rápidamente, incluso más veloz que el movimiento de la víctima, en una décima de segundo (eso es cuatro veces más rápido de lo que tardas en parpadear), quedando esta atrapada en una cárcel. El número de contactos con los pelillos informa a la planta del tamaño del insecto y de si le interesa poner en marcha toda la maquinaria para comérselo. Si no es rentable, la presa tendrá una segunda oportunidad y, aunque la trampa se haya cerrado, le permitirá escapar: una comida insuficiente no merece tanta inversión de energía. Pero parece ser que la venus atrapamoscas no solo valora el tamaño de su presa, sino su contenido nutritivo, y, en función de esto, es capaz de generar un cóctel enzimático específico para una digestión apropiada.

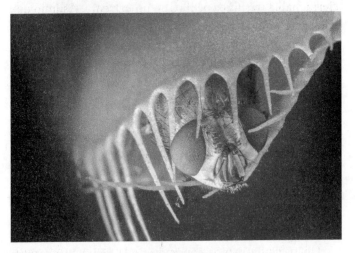

Venus atrapamoscas, *Dionaea muscipula*.

Darwin la llamó «la planta más maravillosa del mundo». ¿No estás de acuerdo? Te voy a contar un secretillo: puedes cultivar en tu casa tu propia venus atrapamoscas y experimentar lo mismo que Darwin alimentándola tú y viéndola comer. Su cuidado es bastante fácil y no requiere demasiada atención. Solo tendrás que conservar su tierra húmeda, que le dé el sol, y si la tienes dentro de casa, te la mantendrá libre de bichos.

Nepenthes o la planta lanzadora.

Un pariente menos conocido de la venus atrapamoscas es una planta acuática, la planta noria. Son plantas del género *Utricularia*. Se llama planta noria por la forma que adoptan sus ramas, convertidas en trampas letales que sorben a sus presas como aspiradoras subacuáticas. Estas trampas están consideradas entre las estructuras más complejas del reino vegetal. Cada una está cubierta con unos pelillos sensibles que funcionan como los de la venus atrapamoscas, pero solo tienen unos cuantos milímetros de longitud. Cuando un protozoo, rotífero o pequeño crustáceo toca estos pelillos, la trampa lo succiona en menos de una milésima de segundo, junto con el agua que luego se drena a través de sus paredes. El menor roce en uno de estos pelos conectados a la puerta de la trampa activa su apertura y se libera la energía almacenada en las paredes de la trampa, lo que genera una especie de tornado con una aceleración que puede llegar a ser de hasta 600 veces la fuerza de gravedad. Esa tremenda fuerza no le da a la víctima prácticamente ninguna oportunidad de escapar. En dos milésimas de segundo, la puerta vuelve a cerrarse.

En los bosques pantanosos de la América tropical, los árboles están llenos de bromelias, unas plantas que son parientes de las piñas. Muchas son epifitas, es decir, viven sobre ramas y troncos de los árboles aprovechándose de la luz solar, así que no pueden captar nutrientes del suelo como el resto de las plantas. En su lugar, las hojas de las bromelias forman un pozo que se llena de agua cuando llueve, pero también de hojas que caen del árbol, que le sirven de alimento. Muchos insectos ven este pozo como si fuera un *spa*, sin embargo, todas no son tan acogedoras. *Brocchinia reducta*, una de las pocas bromelias carnívoras, tiene hojas que están cubiertas de una cera resbaladiza y un pozo central lleno de ácido y enzimas digestivas. Los insectos son atraídos, se posan, no se pueden sostener, resbalan y caen al pozo mortal. Fin. Rápido y efectivo.

Darwin también estudió las trampas de las plantas jarro, aunque estas le generaron más dudas porque ciertamente no son tan activas como para considerar que «atrapen» a sus presas. Se planteó por ello que pudieran ser carnívoras, pero ahora sabemos que tienen una de las trampas más elaboradas y sofisticadas de todas. Los jarrones evolucionaron independientemente varias veces, en América, Australia y sudeste de Asia. Su belleza oculta diabólicos dispositivos para matar. Una de las características más fascinantes de este tipo de plantas es que mantienen sus flores lejos de sus trampas mediante largos tallos con el fin de evitar el riesgo de capturar y consumir posibles polinizadores. Si esto ocurriera, sería lo que viene siendo un *fail* en toda regla. Darwin se llegó a preguntar si era posible que algo tan complejo pudiera evolucionar por selección natural.

En el sudeste de los EE. UU. vive *Sarracenia*, el género representativo de las plantas jarro. Sus jarrones son altos y de colores vivos, con patrones que llaman la atención, llenos de néctar muy dulce que atrae a los insectos. Cuando estos llegan, están tan ocupados con el néctar situado en el cuello de la botella que no se dan cuenta de que cada vez es más difícil sostenerse, así que resbalan y caen al fondo. Una vez dentro, no pueden salir y la planta los digiere con enzimas destinadas a su descomposición. El jarro morado, *Sarracenia purpurea*, vive en turberas y suelos arenosos de gran parte de América del Norte. Esta planta recurre a toda una comunidad viviente en el fondo del jarro formada especialmente por larvas de los mosquitos *Wyeomyia smithii* y *Metriocnemus knabi*, que lo habitan de forma exclusiva, junto con protozoos y bacterias que degradan a las desafortunadas presas, poniendo los nutrientes a disposición de la planta.

Otra *Sarracenia*, la *Sarracenia psittacina*, tiene el mismo mecanismo de captura que *Darlingtonia californica* o lirio cobra, un pariente cercano de la misma familia. En ambas plantas, la presa se introduce en un jarro buscando el néctar, pero es confundida por la luz que entra a través de lo que parecen ventanas y que, en realidad, son falsas salidas. El insecto, exhausto, tratando de escapar sin éxito, encontrará unos densos pelillos que lo que consiguen es que siga bajando más y más hasta caer en la sopa ácida. Por cierto, si te preguntas de dónde viene su nombre, «lirio de la cobra», se debe a que es la única especie dentro de este grupo que no atrapa el agua de lluvia en su jarra, sino que regula la cantidad bombeando desde sus raíces o expulsándola, según le convenga. Un sí, pero no.

Todas las plantas jarro de Norteamérica viven en lugares húmedos. Otro pariente cercano de la *Sarracenia*, llamado *Helianphora* o jarro de sol, vive en Sudamérica, en selvas aisladas de Venezuela, Brasil o Guyana, en las cimas de las montañas llamadas «tepuyes», una palabra local que significa «hogar de los dioses». Es el único hogar de los jarrones de sol. Estas plantas carecen de una parte superior que tiene el jarro llamada «opérculo» a modo de tapadera, cuya función es proteger de la lluvia evitando que el jarro se llene de agua e impedir la salida de un insecto incauto. No están protegidas y, sin embargo, a pesar de vivir en un ambiente donde la lluvia es incesante, cuentan con una adaptación perfecta para no ahogarse. Lejos de rebosar de agua, el jarro dispone de una hendidura que la drena a un canal plano, manteniendo el nivel de agua siempre correcto.

La selva del sureste de Asia es el lugar por excelencia de los nepentes, también conocidas como «copas de mono» porque se ha visto a monos bebiendo agua de lluvia en ellas. Durante mucho tiempo nadie imaginó que se trataba de una planta carnívora, sino que pensaban que los jarros servían para recoger el agua de lluvia, de modo que la planta pudiera sobrevivir en tiempos de sequía. Tiene lógica, podría ser una adaptación, pero nada más lejos de la realidad. Son plantas trepadoras de varios metros de longitud. Sus exquisitos jarros crecen de sus zarcillos en las puntas de las hojas. Su diversidad es increíble, y su tamaño, ¡más! Hay unos 130 tipos de jarros distintos. El más espectacular vive en Borneo y se considera la planta carnívora más grande. La trampa tiene el tamaño casi de un bebé recién nacido. En los últimos años, los botánicos se han dado cuenta de que no solo atrapan y digieren a sus presas, sino de que son auténticas depredadoras, aunque pasivas. Tienen dos colmillos que producen néctar para atraer a los insectos, lo cual hace que adquieran formas realmente escalofriantes. Dentro de estas plantas, hay visitantes que se quedaron a vivir hace muchos muchos años. Las hormigas de la especie *Colobopsis schmitzi* no son minúsculas presas para *Nepenthes bicalcarata*, sino que llegan a nadar, ¡incluso a bucear!, en el fluido del jarro para alimentarse de lo que encuentren. Fíjate si es tan extraordinaria esta cualidad (mayoritariamente las hormigas son terrestres y se ahogan en el agua) que también se le llama «hormiga buceadora». De vez en cuando, las hormigas se congregan para limpiar el interior del jarro de restos y moho y conseguir que vuelva a estar bien resbaladizo. A cambio, además de aportarle alimento, el jarro les da un hogar en un bucle hueco del tallo, donde las hormigas construyen sus nidos. Eso sí que es llegar a un acuerdo. Simbiosis perfecta.

El jarro de banda blanca, *Nepenthes albomarginata*, es, podríamos decir, selectivo con su comida. Alrededor de la abertura del jarro, tiene una cinta blanca muy distintiva y única de todo el género *Nepenthes*. Al parecer, esta banda les resulta irresistible a las termitas, así que este nepente se ha especializado en termitas. No quiere otra cosa. Durante la noche, millones de termitas exploran como un ejército la selva. Si un explorador encuentra la banda blanca de esta planta, recluta al resto para que se alimenten de ella. Todo va bien hasta que siguen llegando más, y más, y más, y más, y las primeras en llegar no pueden aguantar la presión del resto y van cayendo en su interior, como la multitud agolpada en la puerta del centro comercial el primer día de rebajas... hace años. Es fácil a la mañana siguiente reconocer la planta que ha comido porque le faltará la cinta blanca y en su interior habrá cientos de termitas ahogadas.

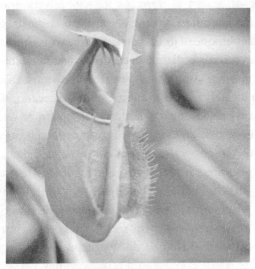

Nepenthes bicalcarata.

Los nepentes han formado todo tipo de relaciones complejas con animales. En el monte Kinabalu de Borneo, han descubierto que la gigantesca *Nepenthes rajah* tiene algunos visitantes inusuales. No solo es carnívora, sino que atrae a mamíferos hacia el jarro. Su tamaño puede alcanzar 41 cm de alto y 20 de ancho y contener 3,5 litros de agua, que alberga larvas de moscas, mosquitos, arañas, ácaros, hormigas e incluso dos mosquitos que llevan su nombre. Todos estos pequeños seres vivos que la habitan se llaman «nepentebiontes» porque están tan especializados que no podrían vivir en otro sitio. La planta está formando néctar continuamente, de día y de noche. Lo verdaderamente increíble de esta especie es el tipo de relación que mantiene con dos mamíferos. Durante el día, la visita la musaraña de árbol (*Tupaia montana*), que se balancea en el borde de la trampa y lame su néctar. Mientras se alimenta, la musaraña orina y defeca en el jarro, así que ya le está aportando nutrientes con un gesto tan simple y rutinario (¿a que sé lo que estás pensando?). Cuando la noche cae, la musaraña no está, pero como la planta sigue produciendo néctar, viene la rata cumbre (*Rattus baluensis*) a alimentarse. Esta rata vive únicamente en este monte y otro cercano. Cuando se acerca, sube al jarro y le deja un regalito en forma de excrementos. Si se cae, quedará atrapada y le servirá de alimento, aunque realmente no es la intención de la planta. Su fin no es atrapar mamíferos que seguramente no podría digerir, sino insectos, especialmente hormigas. El descubrimiento de una rata muerta en el interior de uno de estos ejemplares animó a Darwin a estudiarlas en profundidad, pero realmente podemos decir que aquel suceso fue un accidente. De hecho, hubo dos, porque hay al menos dos registros de ratas ahogadas.

Algo similar ocurre con *Nepenthes hemsleyana*, que vive en la misma zona y en gran parte del sudeste asiático. No depende de los insectos atrapados, sino más bien de un habitante que cada día pernocta en ella. Se trata de un pequeño mamífero de apenas 5 g, el murciélago lanudo de Hardwicke (*Kerivoula hardwickii*). Durante su estancia para descansar, se libera y deja caer sus heces al jarro, aportando los nutrientes a cambio de un refugio. Casi el 34 % del nitrógeno foliar de esta planta se deriva de las heces de este pequeño animal. Normalmente habrá un solo murciélago por jarro, pero puede que encuentres en algún momento una mamá con su bebé.

Darwin extendió sus estudios de las droseras a otras especies de plantas carnívoras y, finalmente, en 1875 reunió todas sus observaciones y experimentos en un libro titulado *Plantas insectívoras.*

El origen evolutivo de estas plantas todavía es algo incierto. Según apuntan algunos estudios, ciertos genes relacionados con las defensas y el estrés se reconvirtieron para darles la capacidad de digerir insectos. De hecho, algunos grupos de proteínas que originalmente participaban en la defensa frente a patógenos ahora se dedican a producir enzimas digestivas.

Nuestro asombro por estas plantas sigue siendo tan grande como cuando se descubrieron por primera vez. Hay cientos de montañas por explorar, así que habrá decenas y decenas de especies aún por ser descubiertas. O incluso puede pasar que una especie que conocemos de siempre resulte que es carnívora. Por ejemplo, *Pleurotus ostreatus.* Vale, no es una planta, sino un hongo, la seta de cardo, una de las más consumidas en nuestro país, pero recientemente se ha descubierto que es capaz de generar toxinas y de alimentarse de los pequeños gusanos que viven en el suelo.

Las historias de plantas comehombres eran fantasía, como los dragones, duendes, unicornios o hadas, pero la vida real ha mostrado que la realidad es mucho más fascinante que la ficción. A veces no es que cacen o requieran ayuda para poder alimentarse, sino que, directamente, son capaces de robar los nutrientes. No se andan por las ramas…, o sí. Sígueme.

PLANTAS PARÁSITAS

«They're like huge seed pods!». Becky en *La invasión de los ladrones de cuerpos* (1956).

Un 1 % de las angiospermas, también conocidas como «plantas con flores», nos han salido vagas. Hablamos de 4500 especies que no se molestan en buscar la forma de obtener todos los nutrientes que necesitan. Es más fácil y más económico, desde el punto de vista energético, esperar que se lo den todo hecho. Viene a ser como el/la soltero/a de 40 años, con trabajo fijo y con un buen sueldo como para independizarse pero que sigue en casa de los padres con techo, lavadora, plancha y la comida en la mesa. Tanto les ha interesado esta característica que evolucionaron de forma independiente a las angiospermas unas 12-13 veces y algunas han sabido desarrollar una «autoincompatibilidad», con el único fin de no poder parasitarse a ellas mismas. Las especies acuáticas tampoco se libraron de la evolución y encontramos especies parásitas dentro del agua.

El objetivo es tomar algunos o todos los nutrientes de la planta que parasitan, pero lógicamente, sin llegar a matarla, porque de lo contrario se les acabaría el chollo. Para ello, la estructura que desarrollaron y que se llama «haustorio» es una raíz modificada. Una pequeña clase de anatomía vegetal: al igual que muchos animales tenemos un sistema circulatorio, las plantas vasculares tienen dos canales que vendrían a ser como las venas y las arterias. El xilema transporta agua, sales minerales y nutrientes (savia bruta) desde el suelo, que es desde donde se alimenta la planta, hasta las hojas, donde tendrá lugar la fotosíntesis, mientras que el floema transporta sustancias orgánicas e inorgánicas, principalmente azúcares, producto de la fotosíntesis, desde las hojas hacia tallo y raíces (savia elaborada). Pues bien, las plantas parásitas son ladronas todoterreno porque esos haustorios pueden penetrar en la planta huésped[1] hasta llegar al xilema, al floema o a los dos. O ni eso. Algunas plantas ni se molestan en penetrarlas para robarles. Un estudio de 2019, publicado en la prestigiosa revista *Nature*, demostró que las plantas parásitas del género *Cuscuta* habían robado 108 genes de su huésped mediante un proceso que es frecuente en microorganismos, la transferencia horizontal (responsable en parte de la resistencia a los antibióticos). Eran genes que habían incorporado a su ADN y tenían distintas funciones que ayudaban a la planta parásita. Lo más sorprendente es que uno de los genes robados anula la capacidad de defenderse a la planta huésped.

Cuscuta epithymum que crece alrededor de tallos de ortiga.

---

1   *5. m. Biol.* Vegetal o animal en cuyo cuerpo se aloja un parásito.

Una cosa curiosa de estas plantas es su mecanismo para germinar. Dado que necesitan un huésped, a veces, de forma obligatoria para poder vivir, no tendría mucha lógica que las semillas viajaran grandes distancias poniendo en riesgo su continuidad. En algunos casos, lo que suelen hacer es dejar caer sus semillas muy cerca de la planta a la que parasitan, entre otras cosas, porque las semillas tienen la reserva justita como para vivir muy poco tiempo sin invadir a una nueva planta. Esto les ocurre a especies del género que acabamos de mencionar, *Cuscuta*, parásita de la raíz de alfalfa, trébol, patata, crisantemo, dalia, helecho, petunia, entre otras, cuyas semillas, una vez germinadas, mueren si en diez días no han encontrado huésped. Todas las semillas han aprendido a detectar señales químicas provenientes de la planta huésped, que sintetiza unas hormonas llamadas «estrigolactonas» que segrega por las raíces. Estas hormonas sirven para atraer microorganismos beneficiosos para las plantas. Las semillas parásitas interceptan esta señal y la utilizan como una indicación para germinar, ya que les informa que hay un huésped cerca. El nombre de «estrigolactona» proviene del género de la planta parásita *Striga* o planta bruja. La planta bruja tiene el nombre bien puesto. Todas las plantas del género *Striga* son hemiparásitas de raíz, pero algunas especies constituyen un serio problema para los agricultores, causando unos efectos devastadores en el maíz, sorgo, arroz o caña de azúcar. Te recuerdo que un organismo parásito no tiene por qué ser patógeno (no es lo mismo), pero en este caso, además de parásitas, algunas especies son patógenas para estos cultivos y pueden acabar con ellos. El problema de su gestión radica en que una sola planta es capaz de producir entre 90.000 y 500.000 semillas que pueden permanecer viables en el suelo más de diez años y, al crecer mayoritariamente bajo tierra, cuando se detecta ya es demasiado tarde. Por suerte, a través del mapeo de la infestación, la cuarentena y las actividades de control, la superficie parasitada por la bruja se ha reducido en un 99 % desde su descubrimiento en los Estados Unidos, pero en África sigue siendo uno de los patógenos más destructivos, tanto que algunos agricultores deben trasladarse cada pocos años.

Hay una inmensa variedad de plantas parásitas porque algunas pueden necesitar obligatoriamente una planta huésped para vivir (parásitas obligadas), o no (parásitas facultativas). Pueden fijarse al tallo o a la raíz. E incluso pueden llegar a ser dependientes en determinadas circunstancias sin perder la capacidad fotosintética (hemiparásitas) o ser tan dependientes que todo el carbono deben robarlo porque ni siquiera tienen clorofila para realizar la fotosíntesis (holoparásitas). Al no realizar fotosíntesis, no necesitan hojas ni tallos que las sostengan, así que son una especie de «algo colorido», que suele ser la flor, situado cerca de otra planta. Obviamente, las holoparásitas, debido a la ausencia de color verde, son las más llamativas.

Flores de brujas gigantes (*Striga hermonthica*) en un cultivo de cereal.

No es fácil imaginar que el impresionante árbol de Navidad australiano, *Nuytsia floribunda*, que puede medir hasta 10 m, es una planta hemiparásita de raíz. El nombre se debe a que su época de floración, originando un espectáculo de flores de un color naranja vivo, tiene lugar en el verano austral y coincide con la Navidad. Por ese aspecto de «fuego sin humo» que aportan sus flores naranjas, en algún momento se llamó «árbol de fuego». Curiosamente, este árbol no muestra una especificidad con su huésped y roba savia de cualquier cosa verde cercana (hierbas malezas, vides, eucaliptos...). Su tronco llega a medir 1,2 metros de diámetro, tiene múltiples capas de madera y una corteza resistente al fuego. Más vale que no haya cableado subterráneo cerca de estos árboles porque están equipados con unas estructuras afiladas como cuchillas en sus raíces tan potentes que son capaces de cortar cables de electricidad o cables telefónicos, ¡hasta se corta él mismo por error!

A pesar de ello, este árbol de Navidad es un icono en el suroeste australiano. El pueblo aborigen Noongar de la región lo consideraba sagrado, un ser en el que residían los espíritus de los muertos. Únicamente usaban sus fragantes flores doradas como brazaletes y cinturones cuando asistían a reuniones..., hasta que probaron sus raíces comestibles, que llamaron *moodgar* o *mungah*, y algo similar a chicle sorprendentemente dulce y pegajoso, *ognon* que exudaba el tronco.

Por encima de todas las plantas parásitas, hay dos tan llamativas y extraordinarias como fétidas. Las especies del género *Hydnora* y de *Rafflesia*. Ambas son holoparásitas y, como tales, ni son verdes ni tienen órganos que lo sean. Sin tallo ni hojas, básicamente la planta es una flor de colores vivos que emerge de la tierra y que roba absolutamente todos los nutrientes de la planta que parasitan. Bellas ladronas.

Rafflesia seguramente no será la planta parásita más grande (apostamos por el árbol de antes) pero sí la flor más grande del mundo.

En tu primer viaje a Indonesia, el guía os lleva por los bosques húmedos de Sumatra y Borneo y, de repente, encuentras algo que surge del suelo con vivos colores, una extraña forma con un orificio gigante central y un olor nauseabundo. Te sientes hechizado ante un descubrimiento así, tan misterioso como repulsivo..., pero ¡hipnótico! Has encontrado a *Rafflesia*.

Nuytsia floribunda, árbol de fuego australiano.

La primera persona que la encontró fue un explorador francés, Louis Auguste Deschamps, en 1797, pero, al volver a Francia, su barco fue tomado por los ingleses y todas sus notas fueron confiscadas y no aparecieron hasta 1954. Para ser justos, la planta debería llamarse *Augusta deschampsii*, o algo así. Sin embargo, aquí pega eso de «Unos cardan la lana y otros se llevan la fama», porque el verdadero descubridor de un espécimen de *Rafflesia* fue el criado malayo del gobernador *Sir* Thomas Stamford Bingley Raffles, fundador de la colonia de Singapur en 1819. En esa expedición, al gobernador también lo acompañaban su esposa y el botánico inglés Joseph Arnold. Arnold murió poco después de aquel descubrimiento sin que le diera tiempo de terminar el boceto de la planta, así que, finalmente, y después de un ir y venir de notas y descripciones de un botánico a otro, la especie recibió el nombre del gobernador y del botánico que comenzó el boceto, *Rafflesia arnoldii*.

Hace unos 46 millones de años, las flores de *Rafflesia* evolucionaron a un ritmo acelerado, aumentando su tamaño casi 80 veces. Si extrapoláramos este crecimiento al hombre, sería como si midiéramos 140 m, casi lo que mide la gran pirámide de Guiza. Hoy esta flor tiene más de un metro de diámetro y pesa hasta ¡11 kilos!

Poder observar esta maravilla de la naturaleza es un hecho extraordinario porque deben conjugarse unas circunstancias casi milagrosas. *Rafflesia* parasita a vides del género *Tetrastigma*. La mayoría de los brotes que se van desarrollando mueren (su mortalidad es del 80-90 %). El que se salva madurará durante más de 20 meses para dar una flor. Hermosa pero efímera, porque durará como mucho una semana. Los insectos que la polinizan deben transportar el polen de una flor a otra, así que necesitamos que más de una esté abierta simultáneamente (lo cual es difícil) y que, además, no sean del mismo sexo (que es casi imposible). También es mala suerte que la mayoría de las flores sean de sexo masculino. Todo esto, junto con la necesidad de un hábitat específico, su uso en medicina tradicional (ojo, que, aunque algunas moléculas sí han demostrado actividad terapéutica en el laboratorio, no hay evidencia científica de que curen nada), un flujo turístico incesante y la deforestación en los bosques de Sumatra, hace que varias especies de *Rafflesia* estén en peligro.

Un turista toma una foto de *Rafflesia* en el parque nacional Gunung Gading.

El Gobierno malayo ha tomado cartas en el asunto y ha conseguido protegerlas en reservas, como el parque Kinabalu en Sabah y el parque de Gunung Gading, pero los científicos siguen buscando incansablemente la forma de cultivar esta flor tan enigmática. Hasta 2016, la única forma era mediante injertos. En un futuro, seguramente no lejano, una combinación de métodos de mejora genética clásica y biotecnología consigan producir en masa los metabolitos que resulten interesantes desde el punto de vista farmacológico (cultivo *in vitro* de raíces); generar variedades con nuevos colores (por mutagénesis o polinización artificial) y de pequeño tamaño como regalo (por hibridación *in vitro*), o simplemente, y no es poco, conservar la especie para que nunca perdamos una belleza tan singular de nuestro planeta.

PARTE III.
VIVE... LA AGITADA Y ESTRESANTE VIDA SOCIAL DE LAS PLANTAS

Sección transversal del suelo.

¿HAY ALGUIEN AHÍ ABAJO?

«El mayor problema de este universo es
que nadie se ayuda entre sí». *Star Wars,
episodio I: La amenaza fantasma* (1999).

El suelo es por sí mismo un organismo vivo. Es tan crucial que
tiene su propio día mundial en el calendario para concien-
ciar a la sociedad de la necesidad de su conservación, el 5 de
diciembre. Bajo él hay todo un ecosistema donde los procesos físicoquímicos y biológicos que llevan a cabo los seres
vivos y microorganismos que lo habitan permiten la vida en
la superficie. Los suelos sustentan la agricultura, la productividad de las cosechas y, de alguna forma, las economías
nacionales. Reducen la pérdida de nutrientes en los cursos
de agua, aumentan la retención de carbono, contrarrestan
las emisiones de gases de efecto invernadero y promueven
la biodiversidad. Después de todo, deberían verse como
un recurso natural y estratégico que requiere una gestión
de forma inteligente. Actualmente, se está viendo alterado
por una serie de factores ambientales y antropogénicos, y
no quiero parecer exagerada ni alarmista, pero todo esto
podría poner en riesgo nuestra propia supervivencia.

Por encima del suelo, hojas, raíces y animales muertos
colaboran para que sea saludable. Estos materiales orgánicos
se descomponen formando el humus gracias a la actividad
microbiológica que tiene lugar bajo él. De hecho, el humus
almacena la energía que necesitan estos microorganismos.

En el año 1983, en España, se estrenaba una serie inglesa infantil llamada *Fraggle Rock*. Una de las novedades del confinamiento por la COVID-19 es que ha vuelto a nuestras pantallas en una conocida plataforma digital con nuevos episodios. No hay nadie de mi edad que, si oye el estribillo «Vamos a jugar», no dé dos palmadas... Estaba protagonizada por muñecos de colores vivos y alegres, cada uno con una personalidad, que vivían en cuevas donde jugaban, exploraban y disfrutaban. Yo me identificaba con Rosi, la de las coletas naranja, porque se llamaba como yo. Los *fraggles* vivían en un mundo paralelo a la realidad, relativamente complejo, donde establecían relaciones simbióticas con distintas criaturas, pero ignoraban lo interconectados que estaban y lo importante que eran unos para otros.

Así es el suelo que hay bajo las plantas. Aunque no lo vemos, bajo una pisada hay algas, protozoos, kilómetros de micelio fúngico (es la parte que no se ve de los hongos, la que sirve para alimentarse y está formada por filamentos llamados hifas), nematodos de 50 especies, hasta 100 especies de insectos y arácnidos y millones de microorganismos. En un solo gramo de suelo puede haber 1000 millones de bacterias. Si pusiéramos todos los seres vivos en una báscula, el 80 % de su peso serían las plantas; el 15 %, bacterias, y en el 5 %estante encontraríamos hongos, virus, arqueas, protistas y ¡todos los animales del mundo! Incluidos los seres humanos. Es lógico que nos interese el mundo subterráneo y el fondo oceánico si tenemos en cuenta que, a pesar de conocer apenas un 5 % de lo que vive ahí, en realidad, lo habitan casi la mitad de los seres vivos del planeta.

BACTERIAS DEL SUELO

«We're organisms; we're conceived, we're born, we live, we die, and we decay. But as we decay we feed the world of the living: plants and bugs and bacteria». Bill Bass, Death's Acre: Inside the Legendary Forensic Lab the Body Farm Where the Dead Do Tell Tales (2003).

Muchos de los antibióticos y antimicóticos empleados hoy han tenido su origen en microorganismos que viven de forma habitual en el suelo. Por ejemplo, la penicilina, cuyos efectos fueron observados por Fleming, fue aislada del hongo *Penicillium notatum*, igual que la griseofulvina, un antimicótico aislado de *Penicillium griseofulvum*. Distintas especies del género *Streptomyces* han dado como resultado la conocida estreptomicina, ácido clavulánico, neomicina y cloranfenicol. Hoy en día, la OMS considera la resistencia a los antibióticos como un problema de salud mundial. A pesar de que la resistencia de las bacterias a los antibióticos es un mecanismo natural, el uso y abuso indebidos en seres humanos y animales hace que este fenómeno vaya más rápido que el descubrimiento de nuevos fármacos eficaces. Se estima que el 99 % de todas las especies bacterianas que viven en el medio ambiente podrían ser una fuente prometedora para la obtención de nuevos antibióticos. El problema es que son bacterias no cultivables, es decir, que no pueden crecer en condiciones de laboratorio, sino que únicamente pueden desarrollarse en su medio. Desde los años 80 solo se ha descubierto un nuevo antibiótico y, una vez más, procede de un microorganismo del suelo. Se analizó un solo gramo de tierra de un campo de hierba de Maine (EE.

UU.) y se evaluaron 10.000 compuestos de origen bacteriano. Había uno que destacaba por su actividad sobre los demás analizados y recibió el nombre de «teixobactina». Este antibiótico procedía de una nueva especie bacteriana que los autores del estudio acababan de aislar mediante una técnica pionera que permitía cultivarla fuera de su hábitat. La llamaron provisionalmente *Eleftheria terrae*. Hasta el momento, la teixobactina ha demostrado ser eficaz en ratones frente a *Staphylococcus aureus*, causante de infecciones en la piel, respiratorias, nosocomiales (contraídas en centros sanitarios y hospitales) y una de las bacterias más complicadas de eliminar, y a *Streptococcus pneumoniae*, la bacteria que provoca neumonía. Si en humanos los ensayos clínicos van bien, podría comercializarse en poco tiempo.

Las bacterias del suelo no nos dan solo antimicrobianos de vez en cuando. ¿Te gusta el olor a tierra mojada cuando llueve? Se debe a una sustancia llamada «geosmina», producida por *Streptomyces coelicolor*. En 2015, científicos del MIT utilizaron cámaras de alta velocidad para mostrar cómo este olor se introduce en el aire. Para esto filmaron gotas de lluvia cayendo en dieciséis superficies diferentes, variando la intensidad y altura de la caída. Descubrieron que, al golpear una superficie porosa, se crean pequeñas burbujas dentro de la gota. Estas aumentan de tamaño y flotan hacia arriba. Al alcanzar la superficie, se rompen y liberan una «efervescencia de aerosoles» en el aire, los cuales transportan el aroma. Si buscas en el diccionario, verás que tiene hasta un nombre en castellano, *petricor*, que viene de *petri* («piedra») e *icor*, que era la sangre de los dioses; así que, ya sabes, ese olor distintivo a tierra mojada, para los antiguos, era el olor de la sangre de los dioses.

Las bacterias se encuentran en todos los suelos. Desde

aquellos donde es fácil pensar que habitan, hasta suelos con unas condiciones extremas. Incluso hay algunas con un metabolismo tan versátil que son capaces de adaptarse a todo tipo de ambientes, como ocurre con las del género *Pseudomonas*, presentes también en el suelo de la Antártida. El desierto de Atacama, la región más árida del planeta (ha sufrido un periodo de 500 años sin lluvias), es el lugar de origen de la bacteria *Streptomyces leeuwenhoekii*, productora de antibióticos. También se han encontrado bacterias dentro de un reactor nuclear. Como ves, las bacterias son tan importantes que sin ellas no habría suelo, y, sin suelo, evidentemente, no hay vida.

Como todos los seres vivos en la tierra, la planta no funciona de forma individual. Su buen desarrollo depende de la cooperación con otros organismos. Por su abundancia e importancia para la salud de las plantas, entre todos los habitantes edáficos destacan las bacterias y los hongos. Todos ellos residen en una región específica del suelo, única y dinámica, llamada «rizosfera», que comprende la zona donde se desarrollan las raíces. Es un área frenética, de intensa actividad biológica y química influenciada por los compuestos exudados por la raíz, que incluyen un montón de moléculas distintas, líquidas, sólidas o gaseosas: ácidos orgánicos, azúcares, aminoácidos y pequeños péptidos, vitaminas, hormonas, etc.

Aunque hay interacciones planta-microorganismo que pueden resultar perjudiciales y otras neutras, en esta ocasión vamos a ver un grupo de bacterias multifuncionales con efectos beneficiosos. Son las bacterias promotoras del crecimiento vegetal, conocidas como «PGPR» (de sus siglas en inglés *Plant Growth-Promoting Rhizobacteria*). Fueron llamadas así porque lo primero que se observó es que estimulaban el crecimiento de las plantas y que estaban íntimamente relacionadas con nutrientes como el carbono, fósforo, nitrógeno, azufre y hierro, este último mediante la producción de sustancias llamadas «sideróforos», que facilitan el hierro de la rizosfera y se lo hacen llegar a la planta. De hecho, tanto la fijación biológica de nitrógeno, de la que ya hemos hablado, como la solubilización de minerales del suelo forman parte de sus estrategias, y las bacterias que lo llevan a cabo estarían dentro de este grupo. Efectivamente, ayudan a las plantas con la nutrición, pero las funciones de las PGPR van mucho más allá.

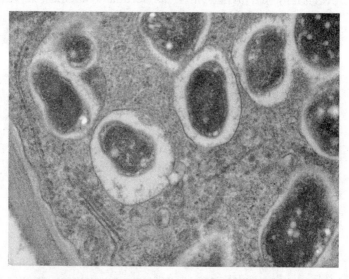

Imagen de una sección transversal a través de un nódulo de raíz de soja (*Glycine max.Essex*). La rizobacteria, *Bradyrhizobium japonicum*, coloniza las raíces y establece una simbiosis fijadora de nitrógeno. Esta imagen de gran aumento muestra parte de una célula con bacteroides individuales dentro de su planta huésped. En esta imagen se aprecia el retículo endoplásmico, el dictisoma y la pared celular. Autora: Louisa Howard.

¿Te imaginas tener un vecino chef que nunca cocina en casa pero que siempre tiene todos los ingredientes que necesitas y te los da con gusto? Estas bacterias son capaces de producir hormonas vegetales. Así, como lo lees. Las hormonas son tan importantes para las plantas como lo son para nosotros. Controlan un gran número de procesos fisiológicos, como el crecimiento, caída de hojas, floración, formación del fruto, germinación de semillas, defensa frente a patógenos, etc. Todo el metabolismo hormonal que hay detrás de estos procesos es muy complejo, porque no depende de una sola hormona, sino de la interacción de varias y del balance de más de una y, además, se ve modificado por cualquier pequeña alteración ambiental. Las PGPR son capaces de producir auxinas, giberelinas, citoquininas y etileno.

En relación con la protección frente a patógenos, estas bacterias producen antibióticos, con lo cual eliminan competencia y la presencia de otras bacterias que pudieran ser patógenas. También liberan enzimas como quitinasas y glucanasas, cuya función es romper la pared celular de hongos patógenos o caparazones de insectos; además, activan lo que se denomina «resistencia sistémica inducida», un mecanismo de defensa desarrollado por las plantas ante el ataque de virus, bacterias y hongos que precisamente implica a las hormonas ácido jasmónico y etileno.

Los otros habitantes naturales del suelo, íntimos amigos de las plantas y también de estas bacterias, son unos hongos, pero unos hongos muy especiales: las micorrizas. Ya las he mencionado varias veces y siempre ha sido de pasada, no puede ser. Ha llegado el momento de hablar de ellas.

MICORRIZAS: INTERNET BAJO EL SUELO

«Sólo el que manda con amor, es servido
con fidelidad», Francisco de Quevedo (1580-
1645), escritor del Siglo de Oro.

En griego, *mykos* es «hongo» y *rhizos* significa «raíz», así
que el término denota la simbiosis beneficiosa entre un
hongo y la raíz de una planta. La primera vez que se usó el
término *micorriza* fue en 1885 por Albert Berhhard Frank.

Esta relación es ubicua y tan frecuente en la naturaleza
que comúnmente se dice que las plantas no tienen raíces,
sino micorrizas. Entre las plantas cultivadas hay muy pocas
excepciones, como la remolacha, espinacas, quinoa o la col
y todos sus derivados (repollo, coles de Bruselas, coliflor,
brócoli, etc.), pero la mayoría de las plantas terrestres están
micorrizadas en su hábitat natural. Estos hongos no entien-
den de climas ni suelos pobres y, al ser simbiontes obligados (necesitan obligatoriamente una planta para vivir),
estarán siempre allí donde haya vegetación.

Soy una romántica. Me gusta imaginarme cómo sucedie-
ron las cosas en otras épocas. En mis paseos frecuentes por
la Alhambra me quedo pensativa, absorta entre el rumor
del agua que corre sin pausa y la piedra de los muros que
se abre en las ventanas dejando volar mi imaginación.
Casi puedo ver quién se asomaba allí, qué estaba mirando,
cómo iba vestida…, cómo viviría. En el caso de las micorrizas, hemos de retroceder, pero mucho mucho más en el
tiempo. Hace casi 500 millones de años que comienza esta
historia. La Tierra era muy diferente de lo que hoy conocemos en cuanto al clima, geografía y biodiversidad. En el

Ordovícico, hace unos 470 millones de años, aparecen las primeras plantas verdes y hongos en la tierra.

Sigamos imaginando. En aquel momento, seguramente las primeras plantas terrestres sufrieron las latitudes extremas de alguna de las masas continentales junto con las elevadas concentraciones de CO_2 (15 veces superiores a lo que había antes de la Revolución Industrial y diez veces superiores a lo registrado en 2019), oxígeno (similares a las actuales), la ausencia de filtros de radiación UV, fuertes oscilaciones térmicas y posiblemente fotoperiodos (horas de luz y oscuridad) variables. Todo esto pudo condicionar, sin duda, sus estrategias vegetativas y reproductoras y puso en marcha los primeros mecanismos de adaptación. Por ejemplo, la producción de flavonoides para protegerse de la radiación UV o la formación de una cutícula para prevenir la desecación. Al final del Ordovícico y comienzos del Silúrico (445-443 Ma), tuvo lugar el segundo de los cinco mayores eventos de extinción de la historia que esquilmó gran parte de la vida marina (trilobites, braquiópodos, bivalvos, etc.). Extinguió el 85 % de la fauna y dificultó los intentos de seguir colonizando el ambiente terrestre por parte de plantas y hongos. Digo hongos porque su origen es tan antiguo como las propias plantas terrestres y seguramente sea el primer ejemplo de simbiosis sobre tierra firme del que se tiene evidencia científica. Desde el principio fueron de la mano. El carácter heterótrofo (necesita alimentarse de materia orgánica de otros organismos) de estos hongos les condicionaba a obtener su fuente carbonada a partir de otros organismos y, por otro lado, les aportaba nutrientes que eran difíciles de extraer del suelo para estas primeras plantas. Sabemos que la asociación de estos hongos con las plantas terrestres fueron clave en su proceso de colonización y desarrollo. Los hongos fueron allanando el camino para que las plantas conquistaran tierra firme mediante una especie de acuerdo donde intercambiarían nutrientes, en una relación fuerte y duradera. Tanto que llega hasta nuestros días.

El fósil Rhynie, que recibe el nombre del lugar donde fue encontrado (en la ciudad escocesa de Rhynie, a unos 50 km de Aberdeen), procede de un yacimiento paleontológico de principios del Devónico. Este fósil demuestra la existencia de la simbiosis y la sitúa hace unos 408 millones de años. Hasta hace poco, el fósil del hongo más antiguo procedía de la Formación Guttenberg, de la dolomita de Wisconsin (EE. UU.), datada del Ordovícico Medio. Se encontraron esporas con una antigüedad de 460 millones de años. Viendo las imágenes, nadie adivinaría cuáles son fósiles y cuáles actuales, ¡son prácticamente iguales! Aunque probablemente la historia sea más complicada.

Un estudio publicado en la revista *Nature* en 2019 describe lo que probablemente sea un hongo más antiguo aún. Los investigadores han encontrado microfósiles de *Ourasphaira giraldae* en el Ártico canadiense y han fijado la antigüedad en unos 1000 millones de años. Por lo que podría ser que los hongos no tuvieran 500 millones de años, sino 1000. Es lo que tiene la ciencia, que un descubrimiento nuevo tumba todo lo que hasta ese momento pensabas que sabías.

De cualquier forma, es evidente que las asociaciones planta-hongo han prosperado y son el resultado de la coevolución de ambos organismos durante millones de años, lo que ha llevado a adaptaciones tanto en la planta como en el hongo que han propiciado el desarrollo y la función simbiótica. ¿Cuál es esta función? La base fisiológica principal de esta simbiosis es la transferencia bidireccional de nutrientes, se alimentan mutuamente. La planta aporta al hongo azúcares provenientes de la fotosíntesis y el hongo aportaría fósforo principalmente, pero también otros nutrientes y agua. Si recordamos que el hongo necesita a la fuerza a la planta para vivir, podría tener lógica pensar que, en ese pacto al que llegaron, el hongo estaría dispuesto a dar bastante más de lo que va a recibir…, y así es. Una vez alcanzado un equilibrio nutricional, el hongo protegerá a la planta frente a unas condiciones ambientales nada favorables, como puede ser una sequía, un suelo pobre o salino, frío, etc., o un estrés biótico provocado por ataques de herbívoros, bacterias, virus…, cualquier cosa que pueda matar a la planta y, de camino, matarlo a él. Y no solo eso, sino que todos estos efectos son mucho mayores y visibles cuanto peores son las circunstancias.

Micelio micorrícico asociado a la raíz de una conífera. Autor: André-Ph. D. Picard.

El mecanismo que permite que la planta esté mejor alimentada es sencillo, pero no deja de ser sumamente efectivo. Las raíces de las plantas tienen una capacidad de absorción limitada. Ocupa solo entre el 4 y 7 % del volumen del suelo disponible y su vida es bastante corta, solo unas tres semanas. Además, el grosor de las raíces de absorción es de 0,2 mm, el mismo que el de un pelo, mientras que el de las hifas de los hongos (unos filamentos que forman parte de la estructura de los hongos y se llaman «micelio» cuando hay muchas) es de 3 micras o 0,003 mm (una micra es la milésima parte de un milímetro), así que alcanzan espacios del suelo donde hay nutrientes y las raíces no son capaces de llegar. En una cucharita de suelo fácilmente puede haber 1 km de hifas fúngicas. Con las micorrizas, la capacidad de absorción de la raíz es de media siete veces superior.

Plantas de pimiento. Cepellón de una planta sin micorriza (izquierda) y con micorriza (derecha). Ambas se han estresado regándolas con agua salada.

Pues la próxima vez que vayas al bosque piensa que, bajo el suelo, el micelio de unos hongos está unido con el de otros formando extensísimas redes que al fin y al cabo conectan cientos y miles de plantas por las que hay un flujo de información variada y constante y un traspaso de nutrientes cuando se requieren. Se ha visto que, en algunos abetos, los árboles más viejos son capaces de enviar alimento a los más jovencitos de la misma especie y también a otros árboles de distintas especies. Es como si hubiera un árbol madre que alimentara a los más indefensos. Hay una cooperación. La información que se transmite es química, obviamente. Son moléculas en distintos estados capaces de atravesar grandes distancias bajo tierra y alertar, por ejemplo, de la proximidad de un peligro con tiempo suficiente para que las plantas más lejanas tengan capacidad de producir sustancias tóxicas para el depredador.

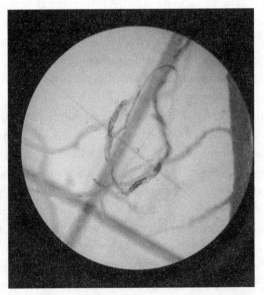

Fragmento de raíz micorrizada teñida con azul tripán que colorea la quitina de las paredes del hongo.

¿Has visto alguna vez una micorriza? Posiblemente has pensado que no. Yo te digo que sí. ¡Y hasta te la has comido! El 96 % de las micorrizas pertenecen a un tipo llamado «endomicorrizas». Ese prefijo *endo-* indica que se desarrollan penetrando hasta el interior de las células de la raíz, lugar donde crean unas estructuras microscópicas preciosas con forma de pequeños arbolitos llamados «arbúsculos». Son prácticamente idénticos al brócoli, pero en chiquitillo. Ahí es donde tiene lugar el intercambio de nutrientes entre la planta y el hongo. Estas micorrizas, debido a esta estructura característica, reciben el nombre de micorrizas arbusculares y son las predominantes en especies de interés agronómico y las típicas del matorral mediterráneo. Sin embargo, si has comido setas de cualquier tipo, te has zampado una buena micorriza, de las grandes, de las que se ven. Las setas son una fase del ciclo de vida del hongo, no el hongo. Para que nos entendamos, si lo comparáramos con un árbol, el hongo en sí viviría bajo tierra y sería el árbol, mientras que el cuerpo fructífero es la seta y sería la fruta que da el árbol. Este tipo de micorrizas reciben el nombre de «ectomicorrizas» porque no penetran en las células, sino que las rodean formando un manto y se pueden ver a simple vista. Suponen el 3 % de las micorrizas, pero, curiosamente, son las mayoritarias en las especies forestales, sobre todo en hayas, robles, eucaliptos y pinos. De hecho, los pinos son incapaces de sobrevivir más de dos años si no están micorrizados, y otras especies como las orquídeas terrestres ni siquiera podrían subsistir si no estuvieran colonizadas por ellos. Algunos de estos hongos solo colonizan a una especie, pero hay otros géneros, como *Amanita*, que no son tan exigentes y forman micorrizas con muchas especies diferentes. Por ejemplo, en un estudio de 2015 se comprobó que las raíces de cada abeto de Douglas de las montañas del oeste de Norteamérica estaban conectadas a más de 1000 especies de micorrizas y se sabe que las redes de micelio son más espesas cuanto más cerca se sitúan de un ejemplar anciano. Existen miles de especies de hongos ectomicorrícicos, alojadas en más de 200 géneros de plantas. Las estimaciones más conservadoras hablan de 7750 especies, pero, si tenemos en cuenta el desconocimiento de estos organismos, podríamos estar hablando de 20.000 a 25.000 especies. Ese dicho de «Hoy es un día estupendo. Verás como viene alguien y lo fastidia» cobra sentido en este caso porque muchos de estos hongos ectomicorrícicos tienen enemigos que les complican la vida. Son plantas parásitas de las que ya hablamos anteriormente, pero que, en vez de obtener nutrientes de otra planta, lo hacen del hongo (que a su vez los obtiene de la planta), con lo cual están *bypasseando* la alimentación que aporta la planta. Son unas 400 especies, entre las que destacan, por su color llamativo rojo o blanco (ambas sin clorofila), *Sarcodes sanguinea* (o flor de nieve) y *Monotropa uniflora* (o planta fantasma), respectivamente, preciosas las dos.

Lactarius deliciosus, los níscalos, son hongos ectomicorrizos.

Las funciones de las micorrizas son de gran importancia ecológica para las plantas, ayudando a su nutrición, incrementando la fijación de nitrógeno y protegiéndolas del estrés abiótico (sequía, salinidad, metales pesados en el suelo...) y biótico (virus, hongos, nematodos...). Pero, además, son fundamentales para la calidad del suelo, ya que mejoran el enraizamiento y establecimiento de las plantas, favorecen la biodiversidad, aumentan la estabilidad del suelo y benefician la sucesión vegetal.

Todo esto está genial, pero algunos pensarán que, si da dinero, está mejor. Entonces nos centraríamos en las ectomicorrizas. No solo estamos hablando del champiñón, oronja, boletus, rebozuelo, níscalos y otras setas, sino de una ectomicorriza que, por encima de estas, es más apreciada en gastronomía: la «variedad muy aromática de criadilla de tierra». No me he puesto cursi, es que así la define el diccionario de la RAE. ¿Aún no sabes de qué se trata? La trufa.

Tuber melanosporum, trufa negra.

Hace ya 2000 años, Plinio el Viejo dejó escrito que las trufas eran «callosidades de la tierra y milagro de la naturaleza (…) que, no teniendo semillas, nacen de la tempestad».

La trufa negra o trufa de Périgord (*Tuber melanosporum*) es muy valorada en gastronomía. No te digo más que la conocen como el «diamante negro» por su delicado aroma y gran valor económico. Aunque es propia del sur de Francia, Italia y España, nuestro país se ha convertido en el principal productor a nivel mundial, especialmente un pequeño pueblo de Teruel llamado Sarrión. Su posibilidad de cultivo siguiendo unas indicaciones y cumpliendo los requerimientos de nutrientes del suelo, pH, riego y especies de árboles concretos con los que se asocia, como las encinas, robles y avellanos entre otros, hace que se haya convertido en un nicho económico muy importante que vive de la exportación y del turismo que generan las ferias conocidas internacionalmente.

Trufas blancas (*Tuber magnatum*) en un puesto comercial de la Fiera del Tartufo (Feria de la Trufa) de Alba, Piamonte (Italia), el mercado internacional de trufas más importante del mundo.

La trufa blanca también es llamada trufa de Piamonte porque solo se colecta en esta región italiana, aunque se han encontrado en otros países como Croacia o Eslovenia. Dicen que es el alimento más caro del mundo y, después de haber hecho una búsqueda para comprobarlo, seguramente lo sea, seguido del caviar almas o caviar blanco obtenido del esturión beluga (cuyas huevas van en una cajita de metal bañado en oro). El precio de la trufa blanca, el «diamante blanco», ronda los 6000 € el kg, aunque, bueno, en 2018 se subastó una trufa blanca de Piamonte de 750 g por 97.000 €. Claro, es un precio variable porque depende de cuántas se hayan obtenido, y esto, a su vez, de múltiples factores ambientales. Se trata de la especie *Tuber magnatum* y gastronómicamente goza de más prestigio que la negra. A diferencia de esta, la trufa blanca no se puede cultivar y solo crece de forma silvestre, uno de los motivos que la hacen más exclusiva.

Al tratarse de una asociación de la raíz de la planta, las trufas se desarrollan bajo tierra, a unos 30 cm de profundidad. Este es uno de los motivos que hace que sea un manjar tan caro. Al ser subterráneo, son imposibles de recoger si no es mediante un machete trufero y un perro adiestrado que, gracias a su olfato, nos indique el lugar exacto donde crecen. Se usan el Parson Russell Terrier, Lagotto romagnolo o el caniche, entre otros, aunque, en realidad, cualquier perro sabueso bien entrenado es igual de válido. Anteriormente se utilizaban cerdos, especialmente hembras, que, provistas de un instinto especial, las localizan fácilmente; sin embargo, por la dificultad de transporte y manejo, esta práctica ya ha caído en desuso. Algunos recolectores más expertos las pueden localizar gracias a la mosca de la trufa (*Suilla gigantea*), que durante los días soleados de invierno se encuentran situadas sobre el suelo marcando exactamente el punto donde se encuentran las trufas, estilo el mapa del tesoro.

Las trufas no son buenas solo para la economía o para el paladar, también para la propia planta. Hace unos años, en 2012, se publicó un estudio científico que me llamó mucho la atención. Los investigadores pretendían mejorar la morfología y fisiología de los plantones de pino para que la regeneración de zonas degradadas fuera más eficaz, lo cual tiene su lógica porque el pino es de las especies más utilizadas en programas de reforestación. Pero lo primero que me sorprendió es que usaran pino y trufa. ¿Por qué? Porque el pino está micorrizado, pero raramente con trufa. Puede ocurrir, pero es bastante improbable. Sin embargo, en este estudio inocularon estos plantones con una PGPR de las que te hablé antes —*Pseudomonas fluorescens*— y con trufa negra. Lógicamente, había tratamientos que iban desde no inocularlas con nada, con bacteria, con hongo o con los dos a la vez. Y ocurrió algo sorprendente. Se sabe que algunas PGPR inoculadas simultáneamente con micorrizas mejoran el desarrollo de estas y los beneficios que aportan a las plantas. Dicho de otro modo, en muchas ocasiones, los beneficios se suman y refuerzan. Sería como proteger la seguridad del móvil con un pin de encendido y otro para desbloquear la pantalla.

Cuando analizaron los resultados de crecimiento, estado hídrico, contenido nutricional, etc., tal como cabía esperar, la PGPR y la trufa actuaron juntas y consiguieron que el pino creciera más y mejor, pero, ahondando un poquito más en los resultados (y en el suelo), observaron que la trufa —¡oh, sorpresa!— era considerablemente mayor. ¿Imagináis a los truferos frotándose las manos?

Primero, porque el pino hasta ahora no era susceptible de tener trufas en su sombra y, segundo, porque, si se inocula con PGPR y trufa, es capaz de dar trufas aún más grandes.

Llevamos unos años en los que cada vez más artículos científicos, proyectos con financiación pública y contratos financiados con fondos privados tienen a las PGPR y las micorrizas como protagonistas. Yo misma, que durante más de diez años he trabajado con las dos y tengo publicaciones demostrando sus beneficios en distintos cultivos, me he dado cuenta de lo desconocidas que eran hasta hace no mucho tiempo. Ahora es raro encontrar agricultores que no las conozcan o que no estén utilizando los preparados comerciales que hay disponibles. Tiene sentido si tenemos en cuenta que tanto ellos como los que trabajamos en ciencias agrarias buscamos al final producir más y mejor alimento procurando dañar lo menos posible el medio. Las PGPR junto con las micorrizas, al ser microorganismos naturales del suelo, ampliamente distribuidos y con muchos efectos positivos, se pueden utilizar no solo para el negocio de la trufa (o de otras setas comestibles), sino para reforestar áreas degradadas, proteger a las plantas frente a los efectos del cambio climático, en biorremediación (las esporas de las micorrizas son capaces de acumular metales pesados eliminándolos del suelo), e incluso en la gestión de plagas y enfermedades, de manera que podrían en algún momento ser una alternativa o reducir en gran medida el uso de fertilizantes sintéticos y productos fitosanitarios.

Eso sí, necesitamos seguir comprendiendo los diálogos moleculares entre estos microorganismos y de estos con las plantas y los mecanismos que ponen en marcha para protegerlas. La simbiosis entre planta, hongo y bacterias no es solo una colaboración bonita, sino pura necesidad. La emisión de CO_2 y los valores nutritivos de nuestros alimentos dependen directamente de cómo tratamos nuestros suelos. ¿Un suelo es más fértil porque tiene muchos microorganismos, o era al revés? No lo sabemos. De lo que estamos seguros es de que, si no hay una relación entre las plantas y estos microorganismos, no se desarrollan de forma óptima. El suelo no es el corcho donde está pinchada la vegetación. Como te dije al principio de este capítulo, el suelo es por sí mismo un organismo vivo que se forma, crece e incluso puede morir. Cuidémoslo.

Girasol buscando la luz solar directa.

MOVIMIENTO DE LAS PLANTAS

«Y, sin embargo, se mueve», Galileo
Galilei (1564-1642), astrónomo, filósofo,
ingeniero, físico y matemático italiano.

Las plantas se mueven. ¿Lo dudabas? No salen a tomar el sol por el bosque, pero se mueven. Desde que la semilla empieza a germinar, el propio crecimiento hasta hacerse una planta adulta de unos centímetros o decenas de metros es puro movimiento. Por arriba, por abajo, hacia un lado, hacia otro... ¡No paran de hacerlo! Salvo excepciones, no nos damos cuenta porque su escala temporal es otra movida y van a su velocidad, pero todos los órganos de la planta, raíz, tallo, hojas y flores, reaccionan ante distintos estímulos con el movimiento.

Uno de esos tipos de movimiento se denomina «tropismo» e indica una respuesta que depende de la dirección de un estímulo ambiental. La planta se acerca (tropismo positivo) o se aleja del estímulo (negativo) pero el cambio que ha originado es permanente porque, de alguna forma, modifica el crecimiento de la planta.

Lo experimentan desde el primer momento de vida. ¿La raíz empieza a crecer hacia abajo? Gravitropismo positivo porque es atraído por la gravedad. ¿La parte aérea va creciendo hacia arriba buscando la luz? Gravitropismo negativo y fototropismo positivo. ¿Las raicillas crecen hacia una zona del suelo donde hay agua? Tienen hidrotropismo positivo. En los ficus esto es un gran problema porque, dado el gran tamaño de sus raíces, acercándose a fuentes de agua, son capaces de levantar el pavimento de las calles y romper tuberías por el camino, por eso no es muy recomendable plantarlos en las cercanías de las casas. ¿La hiedra ha confundido la fachada con un rocódromo o la parra de tu patio se está enredando? Es porque durante su crecimiento ha chocado con algo y lo ha «conquistado» para seguir creciendo: tiene tigmotropismo positivo, como todas las enredaderas y trepadoras, a diferencia de las raíces de cualquier planta que van sorteando cualquier obstáculo que les impida conseguir nutrientes, y por ello tendrían tigmotropismo negativo. Por cierto, no solo la hiedra o la vid son trepadoras, algunas hortícolas también lo son, como el guisante, el kiwi, el pepino o la fruta de la pasión.

Ejemplo ilustrado de gravitropismo positivo (raíz) y negativo (tallo).

Si tienes una mínima idea de prefijos de origen griego, te puedes hacer una lista tan extensa como imaginación tengas: aerotropismo (fuente de oxígeno u otro gas), heliotropismo (movimiento diurno o estacional provocado por el sol, como ocurre con los girasoles), higrotropismo (humedad), quimiotropismo (sustancias químicas), termotropismo (temperatura)...

En el electrotropismo, el crecimiento está motivado por un campo eléctrico. Es un movimiento usual en células nerviosas, musculares o epiteliales, pero en plantas el tubo polínico es un modelo excelente para estudiar el comportamiento de las células vegetales porque además tiene un crecimiento especial llamado «apical», ya que parte únicamente de la punta o ápice (como ocurre con los axones de las neuronas o las hifas de los hongos). Al igual que en otros sistemas biológicos, puede estar influido por un estímulo eléctrico. El tubo polínico es una estructura alargada que se forma a partir del grano de polen y que servirá de conducto para transportar los gametos masculinos hasta el óvulo. Estoy pensando ahora mismo en un pene, por la forma, porque dirige a los gametos masculinos (espermatozoides) y porque tiene que llegar a su destino para concebir. El pene «sabe dónde tiene que ir», pero ¿cómo se orienta el tubo polínico para saber que tiene que germinar a lo largo del estigma de la flor y bajar hasta llegar al ovario? El objetivo hacia el cual crece el tubo de polen puede estar a decenas de centímetros de la ubicación del grano de polen que emite esta protuberancia celular. Por lo tanto, la precisión con la que se produce el alargamiento celular requiere un proceso de guía complejo y una comunicación continua entre los compañeros masculinos y femeninos.

Si creamos un campo eléctrico en un medio de cultivo

in vitro, en placa, donde haya granos de polen desarrollán-
dolo, el tubo polínico se verá afectado de formas totalmente
heterogéneas. Por ejemplo, en el caso de la camelia, o el
tulipán de jardín, los tubos polínicos sometidos a un campo
de corriente continua crecerán hacia el polo negativo. Los
tubos polínicos de tomate, tabaco y níspero crecen hacia el
polo positivo. Y los del lirio africano en un campo eléctrico
de 7.5 V/cm crecerán hacia el electrodo que tengan más
cerca. Sin embargo, cuando el campo eléctrico es de
corriente alterna, parece que el crecimiento está relacionado con la conductividad del medio. ¿Por qué ocurre todo
esto? Las señales que se cree que el tubo de polen puede usar
para la navegación comprenden señales químicas, mecáni-
cas y eléctricas, pero, a pesar de que hay muchos grupos
investigando en esta área, la forma en que la señal eléctrica
se percibe y se traduce en una respuesta celular es todavía
poco conocida en la mayoría de los sistemas celulares.

De todos los tropismos, hay uno en el que merece la
pena profundizar, ya que rige la vida de toda la vegetación... y la nuestra.

Las plantas necesitan luz para crecer. Como yo, que
sería una persona triste y lánguida si tuviera que vivir en
países donde el sol aparece poco y con miedo. Soy del
sur, necesito sol. Todas lo necesitan para obtener energía
mediante la fotosíntesis, pero no requieren la misma cantidad ni el mismo tipo de luz. Por tanto, para empezar, todas
las plantas tendrán un fototropismo positivo.

Las plantas perciben diferentes segmentos de su espectro de radiación, intensidad, duración, periodicidad y
dirección, y lo hacen en el transcurso de un año, del día y
la noche, o incluso respecto a la cercanía con otras plantas.
Por ello, las plantas adaptan sus propios procesos a la infor-

mación lumínica recibida (la germinación, crecimiento, fotosíntesis, floración...). El conjunto de respuestas que afectan al desarrollo y aspecto de la planta en función de la luz se conoce como «fotomorfogénesis». ¿Cómo perciben las plantas la luz del medio? Al igual que los vertebrados tenemos dos tipos de receptores de luz en la retina llamados «conos» y «bastones», las plantas han desarrollado una variedad de fotorreceptores que son capaces de detectar longitudes de onda dentro de un espectro más amplio de lo que es capaz de percibir el ojo humano. Clorofilas y carotenoides absorben la gama que va del azul al rojo, implicada en la fotosíntesis. Nosotros vemos las hojas de color verde porque la clorofila absorbe todos los colores menos el verde, que se refleja en su superficie. Sin embargo, no solo de clorofilas y fotosíntesis vive la planta. En el proceso de la fotomorfogénesis, participan otros fotorreceptores, como el receptor de luz UV-B, los criptocromos, que captan la luz ultravioleta cercana y azul, y los fitocromos, que captan la luz roja y roja lejana. De todos los pigmentos que acabamos de ver, para el proceso de fotomorfogénesis, los más importantes y más estudiados son los fitocromos. Se comenzó a saber de su existencia por los años 30, al observarse que las semillas de lechuga germinaban con luz roja pero no con luz roja lejana. Usando iluminación alternativa, se vio que el efecto era reversible y que la última luz utilizada era la que producía el efecto. Parecía que había dos y, de hecho, se pensó esto hasta 1959, momento en el que se demostró que se trataba de una sola que era reversible, con dos formas interconvertibles y de efectos opuestos. Desde hace poco tiempo se sabe que los fitocromos, además de detectar la luz, están implicados en la detección de la temperatura ambiental.

La cantidad de radiación solar que puede ser aprovechada por las plantas es mínima, así que han tenido que desarrollar estrategias para maximizar la cantidad de energía que les llega, entre ellas, situar sus hojas en la parte de la planta más accesible a la luz. Pero, además, la propia estructura de la hoja es un ejemplo del equilibrio que debe cumplirse para cubrir sus necesidades. Me explico: las hojas deben tener una superficie grande y bien orientada para captar la mayor cantidad de luz. Deben tratar de conservar el máximo de agua y, finalmente, deben intercambiar gases con la atmósfera. Entonces, ¿cómo lo hace para poder cumplirlo todo y no deshidratarse por el calor? La planta resuelve este problema desarrollando hojas que literalmente tienen dos capas, una superior (el haz) y una inferior (envés), y entre ellas se dispone el parénquima, que es donde tiene lugar la fotosíntesis. De esta forma, la epidermis del haz debe ser más permeable a la radiación útil para la fotosíntesis, mientras que la epidermis del envés está más protegida de la radiación. Precisamente por este motivo, es aquí, en el envés, donde preferentemente se localizan los estomas. Las plantas abren y cierran los estomas en función de las necesidades de captar agua o retenerla, por ejemplo.

Cuando una planta crece demasiado próxima a otra, es muy posible que, al estar tan cerca, las hojas se solapen y se den sombra, así que en plantas de sol se crea una especie de conflicto entre ambas, a ver cuál es capaz de captar mayor cantidad de luz. No es un tema trivial. Esta competencia es un factor muy importante que determina la biodiversidad y la densidad de las comunidades vegetales. Además de fuente de energía, la luz es una fuente de información para que la planta pueda responder.

La mayoría de las plantas son capaces de reaccionar a la dirección, intensidad, composición, periodicidad y duración de la luz durante el día, pero también por la noche. Todos estos factores regulan no solo el crecimiento y desarrollo óptimo, sino la germinación de semillas, el tiempo de floración y el síndrome de huida de la sombra. ¿Cuál es la causa que desencadena este síndrome? La relación entre la cantidad de luz roja y roja lejana que la planta detecta (R:RL) es un indicador de densidad y proximidad de vegetación inversamente proporcional a la cantidad de sombra. Piensa en un campo de cereales o en un bosque tropical muy denso donde apenas llegue la luz al suelo. En campo abierto, es un ratio constante, pero, cuando empiezan a hacerse sombra, este ratio disminuye, y se activa la respuesta de huida de la sombra. Quieren y necesitan luz. La respuesta consistirá en crecer exageradamente, alargando los tallos y los peciolos (esos rabitos de varios centímetros que unen las hojas al tallo y que en las ensaladas embolsadas son responsables de más atragantamientos que las aceitunas) buscando el sol, y en dirigir sus hojas hacia él. Por el contrario, esta adaptación tiene un coste: adelantar la floración y tener que sacrificar la longitud de las ramificaciones y el tamaño de las hojas, que se harán más pequeñas.

Dentro del fototropismo, hay un tipo curioso. Te doy una pista: girasol. Se llama heliotropismo y, en este caso, el movimiento está orientado en dirección al sol. Y digo al sol concretamente porque, más allá de buscar la luz, el movimiento sigue la dirección del sol, del este al oeste. *Heliotropium* significa «giro solar». En la antigua Grecia, este hecho ya era conocido, pero fue el botánico suizo Augustin Pyramus de Candolle quien por primera vez, observando el crecimiento del tallo hacia la luz en 1832, llamó al fenómeno en «cualquier» planta heliotropismo. Lógicamente, esto no era así, y 60 años después lo que observó de Candolle pasó a llamarse «fototropismo».

El heliotropismo puede ocurrir en las flores o en las hojas. Durante la noche, algunas flores pueden asumir una orientación aleatoria, pero al amanecer, estén donde estén, se girarán apuntando al este, donde sale el sol. Las hipótesis para que este movimiento tenga lugar aún son bastante desconocidas. Puede ser que para los insectos de climas fríos que polinicen estas flores la temperatura de estas suponga una recompensa, que la temperatura un poquito más alta favorezca procesos como la germinación del polen o la formación de tubo polínico, o, tal vez, porque ese movimiento de las flores permite una regulación de la temperatura en climas fríos y así evita la congelación.

En el caso del girasol (*Helianthus annuus*), mucha gente piensa que sigue la dirección del sol durante toda su vida, pero esto no es así. Cada día, los girasoles se despiertan y lo buscan al este. Lo siguen durante el día y, por la noche, van en sentido contrario, de oeste a este, esperando que llegue la mañana siguiente para volver a empezar. Pero un día dejan de bailar y se detienen. Han alcanzado la madurez. Desde ese momento, ya no volverán a girar más y se quedarán mirando hacia oriente hasta que mueran.

Durante mucho tiempo, el mecanismo endógeno que regía el comportamiento de los girasoles ha sido un misterio. Pero algo se descubrió una tranquila tarde de 1729. Jean-Jacques Dortous de Mairan, un matemático, astrónomo y geofísico francés, se encontraba en la habitación donde solía dibujar. Ya se estaba poniendo el sol y se disponía a regar sus plantas de *Mimosa pudica*. Se dio cuenta de que la desaparición del sol hacía que sus mimosas reaccionaran plegando sus hojas, igual que cuando las rozaba suavemente con un dedo. Entonces, se preguntó: «¿Qué ocurrirá si durante el día les suprimo la luz solar?». No lo pensó demasiado. Cogió dos de sus mimosas y las metió en un armario, cerrando la puerta. Estaban completamente a oscuras. Al día siguiente, al medio día esperaba encontrar las hojas plegadas al abrir el armario y, para su sorpresa, estaban totalmente abiertas. A la caída del sol se volvieron a cerrar, como siempre, como si nada hubiera pasado.

En esta ilustración podemos ver cómo se pliegan los foliolos de la hoja de *Mimosa pudica* al tacto.

De Mairan concluyó que las plantas debían tener algún mecanismo interno que les permitiera sentir el sol de alguna manera, aunque no lo vieran, e incluso saber el momento del día en el que se encontraban. Había descubierto los ritmos circadianos en plantas. Los ritmos circadianos son mecanismos endógenos que regulan procesos tan relevantes en animales como el patrón sueño-vigilia, la secreción hormonal, los hábitos alimentarios y la digestión, la temperatura corporal, y otras funciones importantes del cuerpo. Son ciclos de aproximadamente 24 horas que están impulsados por un reloj biológico y se han observado ampliamente en plantas, animales, hongos y cianobacterias. En las plantas, la duración de los ciclos de luz y las variaciones en la temperatura les informan sobre la época del año en la que se encuentran. En respuesta a estos cambios, se regulan algunos de sus procesos vitales, como la germinación, el crecimiento o la floración.

El otro tipo de movimiento presente en las plantas junto con los tropismos son las nastias. Estos movimientos son rápidos y reversibles y aparecen como respuesta a la presencia de un factor externo, pero, a diferencia de lo que ocurre con los tropismos, no influye la dirección del estímulo, ni el crecimiento de la planta va a depender de él. Como ocurría con los tropismos, también vamos a encontrar gran cantidad de nombres en función del factor que lo produce: fotonastia por la luz, geonastia por la gravedad, tigmonastia por el contacto, hidronastia por la falta o exceso de agua, quimionastia por agentes químicos, sismonastia por un golpe o sacudida brusca...

Nictinastia es uno de ellos. Corresponde a las variaciones entre día y noche y se manifiesta, por ejemplo, produciendo el pliegue de hojas (como ocurre con la mimosa) o el movimiento en la base del peciolo. Algunas plantas parece que, cuando llega la noche, se están preparando para irse a dormir. Sus hojas se «recogen», se pliegan, se inclinan hacia abajo e incluso se detectan «movimientos del sueño», especialmente comunes en plantas fabáceas o leguminosas. En muchas especies, los movimientos de las hojas, de estar casi horizontales durante el día a casi verticales por la noche, han sido reconocidos durante más de 2000 años. ¿Cómo ocurre? Pues bien, en la base del peciolo, hay una estructura llamada *pulvinus* que es la responsable de este movimiento que vincula la hoja con el tallo. El mecanismo se conoce bastante bien. Básicamente se debe a cambios de turgencia (aunque los fisiólogos vegetales solemos usar el barbarismo *turgor*) de las células que forman parte de esta estructura especializada. El *pulvinus* consta de células extensoras (aumentan de tamaño por aumento de turgencia durante la apertura foliar) y células flexoras (opuestas a las anteriores, aumentan de tamaño durante el cierre foliar). Los cambios de turgencia se producen por variaciones en el flujo de iones potasio (K^+) y cloruro (Cl^-), de un modo similar al de la apertura y cierre de los estomas para transpirar.

Verás como reconoces esta nastia rápidamente. En todo el mundo y en nuestros propios jardines, algunas plantas parecen dormir, mientras que otras se despiertan en procesión rítmica. Las flores se abren y exhalan su fragancia intensa, que atrae a quienes serán responsables de polinizarlas. En el caso de las plantas y árboles, no siempre la noche significa relax y descanso, sino todo lo contrario, durante la noche, algunas de ellas realizan mayor actividad. Estoy segura de que has visto alguna vez una planta cuyas flores durante el día están abiertas y por la noche se cierran, como el tulipán o el dondiego de día. Esto sería fotonastia positiva. Pero también puede ocurrir lo contrario, y sería una fotonastia negativa, como con el dondiego de noche o con el galán de noche. ¿Adivinas por qué se llama «de noche»? Estas plantas solo abren sus flores con la puesta del sol y están abiertas toda la madrugada hasta que las cierran con el amanecer. El del galán de noche es un olor muy especial para mí, me recuerda a los veranos de mi niñez, y, si tengo oportunidad, te confieso que robo una ramita si cuelga dando a la calle.

Igual te preguntas qué hace que una planta abra solo sus flores durante el día y las cierre de noche. Es posible que decida proteger sus estructuras sexuales de los cambios de temperatura, que suele ser más baja en ausencia de sol. Además, durante la noche, la humedad puede provocar que los granos de polen germinen antes de tiempo. Muchas flores se cierran también para conservar su fragancia. No tendría sentido perder aroma para atraer a su polinizador si este también duerme ni, por supuesto, exponer una estructura sexual tan delicada sin sentido alguno. Por el contrario, aquellas plantas que abren sus flores por la noche ¿por qué crees que lo harán? Efectivamente. Suelen ser polinizadas por insectos nocturnos, como ocurre con el dondiego de noche que te acabo de mencionar, que lo poliniza una polilla esfinge.

Ejemplos de tigmonastia (o movimiento debido al contacto) son el cierre de las hojas de las plantas carnívoras al posarse el insecto o de la propia mimosa al tocarle las hojas. La apertura de los esporangios de los helechos o de los estomas de las plantas cuando detectan humedad corresponde a la higronastia.

La planta con la que se descubrieron los ciclos circadianos ha servido como modelo para el estudio de distintos tipos de nastias por su sensibilidad y por la rapidez de sus movimientos visibles a simple vista. Pero también, la mimosa ha sido objeto de multitud de estudios donde se pone a prueba su memoria y se investiga la posibilidad de que las plantas sean inteligentes.

¿He dicho «inteligencia»? He dicho «inteligencia».

LAS PLANTAS NO TIENEN CEREBRO[2], NI FALTA QUE LES HACE

«El bosque tiene oídos y el campo tiene ojos».
John Heywood (1497-1580), dramaturgo inglés.

Que las plantas se mueven ya nos ha quedado claro. ¿Dirías que se comunican entre ellas? A través de las grandes redes de micelio fúngico (esos pelillos que forman los hongos) que conectan unas con otras a lo largo de kilómetros, se pasan información de su estado nutricional o de una amenaza cercana, así que también es cierto que se comunican bajo el suelo. ¿Y por el aire?

UNA FORMA DE HABLAR EN SILENCIO

«Para comunicarnos efectivamente, debemos darnos cuenta de que todos somos diferentes en la forma en

---

2   Seamos conscientes de que las plantas son seres vivos pero no seres humanos, por lo que no «escuchan», «ven», «piensan», «sienten dolor» ni «tienen consciencia», capacidades propias de nuestra especie. Pese a ello, me permitiré la licencia literaria de la personificación por cercanía entre ellas y yo, y por la que espero tener contigo a través de esta lectura.

que percibimos el mundo y usar ese conocimiento como guía para comunicarnos con otros». Tony Robbins (1960), escritor estadounidense.

En el número 6 de diciembre de 1990 de la revista *Scientific American*, se reportó un hecho insólito.

En muchas zonas de Sudáfrica, cientos de kudúes, un tipo de antílope, murieron durante la estación seca. Nadie entendía el motivo, pues aparentemente los cadáveres no parecían tener daño, no tenían signos de disparo, no habían servido de alimento a otros animales y las necropsias mostraban que la causa tampoco era un virus o cualquier otra enfermedad. ¡Parecían sanos! Los asesinos, según Wouter van Hoven, un zoólogo de la Universidad de Pretoria al que encargaron la investigación, fueron las hojas de las acacias.

Este antílope africano cuenta con una gran cornamenta que ha sido objeto de deseo de los cazadores durante mucho tiempo con consecuencias devastadoras. En Sudáfrica, su caza aumentó considerablemente en la década de los 80, así que se decidió agruparlos en una reserva del parque de Kruger, cerca de Pretoria. Los kudúes se adaptaron pronto comiendo hierba fresca, brotes tiernos y hojas de acacias. La acacia es la principal fuente de alimento del kudú. Como muchas otras plantas, también produce taninos como moléculas de defensa frente a herbívoros. En condiciones normales, el nivel de taninos no supone ningún riesgo para el kudú ni le hace ningún daño porque cuenta con enzimas hepáticas que los protege de la toxicidad de estas moléculas. Pero en condiciones de estrés ambiental extremo, como un pasto extensivo o una fuerte sequía, las hojas aumentan la concentración de la toxina astringente… hasta un 250 %. Estos animales en libertad pueden buscar hojas con niveles bajos de taninos, pero, cuando viven en reservas limitadas, no tienen esa opción e ingieren dosis venenosas de estas moléculas. Van Hoven observó que, durante la sequía de la estación seca, las hojas de las acacias produjeron la cantidad de taninos suficientes para desactivar las enzimas hepáticas de los kudúes y matar más de 3000 en dos semanas. El hígado de los kudúes tenía cuatro veces más de taninos de lo normal. Estos antílopes recluidos en reservas con mayor densidad de población ejercieron una presión excesiva sobre las acacias debido a la sequía que impedía el crecimiento de otros tipos de hierba con los que diversificar el menú diario. Esta presión estresó demasiado los árboles y, para defenderse, aumentaron el contenido de taninos hasta niveles que no pudieron tolerar los kudúes. Este hecho sirvió de inspiración para la película *El incidente*, de M. Night Shyamalan, solo que aquí los afectados por las plantas no eran los antílopes, sino los hombres. Si no has visto la película, tampoco te pierdes nada.

Hembra kudú (*Tragelaphus strepsiceros*) que iba a comer
las hojas de la rama de un arbusto de acacia.

Lo más sorprendente de todo es que las acacias más lejanas que aún no habían sido devoradas no esperaron un ataque de herbívoros para movilizar sus defensas. De hecho, parece que se movilizaron entre ellas para que aquellas aún intactas estuvieran prevenidas. Es decir, que la información del ataque de los herbívoros se transmitió de planta a planta. Años antes, en 1983, Jack C. Shultz e Ian Balwin, dos biólogos del Dartmouth College (New Hampshire, EE. UU.), ya habían ofrecido la primera evidencia de comunicación vegetal. Encontraron que los arces (*Acer*) saludables producían grandes cantidades de taninos y otros compuestos de defensa en presencia de plantas cuyas hojas estaban dañadas. El trabajo preliminar de van Hoven mostró que, cuando un antílope se alimenta en una acacia, las hojas emiten etileno. Este compuesto volátil se desplaza a favor del viento y avisa a otros árboles hasta una distancia de 50 m de donde está el herbívoro. Los árboles intactos empiezan a sintetizar más taninos antes de que tengan cualquier daño en las hojas. En condiciones de laboratorio, van Hoven encontró que las hojas dañadas emiten 20 veces más etileno que las que no han sido dañadas y observó que, cuando una planta intacta es expuesta a altos niveles de etileno, los niveles de taninos se disparan en los 30 minutos siguientes. También afirmaba que el incremento a corto plazo en la producción de taninos constituye un mecanismo natural para regular la población. Cuanto más insisten los antílopes en un mismo árbol, más taninos produce, así que para resolver este problema, los ganaderos finalmente optaron por darles a los kudúes una alimentación basada en alfalfa durante los períodos de sequía extrema. Con este hecho sucedido hace 30 años se confirmó que existe una comunicación aérea entre plantas y se demostró por primera vez que la molécula protagonista de esta conversación era el etileno.

Unos 15 años antes del descubrimiento de van Hoven, un científico francés llamado Paul Caro del Centro Nacional de Investigación Científica (CNRS) descubrió que los robles responden de una forma similar al ataque de las orugas. La concentración de taninos de sus hojas era lo suficientemente alta como para matar a la mayoría de las larvas. Este tipo de comunicación química vegetal se presenta también en el maíz, que, en caso de sufrir un ataque de orugas, emite un gas que atrae a avispas parásitas que depositan sus huevos en orugas, sin duda un pacto de alianza beneficioso para ambas partes. Esto mismo también ocurre con la col, que, para defenderse de las dañinas mariposas, lanza un mensaje de ayuda a unos diminutos insectos parásitos de las larvas que terminan defendiendo los intereses de la planta.

Las plantas no hablan, pero tienen su propio lenguaje. Y los científicos estamos empezando a entenderlo. Son numerosos los ejemplos de comunicación aérea. Tú mismo las has oído «gritar» muchas veces..., ¿o no has disfrutado nunca del olor a césped recién cortado? No son más que «lamentos» de unas plantas que están sufriendo un daño con el cortacésped. No sufras. Se les pasará sin mayores consecuencias y, aunque a nosotros no nos cause ningún efecto, esta emisión de compuestos orgánicos volátiles (llamados COVs) desencadenan reacciones cuyo objetivo es activar o modificar la expresión de ciertos genes. Con la evolución las plantas han desarrollado un lenguaje bioquímico para comunicarse y actuar en consecuencia al mensaje recibido. Cuando una planta sufre un daño o es atacada por una plaga, pide ayuda en forma de emisión de volátiles, es decir, de olores. Y esos olores son identificados por el enemigo natural de la plaga. No lo hacen solo entre ellas, también puede haber comunicación entre una planta y su polinizador, en forma de aroma. E incluso mensajes de confrontación... Hay árboles, como el eucalipto, el arce o el pino, que alteran el comportamiento de las gramíneas que crecen a su alrededor para que se retiren y los dejen crecer. Esto se conoce como «competencia» o «alelopatía» (negativa en este caso). Producen compuestos bioquímicos que influyen en el crecimiento, supervivencia o reproducción de otros organismos. Es un comportamiento que ha sido aprovechado en la agricultura ecológica para proteger los cultivos de algunas plagas intercalando plantas aromáticas dentro del cultivo. Por ejemplo, con ruda entre los cultivos de patata. Estas relaciones se hacen especialmente importantes a medida que las plantas adultas sintetizan esencias y aromas característicos. Como ejemplo de alelopatía positiva, la judía verde y la fresa prosperan más cuando son cultivados juntos que cuando se cultivan por separado, y parece que la lechuga sembrada con espinacas se hace más jugosa cuando se siembra en una proporción de 4 a 1.

Descubrir métodos de comunicación en las plantas hizo que mucha gente se viniera arriba y buscara en las plantas reacciones propias de animales. Sobre esto se ha especulado mucho y se ha publicado mucho, pero no todo bueno. Hay experimentos con resultados espectaculares e intrigantes... que no conducen a nada porque básicamente son irreproducibles.

¿LAS PLANTAS SIENTEN?

«No pleasure, no pain… no emotion, no heart. Our superior in every way». Dr. Arthur Carrington en El enigma de otro mundo *(1951).*

Años 60. Cleve Backster fue un especialista en interrogatorios de la Agencia Central de Inteligencia, la famosa CIA estadounidense. Fundó la unidad poligráfica de la CIA poco después de la Segunda Guerra Mundial. El señor Backster era muy bueno en lo suyo y hasta llegó a entrenar a los policías y agentes de seguridad extranjeros para aprender a usar el polígrafo. Pero un día se le fue la mano (o la cabeza) y sometió a sus plantas al detector de mentiras. Basándose en los experimentos previos del polímata indio Jagadish Chandra Bose, que afirmó haber descubierto que tocar ciertos tipos de música en el área donde crecían las plantas hacía que crecieran más rápido, Backster quiso comprobar la respuesta de la planta a otros estímulos.

El 2 de febrero de 1966, Backster conectó electrodos de polígrafo a una drácena (una planta muy doméstica, la típica que decora oficinas o rincones del hogar) para comprobar cuánto tiempo tardaba el agua en llegar a las hojas cuando la regaba. Sorprendido, se dio cuenta de que en el instrumento de registro apareció exactamente la curva estándar que conocía de muchos interrogatorios, cuando las personas se excitaban positivamente. Entonces reflexionó y pensó que los seres humanos mostraban las reacciones más fuertes cuando se sienten amenazados. Por tanto, debía amenazar a la planta. Vio que, infringiéndole un daño (quemando una hoja), la señal se disparaba. Pero lo mismo ocurría cuando sin hacerlo, estando tranquilo, a las 3 de la madrugada en su casa, sin tocarla y sin moverse, ¡únicamente pensaba en dañarla! Es más, la reacción era similar cuando dañaba otra planta situada en otra habitación. Backster estaba convencido de que tenían telepatía y consciencia. Argumentó que las plantas percibían las intenciones humanas y que, además, reaccionaban ante otros pensamientos y emociones humanas. Sentían dolor y tenían percepción extrasensorial. Llamó a esto «percepción primaria» y llegó a publicarlo en 1968 en una revista de parapsicología. Como te puedes suponer, levantó un gran revuelo en la época y, por supuesto, las críticas y el escepticismo de los científicos, ya que no siguió el método científico en sus experimentos y nadie, jamás, fue capaz de reproducir sus resultados.

LAS OREJAS DE LAS PLANTAS Y SUS BALBUCEOS

«No sé si son los tanques o los latidos de mi corazón». Ilsa Lund en *Casablanca* (1942).

Año 2020, junio. Mientras España se encuentra confinada en sus hogares por la COVID-19, casi 2300 plantas repartidas entre la platea, anfiteatro y palcos han disfrutado de la obra *Crisantemi* de Giacomo Puccini en el Gran Teatre del Liceu de Barcelona. De haber podido emocionarse, ponerse en pie y aplaudir durante minutos, lo habrían hecho porque la ocasión lo merecía. No es una distopía sino una noticia completamente real.

Bose realizó la mayoría de sus estudios, en el campo de la fisiología vegetal, sobre plantas de *Mimosa pudica* y *Desmodium gyrans*. Su principal contribución fue la demostración de la naturaleza eléctrica de la conducción de diversos estímulos en organismos vegetales.

En los años 70, cuando surgió el movimiento *hippie*, se volvió a afirmar, como hizo Jagadish Chandra Bose a principios del siglo XX, que la música tenía efectos beneficiosos sobre los vegetales. Pero, ojo, Chandra Bose, a pesar de este desliz, fue un investigador muy importante en el campo de la botánica demostrando que las plantas son sensibles al calor, frío, luz y otros estímulos externos, al igual que los seres humanos. Creó el crescógrafo, un instrumento ideado para observar y grabar el crecimiento vegetal, sensible a movimientos de hasta 1/50.000 de pulgada por segundo. Este descubrimiento lo hizo famoso. La Royal Society de Londres lo hizo miembro de la sociedad, y el Gobierno británico le otorgó el título de caballero, llamándolo *sir* desde ese momento. 27 artículos suyos fueron publicados en la prestigiosa revista *Nature*.

Pues, como te decía, el movimiento de la era de acuario volvió a agitar la idea del efecto de la música en las plantas y se hicieron experimentos originales. Metidas en campanas, se les ponía música y comprobaban que el *rock* las mataba, mientras que la música clásica las hacía crecer. Nada de esto está demostrado y es imposible que puedan diferenciar las secuencias musicales. ¿Quieres hablarles a tus plantas? Hazlo si quieres. Yo también lo hago y (les) canto cuando me paso varias horas en el invernadero entre berenjenas y pimientos. Ya te digo que no observo diferencias, pero me lo paso en grande cantando a voz en grito y nadie se queja.

En las últimas décadas, la investigación sobre la percepción en las plantas se ha disparado. En uno de los últimos estudios, de diciembre de 2019, un equipo de científicos de la Universidad de Tel Aviv (Israel), con la ayuda de micrófonos, ha registrado los ultrasonidos (20-150 kHz, inaudibles por el oído humano) que emiten plantas estresadas, en concreto, plantas de tomate y de tabaco, a diez centímetros de distancia. Este estrés lo indujeron al dejar de regarlas o al cortarles el tallo. Los autores han desarrollado modelos de aprendizaje automático para reconocer los sonidos emitidos por las plantas y saber si la planta está seca, cortada o intacta en base a los sonidos emitidos. De momento, los resultados de este estudio están publicados en un repositorio de acceso abierto y no en una revista científica donde previamente haya superado un proceso de revisión por pares, es decir, se haya expuesto al juicio de otros colegas científicos expertos en el tema. ¿Qué tiene de cierto este estudio? En principio, parece que el diseño es adecuado y ha seguido el método científico. La fitoacústica, es decir, el estudio de la emisión de sonidos por las plantas, es algo que existe. Es verdad que las plantas pueden emitir sonidos. Se deben a fenómenos de cavitación. ¿Esto qué significa? Los gases disueltos en el agua, bajo una gran tensión, tienden a escapar formando burbujas que se expanden y, al explotar, generan pequeñas vibraciones. También puede ocurrir que las burbujas interrumpan la columna de agua y se bloquee el paso de esta, lo que daría lugar a una embolia. Sí, las plantas también pueden sufrir embolias. Es un hecho conocido y admitido desde hace tiempo en el ámbito científico. Se sabe que está provocado por sequía asociada a una alta tasa de transpiración (si hace calor y riegas una maceta después de mucho tiempo, afina el oído. Es posible que escuches un burbujeo). La acción de algún patógeno, como el hongo *Ceratocystis ulmi*, que ataca a los olmos, también lo puede provocar. En este estudio, la novedad radica en que los sonidos son emitidos por el aire, a diferencia de como se ha venido haciendo hasta ahora, conectando el dispositivo de grabación directamente a la planta. Obviamente, se necesita profundizar más, pero nada de lo que proponen en esta investigación me parece descabellado. Es más, hay polillas que usan tomate y tabaco como huéspedes de sus larvas, pero, cuando detectan que la planta ha emitido «sonidos de estrés», las polillas evitan dejar sus larvas. Cuando fue noticia, era fácil verlo en distintos medios digitales con titulares del tipo «Las plantas emiten chillidos ultrasónicos cuando sufren». A los veganos casi les da un parraque. A decir verdad, este pedazo de titular «estoy en modo irónico» no aparece en el estudio por ningún sitio. Tampoco aparecen términos como *chillan, gritan, protestan*, que también leí. En las notas de prensa que recogen la noticia, sí. En ocasiones, el periodismo busca el *click-bait* y distorsiona la información buscando la atención del lector sin llamar a las cosas por su nombre… y, en este tema, lo mejor sería que lo hicieran. Ya es lo suficientemente alucinante tal cual como para adornarlo.

Hay formas poéticas de dar una noticia. Hace poco te he contado que las plantas, en concreto las raíces, presentan hidrotropismo positivo. Si recuerdas, esto significaba que las raíces crecían acercándose a fuentes de agua. Lógico, necesitan agua para crecer. La forma sensacionalista de decir esto mismo es: «Las plantas guían sus raíces hacia las fuentes de agua escuchando las vibraciones de las tuberías, según revela un estudio publicado en abril de 2017 en la revista *Oecology* y dirigido por la ecóloga evolutiva Monica Gagliano». No me lo estoy inventando, es un titular tal cual. Monica Gagliano es investigadora, muy buena por cierto, de la University of Western Australia.

Hace más tiempo, en 2014, un estudio publicado en la misma revista, *Oecology*, tuvo unos resultados impactantes. La planta protagonista es *Arabidopsis thaliana*, sistema modelo de plantas. Los investigadores de la Universidad de Missouri tomaron unos ejemplares de esta especie y les pusieron unas grabaciones donde podía escucharse el sonido de unas orugas comiendo hojas. Tras un tiempo escuchando esta grabación, analizaron a las plantas. Pues bien, recordemos que no había ninguna oruga real presente, sino que era únicamente la grabación. Las plantas, al «oír» esos sonidos, modificaron su composición bioquímica y fueron capaces de sintetizar mayor cantidad de moléculas que actúan como repelentes de insectos. Lo alucinante es que esta respuesta no la tuvieron si la grabación era del canto de otros insectos o el sonido del viento. Por tanto, no solo «oyen», sino que son capaces de diferenciar los tipos de sonidos seleccionando y reaccionando entre los que suponen una amenaza y los que son inofensivos para ellas.

Conforme va pasando el tiempo, las técnicas moleculares avanzan, y los métodos de detección muestran gráficamente incluso a tiempo real lo que está ocurriendo. Eso pasó en 2018 con un estudio que fue bastante espectacular, publicado nada menos que en la revista *Science*. En el mismo número de la revista, unas páginas antes, otros autores plantean que la señalización mostrada en dicho estudio puede ser similar al sistema nervioso. Sistema nervioso, sí. Eso decía el título de artículo... Ahora verás por qué llegaron a esta teoría.

Cultivos de *Arabidopsis thaliana* para experimentación.

El objetivo de la investigación era comprobar si la planta podía transmitir de una parte a otra la señal de un daño. Efectivamente, puede. Si un insecto mordisquea una hoja, la planta avisa al resto de las hojas para que tengan sus defensas listas. Utilizando marcadores de fluorescencia que permiten hacer un seguimiento de algo concreto (y nos regalan fotos y vídeos impresionantes), comprobaron que los mensajes se originan en el punto de ataque con la liberación del glutamato (un aminoácido que actúa como neurotransmisor importante en vertebrados), desde donde se propulsa una ola de calcio que se propaga a través de la planta, similar a como un impulso eléctrico lo hace en un animal. De ahí lo de querer ver cierta relación con un sistema nervioso. Este subidón de calcio activa las hormonas implicadas en estrés e interruptores genéticos que la preparan para defenderse de sus atacantes. El calcio tiene un papel importantísimo en biología de plantas y animales. Es una molécula señal, lo que llamamos un «segundo mensajero» porque es capaz de detectar una señal y desencadenar una cascada de respuestas. Por ejemplo, un cambio en la concentración de calcio celular puede hacer palpitar nuestro corazón más rápido, liberar neurotransmisores o provocar la contracción de nuestros músculos, de tal forma que podamos ponernos de pie y huir si percibimos alguna amenaza. En las plantas ocurre algo similar. Con la ayuda del glutamato, los iones de calcio pueden fluir y llevar su señal a través de canales por las células. La verdadera sorpresa fue la velocidad con que se transmitían las señales de hoja en hoja; un par de minutos, siempre y cuando estuvieran conectadas a través del sistema vascular. Al parecer, la planta también podía percibir la severidad del daño, puesto que, cuando aplastaban una hoja, toda la planta respondía. En todas las zonas donde aumentaba el calcio, la planta producía ácido jasmónico, una hormona implicada en procesos de defensa en situaciones de estrés. Seguramente participa regulando genes que puedan estar relacionados con la defensa. El metil jasmonato, un producto del ácido jasmónico, es volátil y para los insectos puede resultar repulsivo o interrumpir la digestión, con lo cual es una señal más que suficiente para que no se acerquen a la planta.

Desde los años 60, se vienen haciendo estudios que parecen indicar que, si tocas las hojas de una planta, se va paralizando el crecimiento, se marchitan y, finalmente, mueren. Vamos, que «no las toques porque no les gusta» (ese es el titular que encontrarás). A partir de los 90, la cosa está cambiando y la verdad es otra. Lo que los estudios más recientes están demostrando es que la planta entiende que ese roce más o menos profundo es una amenaza, posiblemente un insecto, y despliega su arsenal de batalla activando genes de defensa, aumentando la producción de hormonas relacionadas con el estrés por patógenos y sintetizando más moléculas tóxicas. Y ya. Esto es lo que se comprobó en 2018 cuando unos investigadores de la Universidad La Trobe de Australia acariciaban con un pincel suave cada 12 horas las hojas de *Arabidopsis thaliana*. El metabolismo cambió por completo en la primera media hora y la respuesta defensiva se extendió al resto de la planta que no había sido alterada por el pincel. Es normal que el crecimiento se enlentezca o se frene si tenemos en cuenta que toda la energía está siendo dirigida a otro fin: sobrevivir.

¿LAS PLANTAS TIENEN CONSCIENCIA?

«Aunque a veces no lo recordemos, nada de lo que sucede se olvida». *El viaje de Chihiro* (2001).

Por «memoria en las plantas» nos referimos a la posibilidad de que se almacene una señal durante un cierto tiempo y que, por otras señales, podamos recuperarla. Se han llevado a cabo numerosos estudios para comprobar si las plantas tienen memoria. A veces los científicos hacemos experimentos... un tanto peculiares. ¿Recuerdas el famoso experimento de Galileo tirando objetos de distinto peso desde la Torre de Pisa para probar que la velocidad de caída era la misma? Bueno, el experimento es todo un mito y nunca ocurrió (lo que sí es cierto es que fue Giovanni Battista Riccioli el que lo llevó a cabo en 1644 en la torre Asinelli). A lo que iba, quizá en un intento de emular a Riccioli (o a Galileo), su compatriota Monica Gagliano pensó en lanzar plantas de mimosa desde cierta altura. Demostró que, tras las primeras caídas, la mimosa plegaba las hojas, pero, después de varias, la planta no se inmutaba porque había comprobado que una caída en una colchoneta no le hacía un daño importante. En otro experimento, lo que hicieron fue dejar caer agua sobre las hojas varias veces. Al principio, estas se cerraban, pero «al descubrir» la planta que las gotas no eran perjudiciales, dejó de cerrarlas. Las mimosas, según los autores, fueron capaces de adquirir un comportamiento aprendido «en cuestión de segundos» y lo conservaron durante varias semanas.

Algunos investigadores se han planteado si las plantas tienen consciencia. Esto ya son palabras mayores. Sin embargo, un estudio de 2018 realizado por científicos de distintas universidades de Alemania, Japón, República Checa e Italia y publicado en la revista *Annals of Botany* (ya os digo yo que es una buena revista) ha vuelto a reavivar el tema. En este estudio se aplicó una amplia gama de anestésicos a plantas tan diversas como guisantes, berros y atrapamoscas dentro de cámaras cerradas. Una hora después de la aplicación, las plantas quedaron inactivas. La carnívora ni siquiera reaccionó a un estímulo similar a un insecto. Pasado un tiempo en el que cesó el efecto de los sedantes, las plantas «se espabilaron», como si de nuevo fueran conscientes (esto no lo digo yo, sino los autores). ¿Habían estado anestesiadas y por tanto en un estado de inconsciencia? No nos hagamos ilusiones. La reacción que mostraron tiene una explicación. Se sabe que la anestesia provoca cambios en las propiedades físicas de las membranas celulares de cualquier organismo, lo que detiene su funcionamiento normal. También que, una vez que esa presión sobre las células se detiene, el efecto del anestésico se acaba. Y que todo esto sucede por igual tanto en células animales como en células vegetales.

La consciencia es difícil de definir e incluso más difícil de probar. En la actualidad, no existe evidencia experimental que sugiera que las plantas son conscientes. En ciencia, ya sabes que se demuestra la existencia, no la ausencia. El debate, una vez más, está servido.

Hemos entrado en un terreno delicado y no exento de polémica y provocación. Si consideramos que esta área del conocimiento se denomina «neurobiología vegetal», entonces ya no puede ser más desacertado. No deja de ser desafortunado que llamemos «neurobiología» a sucesos que nada tienen que ver con neuronas. Las plantas carecen de un sistema nervioso tal como lo conocemos en animales. Pero esto de la neurobiología vegetal tiene un origen, como todo. La hipótesis propuesta por Darwin, que ha sido olvidada o ignorada durante más de 125 años, ha vuelto a cobrar importancia 140 años después de ser formulada. Todos conocemos a Charles Darwin como el autor de la gran obra *El origen de las especies*, pero, durante sus últimos años, de 1850 a 1882, el enfoque científico de Darwin, como ya hemos visto anteriormente, se centró en la botánica. Llegó a escribir seis obras, en las que trató sistemas reproductores de plantas, fisiología e interacciones planta-animal. El penúltimo de sus libros, *El poder del movimiento de las plantas*, publicado junto con su hijo Francis el 6 de noviembre de 1880, abrió la puerta a una nueva visión de este aspecto de las plantas. La última frase de este libro dice lo siguiente:

> No es una exageración decir que la punta de la radícula así dotada [con sensibilidad] y que tiene el poder de dirigir los movimientos de las partes adyacentes, actúa como el cerebro de uno de los animales inferiores; el cerebro está sentado dentro del extremo anterior del cuerpo, recibe impresiones de los órganos sensoriales y dirige los diversos movimientos.

Esta propuesta fue conocida como la hipótesis raíz-cerebro. Básicamente, Darwin y su hijo consideraron que, a pesar de no tener neuronas ni sistema nervioso como tal, el extremo de la raíz de las plantas debido a la actividad frenética que presenta y la capacidad de respuesta, podría ser equivalente al cerebro de un animal inferior. En esta obra, se reveló que las plantas vivían en un verdadero torbellino de actividades, pero a su propio ritmo, lento, en el que las partes de las plantas (hojas, raíces, zarcillos, etc.) se movían continuamente, ya fuera por tropismos o nastias. Pero estas observaciones no fueron aceptadas por los principales botánicos de la época, especialmente el eminente fisiólogo de plantas y profesor del hijo de Darwin Julius von Sachs, que llegó a acusar a los Darwin de ser «aficionados que realizaron experimentos descuidados y obtuvieron resultados engañosos». Von Sachs criticó con dureza un experimento llevado a cabo por Darwin y su hijo cuyos resultados eran distintos a los que él obtuvo, pero quiso el destino que fuera precisamente el asistente de Von Sach el que realizara mal los experimentos. Justicia poética.

¿Qué tiene la hipótesis raíz-cerebro de verdadera? En aquel momento, esta teoría tan revolucionaria pudo haber sido considerada como una consecuencia de algún tipo de demencia de un Darwin ya senescente. Aún hoy lo puede parecer y, de hecho, es un tema controvertido incluso dentro de la comunidad científica. Uno de los fieles seguidores de esta teoría es un pionero en el estudio de la neurobiología vegetal y defensor de la inteligencia de las plantas. Se trata del profesor Stefano Mancuso, director del Laboratorio Internacional de Neurobiología Vegetal de la Universidad de Florencia. Científico de reconocido prestigio, pero cuya perspectiva difiere de la de muchos otros expertos que también investigan en biología vegetal.

Volvamos a la hipótesis de Darwin y su hijo. Durante mucho tiempo, los estudios en plantas se han centrado en la parte aérea, que era lo que se veía, y se ha ignorado la importancia de algo oculto como la raíz, lo que ha cambiado en los últimos años. Hoy en día, sabemos que la parte de la raíz a la que Darwin aludía en su hipótesis es conocida como «zona de transición», está cercana al extremo de la raíz, y ahí es cierto que tiene lugar una actividad metabólica elevada. Punto. Algunos van más allá y asemejan esta actividad a la sinapsis que tiene lugar entre neuronas animales, donde el neurotransmisor, en este caso, sería la hormona auxina. El extremo de la raíz es capaz de detectar al menos quince parámetros físicos y químicos, como la temperatura, luz, gravedad, presencia de nutrientes, oxígeno, etc. Lo cierto es que los avances recientes en biología molecular de plantas, biología celular, electrofisiología y ecología desenmascaran a las plantas como organismos sensoriales y comunicativos, caracterizados por un comportamiento activo de resolución de problemas. Los estudios actuales están demostrando cada vez más, a diferencia de la visión clásica, que las plantas definitivamente no son organismos automáticos pasivos. Todo lo contrario. Según algunos autores, estas poseen una cognición basada en los sentidos que conduce a comportamientos, decisiones e incluso muestras de inteligencia prototípica.

Por otro lado, uno de los científicos escépticos es Lincoln Taiz, profesor emérito de Biología Molecular, Celular y del Desarrollo en la Universidad de California, en Santa Cruz. Los que hemos estudiado fisiología vegetal lo conocemos bien por ser el coautor, junto con E. Zeiger, de un libro de texto que viene a ser como nuestra biblia. Taiz se basa en el trabajo de los científicos estadounidenses Todd Feinberg y Jon Mallatt, que analizan la evolución de la consciencia mediante estudios comparativos de cerebros de animales simples y complejos. Sus resultados concluyeron que solo vertebrados, artrópodos y cefalópodos poseen la estructura cerebral de umbral para la consciencia. Y si hay animales que no la tienen, entonces las plantas, que ni siquiera tienen neuronas, mucho menos.

El problema de todo esto viene cuando intentamos atribuir características y cualidades humanas a los comportamientos vegetales, cuando entendemos sus respuestas fruto de la evolución como reacciones conscientes y aprendidas. La idea de que las plantas puedan pensar, aprender o decidir su respuesta ha sido objeto de polémica desde que se estableció la neurobiología como campo de estudio en 2006. Es muy complejo demostrar que puedan tener consciencia, cognición, intencionalidad, emociones o capacidad de sentir dolor. De lo que no tengo duda es de que, a pesar de no tener órganos y sentidos como nosotros, son capaces de percibir sonidos sin un oído, olores sin una nariz, ver sin ojos y comunicarse sin boca ni voz. Actúan en consecuencia…, otra cosa es que sea de forma consciente. Su grado de complejidad es altísimo. Pero es que, si lo piensas, nos pasa lo mismo con los animales. Si seguimos comparando las plantas con animales y estos con los humanos, las conclusiones que obtengamos no se tomarán en serio ni siquiera por la propia comunidad científica, a pesar de ser experimentos con metodología apropiada y resultados bien interpretados. Pese a las críticas y opiniones científicas enfrentadas, me parecen fascinantes los resultados que se siguen obteniendo en un área que va a seguir dando mucho de qué hablar. No seré yo quien diga que las plantas son inteligentes, pero, si consideramos la definición más amplia de inteligencia que la define como la capacidad de percibir o inferir información, y retenerla como conocimiento para aplicarlo a comportamientos adaptativos dentro de un entorno o contexto…, te lanzo la pelota: ¿tú dirías que las plantas son inteligentes?

POR SUS VENAS CORRE...
¿SANGRE?

> «Si nos pinchan, ¿acaso no sangramos? Si nos hacen
> cosquillas, ¿acaso no reímos? Si nos envenenan,
> ¿acaso no morimos?». Shylock en *El mercader de*
> *Venecia*, de William Shakespeare (siglo XVI).

Si tienes cierta edad, quizá una imagen de tu infancia sea
ver a tu abuelo con una mochila aparatosa y rígida colgada
a la espalda con una palanca que pulveriza algo sobre el
huerto. O igual tú mismo aplicas algún insecticida de venta
en grandes almacenes sobre tus rosales cuando ves que
tienen pulgón. Que las plantas no puedan salir corriendo o
sacudirse, a veces, les sale caro. Simplemente los mecanismos para evitar o tolerar un ataque o una enfermedad han
fallado y, mala suerte, enferman. Les ocurre exactamente
igual que a nosotros. Es más, las plantas pueden tener
fiebre. No se me ocurre otra forma de llamar a esto, pero
es que en algunos cultivos, cuando una planta enferma o
está sufriendo un estrés, uno de los síntomas que muestra
es el aumento de temperatura. Podrías quedarte mirándola
con cara de penilla y preguntarle: ¿no te encuentras bien?,
¿tienes fiebre? No te va a contestar ni te va a pedir mimos.
Pero, si usas una cámara térmica e hiperespectral (que
recoge el espectro electromagnético), te dará un dato preciso
de su temperatura y ya podrás tomar medidas en caso de ser

necesario. Es más, pon estas cámaras acopladas a un dron y que haga un barrido de un cultivo. Midiendo las diferencias de temperatura, te permitirá una detección temprana de una sequía o de una plaga que le pueda estar afectando. Suena a ciencia ficción, pero lo cierto es que en Granada se ha aplicado en plantaciones de aguacates para descubrir a tiempo qué ejemplares estaban sufriendo el ataque de un hongo que seca las raíces, y también se ha usado para detectar qué olivos podían estar padeciendo un ataque por *Xylella* (luego te hablaré de ella).

Aunque muestren aumentos de temperatura y heridas ante una agresión o un ataque de herbívoros, tampoco te dejes engañar si ves a un árbol «sangrar». Hay quien lo piensa cuando lo ve, y, cuando tú lo veas, lo entenderás. Es verdaderamente escalofriante. Y no, ni sangra ni es un milagro. Algunas especies de árboles forman savias y resinas de color rojo brillante muy parecido a la sangre que dejan chorrear por una herida reciente. Una vez solidificada, recibe el nombre de «kino» o «goma roja», como se le conoce en Australia. Es en este continente donde encontramos varios géneros con estas características llamados, en general, «árboles de madera de sangre» (*Angophora, Corymbia, Eucalyptus*) y *Pterocarpus*, aunque este es más frecuente en África. Por ejemplo, *Corymbia terminalis*, «la madera de sangre del desierto», es un árbol de unos 18 m de altura cuya savia roja llevó a la creencia de supuestos poderes curativos mágicos para los aborígenes australianos que le han dado numerosos usos en medicina tradicional. *Corymbia calophylla* mide 40-60 m de altura y su madera es fabulosa para la elaboración de instrumentos musicales. Este árbol fue originalmente llamado «goma roja» (como la savia) por los colonos del río Swan en 1835, pero, dado que había más especies que producían este tipo de savia, desde 1920 se le distinguió a este árbol con el nombre de «marri» o «palo de sangre».

Pterocarpus angolensis es un árbol nativo del sur y este de África (*angolensis* viene de *Angola*) y es peculiar por varios motivos. Además de su savia roja, sus vainas, que contienen las semillas, alimentan a mariposas, ardillas y monos. Quizá lo más especial de esta especie resida en su madera. Tiene la particularidad de resistir al barrenador de la madera, un insecto experto en tunelado. La oruga de esta polilla, del tamaño del dedo meñique (muy fácil de reconocer porque es la versión en polilla de un dálmata: blanca y con el dorso lleno de lunares negros), se alimenta de madera (es xilófaga) y, por tanto, se dedica a horadar los troncos de árboles frutales y forestales, afectando, claro está, a su desarrollo. Es muy temida y muy destructiva, y ataca a árboles de gran importancia económica, como olivos, almendros, granados, manzanos, castaños o nogales, entre otros muchos. Por otro lado, esta madera también es resistente a las termitas. Al ser duradera, de fácil pulido y no hincharse ni menguar con el agua, se ha convertido en un material ideal para la construcción de canoas. En África tropical, la conocen como *mukwa* y se emplea para la fabricación de muebles de lujo.

La «sangre de drago» es un nombre aplicado a muchas resinas rojas producidas por ciertos árboles que están descritas en la literatura médica. Son varias las especies que la producen, y, aunque la verdadera sangre de drago es la procedente del género *Dracaena*, al final este término se usa para todo tipo de resinas y savia rojas obtenidas de cuatro géneros: *Croton*, *Dracaena*, *Daemonorops* y *Pterocarpus*. De este último género, solo *Pterocarpus officinalis* es considerada una fuente de sangre de drago. El resto producen kino, ya que, en su composición, el 35 % son taninos (algo característico del kino).

¿Has estado alguna vez en Tenerife? Allí, en Icod de los Vinos, vive *Dranaena draco*, el ejemplar de drago más grande y longevo de su especie conocido en el mundo. Es un drago milenario (aunque en realidad podría tener en torno a los 800 años) que produce la verdadera sangre de drago. Fue declarado monumento nacional en 1917 y actualmente es una especie amenazada.

Una vieja leyenda cuenta que un navegante mercader buscaba sangre de drago, un producto de gran importancia para elaborar ciertas preparaciones de farmacopea. Al llegar a la playa de San Marcos, en Icod de los Vinos, sorprendió a unas damas dándose un baño solas. Secuestró a una de ellas, pero esta logró escapar. Mientras el navegante la perseguía, un árbol extraño se interpuso en su camino. Movía sus hojas como dagas infinitas; su tronco, parecido al cuerpo de una serpiente, se agitaba con el viento marino, y entre sus tentáculos se ocultaba la bella doncella guanche. El mercader lanzó su dardo contra el árbol y, al quedarse clavado, empezó a gotear sangre líquida del drago. Atemorizado y confuso, el navegante huyó y, tras coger su barca, se alejó de la costa.

En la Antigüedad, romanos, griegos y árabes usaban la sangre de drago como barniz, medicina, incienso y tintura…, exactamente igual que hoy. Últimamente, con las pseudoterapias, los vídeos en YouTube de las propiedades milagrosas de la sangre de drago acumulan cientos de miles de visitas. Es cierto que es un producto muy conocido desde hace siglos en la medicina tradicional y se ha relacionado con varios usos terapéuticos como «antitodo»: analgésicos, antiinflamatorios, antibacterianos, antifúngicos, antihemorrágicos, antioxidantes, antisépticos, antitumorales y citotóxicos, antiulcerosos y antidiarreicos, antivirales, astringentes, cicatrizantes, inmunomodulador, regenerador muscular, mutagénico y antimutagénico, purificador, acondicionador de la piel, cicatrización de heridas, entre otras propiedades.

Dranaena draco en la meseta de Dixam, isla de Socotra, Yemen.

Una búsqueda rápida en *PubMed*, la base de datos más usada de investigaciones científicas, arroja 154 resultados referentes a la sangre de drago. Ensayos clínicos: 0. La composición del extracto de sangre de drago de las especies de cada género es muy variable, pero sí es cierto que se conocen las moléculas que la componen y las propiedades terapéuticas de estas. En estudios preclínicos han mostrado tener capacidad antiinflamatoria, antioxidantes, antibacteriana, antifúngicas y antineoplásicas, entre otras. Pero también se ha visto que la savia rojiza de todos estos géneros tiene actividad citotóxica. La lista anterior queda considerablemente reducida. De lo que parece que no hay duda es de que esta resina podría tener gran potencial si se consiguen aislar los compuestos purificados y se demuestran sus propiedades terapéuticas en humanos. Aun así, falta mucho por investigar antes de llegar a conclusiones firmes y, muchísimo más, antes de usar esta resina. Recuerda que los resultados en animales no siempre son extrapolables a humanos.

Las plantas no son ajenas al entorno en el que viven y se ven afectadas por una gran variedad de condiciones ambientales que les pueden suponer un problema hasta llegar a enfermar. Lo que se conoce como «estrés abiótico» está desencadenado por una falta (sequía) o exceso (inundación) de agua, las condiciones del suelo (salino, rico en metales pesados, falta o exceso de nutrientes, pH...), la contaminación atmosférica o los factores climáticos (como el viento o la temperatura, porque las plantas también pasan frío y calor) y, en general, cualquier estrés cuyo desencadenante sea ambiental. Por si esto fuera poco, también tienen que lidiar con visitantes oportunistas en forma de herbívoros, bacterias, virus, hongos y plagas, considerando estas las enfermedades producidas por insectos, arácnidos, moluscos, crustáceos y nematodos que desencadenarían un estrés biótico. En el peor de los casos, les pueden ocasionar graves enfermedades e incluso la muerte. La lista de enfermedades es tremenda. Obviamente, ya existían desde tiempos prehistóricos, pero, desde el inicio de la agricultura, el aumento de la producción y las facilidades del comercio mundial han propiciado que el hombre haya introducido en sus lugares de asentamiento numerosas especies exóticas y, con ellas, sus plagas y enfermedades en muchos casos. Hoy en día, esto es un problema grave, dado que la legislación fitosanitaria y otras regulaciones varían enormemente entre países, favoreciendo la dispersión de agentes exóticos perjudiciales.

CUANDO LAS PLANTAS ENFERMAN

«Cerrar podrá mis ojos la postrera luz que me llevare el blanco día». Amor constante, más allá de la muerte. Francisco de Quevedo (1580-1645), escritor del Siglo de Oro.

Hay un episodio en la historia que supuso un antes y un después en el desarrollo de Irlanda y los irlandeses y que consiguió modificar el panorama demográfico, político y cultural de la isla. Corría el año 1845. Los agricultores en Irlanda no habían visto nada igual. Empezaron a observar unos síntomas en la hoja del cultivo de la patata que no reconocían. Había entrado en el país *Phytophthora infestans*, un pseudohongo que acabó con la patata durante 4-5 cosechas consecutivas. Llegó procedente de Estados Unidos, y allí probablemente desde México. En ese momento, Irlanda era prácticamente una colonia subyugada a los intereses británicos. Las tierras eran arrendadas a los nobles ingleses, los legítimos propietarios a los que proporcionaban el trigo que producían, pero más de tres millones de irlandeses prácticamente solo se alimentaban de un único cultivo: la patata. La plaga del mildiu de la patata o el tizón tardío, como también se le llama, hizo que más de un millón de irlandeses muriera de hambre, agravado con enfermedades como fiebre tifoidea, cólera y disentería. Otro millón, o incluso más, tuvo que emigrar a EE. UU. La población de Irlanda disminuyó entre el 20-25 %, pero esta plaga arrasó los cultivos de patata de toda Europa. El parásito es complejo. No es exactamente un hongo, sino que evolutivamente es considerado un alga que tiene características de los hongos. Su genoma es más parecido al parásito causante de la malaria, y además es muchísimo más grande que este, así que encontrar una solución a esta plaga es un problema que sigue vigente. Hoy en día, sigue acabando con las cosechas tanto de patata como de tomate en todo el mundo, originando pérdidas millonarias. No obstante, hay varios experimentos realizándose desde hace unos años y, en uno de ellos, llevado a cabo por investigadores del Centro John Innes (Reino Unido) y el Laboratorio Sainsbury de la Universidad de Cambridge (Reino Unido), se han conseguido obtener unas patatas transgénicas, cuya modificación permite que, después de tres años, no solo hayan sido resistentes al tizón (a diferencia de las no transgénicas), sino que han producido el doble de tubérculos. Este episodio de la historia es conocido como la Gran Hambruna irlandesa y ha sido representado por Rowan Gillespie en un conjunto de esculturas a tamaño real situadas en Custom House Quay de Dublín. Este escultor dublinés supo representar y transmitir el dolor, la desesperación, el hambre y la angustia a través de los rostros y sus cuerpos famélicos. Si vas a Dublín, no dejes de verla…, encoge el corazón.

La globalización ha favorecido no solo al movimiento de personas, sino de todo tipo de recursos. El comercio con animales, plantas, semillas, madera y sustrato conlleva un incremento exponencial de especies exóticas invasoras, además de algunos indeseables acompañantes de estas cargas, como virus, hongos o bacterias, que pueden crear problemas gordos. Sus consecuencias las estamos pagando en la actualidad: pérdida de biodiversidad, degradación del hábitat, posible problema de salud pública... (lo estamos viendo en nuestro entorno con especies invasoras como la cotorra argentina o el mejillón cebra y plantas como la mimosa *Acacia dealbata* o el arbusto *Lantana camara*, muy frecuente en jardines de las calles). Nuestros paisajes se han visto dramáticamente influidos por estos invasores.

Famine Memorial, escultura dedicada a la Gran Hambruna de Irlanda.

Quizás la enfermedad más conocida sea la grafiosis del olmo, que causó la desaparición masiva de los olmos de España. Esta enfermedad tuvo dos episodios epidémicos. El primero de ellos ocurrió en la década de los 30 y estuvo causado por el hongo *Ophiostoma ulmi*. Luego, en la década de los 80, el hongo *Ophiostoma novo-ulmi* (conocido como cepa agresiva de la grafiosis) diezmó las poblaciones de olmos provocando la práctica desaparición de la especie del paisaje español. Otra de las enfermedades que llegó hace décadas, en 1947, fue el chancro del castaño. El responsable es el hongo *Cryphonectria parasitica*, que aún condiciona hoy en día la supervivencia de los castañares y ha motivado la creación de numerosos programas de investigación y conservación del castaño.

Cultivos de tomates afectados por *Phytophthora infestans*.

El Ministerio de Agricultura, Pesca y Alimentación ha clasificado los organismos nocivos para los que se ha desarrollado un plan de contingencia por ser plaga prioritaria en la UE o para los que se ha desarrollado un plan de erradicación y control a nivel nacional. Algunas son provocadas por gusanos, caracoles o insectos, como el nematodo de la madera del pino *Bursaphelenchus xylophilus*, que provoca graves daños en pinos y coníferas; el caracol manzana (género *Pomacea*), muy voraz y resistente que destroza los arrozales, o la pulguilla de la patata (género *Epitrix*). En otras, la causa es una infección bacteriana, como la enfermedad conocida como «fuego bacteriano», provocada por *Erwinia amylovora*, originaria de EE. UU., que ha invadido prácticamente toda la Península y que afecta a plantas de la familia de las rosáceas (donde encontramos tanto frutales como ornamentales) o la cancrosis de los cítricos, provocada por la bacteria *Xanthomonas citri*. También hay virus temibles, como el virus del fruto rugoso marrón del tomate (*Tobamovirus*, ToBRFV). Este virus se identificó por primera vez en los tomates de Jordania en 2015, y recientemente se han producido brotes en Italia, México, Turquía, China, Reino Unido, Países Bajos, Grecia, España y Francia, donde el virus es motivo de gran preocupación para los cultivadores de tomate y pimiento. Y podríamos seguir. Si de todas hay algunas que nos preocupan más que las demás, son *Xylella fastidiosa* y *Candidatus liberibacter*. Por estos nombres quizá no te digan mucho, pero «ébola de los olivos» y «dragón amarillo» puede que te suenen más. Ambas bacterias originan enfermedades actualmente sin tratamiento y la situación es inquietante.

La bacteria *Xylella fastidiosa*, causante del llamado «ébola de los olivos», crece en el xilema y bloquea el flujo de savia, haciendo que la planta se muera igual que te morirías tú si un coágulo o una placa de colesterol te bloqueara una arteria coronaria o cerebral. La enfermedad no conoce tratamiento. En España, y en concreto en Andalucía, las consecuencias pueden ser dramáticas, ya que es la primera región productora y exportadora del aceite de oliva en el mundo. Nuestro país cuenta con 32 denominaciones de origen protegidas (DOP) de aceite de oliva virgen extra, de las cuales 24 se encuentran reconocidas por la Unión Europea. No es de extrañar que los agricultores del olivar estén tan asustados que, incluso estando obligados a comunicarlo, oculten que sus cultivos están infectados. También puede afectar a vides, almendros, ciruelos, melocotoneros y limoneros..., y así hasta 312 especies confirmadas.

El nombre de la especie *fastidiosa* hace referencia a lo complicado que es aislar y cultivar la bacteria en el laboratorio. ¿Cómo se transmite? Pues un insecto que se alimenta del xilema de las plantas, al picar para alimentarse de él, adquiere la bacteria de una planta infectada y la inoculará en una planta sana cuando pique de nuevo.

A pesar de que últimamente se habla más de ella, no es una enfermedad reciente. Ya se conocía a finales del siglo XIX en los viñedos de California, pero, dado que entonces no se pudo encontrar una solución, ha estado más de 50 años latente y sin estudiarse. Hasta 2013, año en el que llegó a Europa, al sur de Italia, donde dejó más de un millón de olivos muertos y una cantidad estimada en más de 10 millones de árboles infectados. La situación no debía haber ido tan lejos, pero, claro, tiene su explicación. Una explicación absurda. El tratamiento conocido es la detección precoz, arrancar los árboles en un radio de 100 m de la planta infectada y mantener la zona en cuarentena.

Medida que, por otro lado, está a punto de modificarse en la Comisión Europea reduciendo el radio de 100 a 50 m y permitiendo replantar especies arbóreas en las zonas afectadas que lleven dos años libres de patógeno. Es una medida que trata de paliar el enorme perjuicio económico que está ocasionando a los agricultores. Por otro lado, recientemente acabamos de tener una mala noticia: una de las tres especies capaces de propagar la *Xylella* en Europa, la cigarrilla *Neophilaenus campestris*, se desplaza más lejos de lo que se pensaba, más de 2,4 km en 35 días, con lo que el área de influencia es muy superior a lo que estableció la normativa europea como segura. Así que habrá que seguir centrándose en otras medidas de control.

La detección precoz es posible. La bacteria, va taponando los conductos de la savia de los árboles, lo cual afecta a su capacidad para la evapotranspiración y hace que aumente la temperatura (¿recuerdas que te dije que las plantas podían tener fiebre?). Pues ese aumento lo detecta la cámara térmica y la cámara hiperespectral, que se encargará de medir la absorción de la luz por las plantas (será menor porque los pigmentos se han degradado y tienen menos capacidad para llevar a cabo la fotosíntesis). Lo que ocurrió es que, aunque se detectaba a tiempo y ante la opinión de los científicos que alertaban de la gravedad del problema, se decidió no hacer nada. Por un lado, aparecen grupos de agricultores que ponen en duda que la *Xylella* sea la causante de la enfermedad y se oponen a las talas de árboles; otros piensan que el responsable es un hongo y que se puede acabar con él sin talar los olivos, y otros dicen que la bacteria es fácilmente controlable. Mientras tanto, los científicos determinan que la causa de la enfermedad es una cepa de *X. fastidiosa* muy virulenta importada en una planta ornamental procedente de Costa Rica. En paralelo, ciertos grupos afines a la agricultura ecológica y biodinámica afirman tener la solución: proponen que la *Xylella* es parte del ecosistema y que no hay que hacer nada, hay que dejar que se integre en el medio y utilizar fertilizantes naturales. Este fue el programa de gestión, cuando la herramienta más adecuada hubiera sido una acción rápida y temprana. ¿Habría daños que lamentar? Seguro, pero muchísimos menos.

Olivos infectados por *Xylella fastidiosa* en Salento, Italia.

Desde entonces ha sido imparable. En 2016 la teníamos en los olivos de Baleares, en 2017 en los almendros de Alicante (¿¿navidades sin turrón??) y, recientemente, en unos pocos olivares de Madrid y en un nuevo brote en la provincia de Bari, Italia. Dado que la bacteria tiene muchos huéspedes asintomáticos (plantas sin síntomas pero que pueden transmitir la enfermedad), su detección y control es aún más difícil. En la Universidad de Córdoba, hay un grupo de investigación que está tratando de crear nuevas variedades de olivo resistentes a la *Xylella*. Están recurriendo a programas de mejora genética clásica cruzando variedades italianas que han resultado resistentes, como Leccino y FS-17, con otras que muestran un alto rendimiento y producción. Aún están en pruebas en parcelas piloto, pero la verdad es que va teniendo muy buena pinta.

La otra temida enfermedad causada por una bacteria es el dragón amarillo, HLB o *Huanglongbing* (que significa literalmente «enfermedad del dragón amarillo»), que tiene origen asiático. Ya su nombre es un *spoiler*. Descrita por primera vez en China en 1943, hoy en día es otro quebradero de cabeza para los productores de naranjas, limones y mandarinas de buena parte del mundo. La bacteria llegó a Florida (EE. UU.) en 2005 y, tres años después, ya colonizaba todo el estado. De hecho, en la última década, la producción de naranjas de zumo en EE. UU. ha caído un 72 %. Esta enfermedad deforma los frutos, amarga su sabor, atrofia sus semillas y amarillea los árboles hasta que mueren. No hay tratamiento más allá de arrancar las plantas y quemarlas, así que, como es lógico, en España preocupa su desembarco. Según de qué región se trate (África, Asia o América), hay tres bacterias que provocan la enfermedad: *Candidatus. Liberibacter africanus, asiaticus o americanus*, y, como ocurre con *Xylella*, pueden infectar árboles que permanezcan asintomáticos durante meses o años. En 2014, y a pesar de las medidas de precaución, el vector, el psílido africano de los cítricos (un insecto chupador), fue detectado en Galicia, en A Barbanza y O Salnés, aunque la bacteria, de momento, no ha aparecido. Saber que no tiene tratamiento y los daños económicos y ambientales que puede ocasionar, para los científicos es un reto quizá mayor para investigar posibles soluciones. Una de ellas es el entrenamiento de perros para que detecten *in situ* la presencia de *Candidatus Liberibacter asiaticus*, y lo han conseguido con una precisión superior al 99 % dentro de las dos semanas posteriores a la inoculación de los árboles. Otra estrategia, llevada a cabo por dos investigadoras de la Universidad de Stanford (EE. UU.), Sharon Long y Melanie Barnett, ha sido más original. Lo que ellas han hecho, dado que la bacteria solo puede vivir dentro del insecto o de la planta, es introducir los genes responsables de la virulencia en otra bacteria simbiótica de alfalfa y marcarlos con una proteína verde fluorescente para poderlos seguir. De los 120.000 compuestos químicos analizados, 130 apagaron la luz verde (lo que significa que inactivaron la virulencia) sin afectar a otros microorganismos beneficiosos. Parece que el tratamiento para sofocar el fuego del dragón amarillo está cada vez más cerca.

A veces la solución no necesariamente viene de la biología o la química. La tecnología tiene muchas caras. Tecniker, una fundación tecnológica de Guipúzcoa, dentro de un proyecto europeo, ha participado en el desarrollo de un prototipo llamado GreenPatrol, que consiste en un robot móvil autónomo que, mediante inteligencia artificial, es capaz de detectar plagas en las plantas de un invernadero en sus primeros estadios, identificarlas y aplicar el tratamiento químico más adecuado según la estrategia previamente definida por los expertos. Es una fantástica y útil iniciativa. Eso sí…, siempre que haya tratamiento.

En nuestros bosques la situación no es mejor. Además de las enfermedades y plagas forestales, las especies invasoras, el cambio climático y algunas circunstancias extremas (sequías, incendios), deforestación y desarrollo urbano son los principales peligros. En los últimos 250 años se han extinguido casi 600 especies de plantas, a un ritmo de 2,3 especies al año.

Hay enfermedades de plantas que han estado ahí desde siempre, pero se han ido manteniendo a raya a lo largo del tiempo. En otras ocasiones, la enfermedad, aunque vieja conocida y controlada, se convierte de repente en plaga emergente, como ocurre con la mosca blanca de los cítricos (*Aleurothrixus floccosus*), en cuyo caso es el cambio climático el que ha afectado a su parasitoide y a su depredador rompiendo el equilibrio. Un parasitoide es un organismo que pone sus larvas en la superficie o en el interior de un insecto generalmente y se alimenta de él hasta matarlo.

Pero hay también enfermedades de plantas que, como las que acabamos de ver, no tienen tratamiento, sus consecuencias son serias y las tenemos más cerca de lo que crees.

En el año 943, una crónica escribía esto:

Había en la calle hombres que se desplomaban, entre alaridos y contorsiones; otros caían y echaban espuma por la boca, afectados por crisis epilépticas, y algunos vomitaban y daban signos de locura. Muchos gritaban: «¡Fuego! ¡Me abraso!». Se trataba de un fuego invisible que desprendía la carne de los huesos y la consumía. Hombres, mujeres y niños agonizaban con dolores insoportables.

Esta enfermedad se conoció como el «fuego de san Antonio» dada la sensación abrasadora experimentada por las víctimas. Hoy en día, sabemos que esta enfermedad recibe el nombre de «ergotismo» y se debía al consumo de centeno infectado con los alcaloides ergóticos del hongo *Claviceps purpurea* o cornezuelo del centeno. Llegó a constituir una epidemia en muchas partes de Europa en el siglo X. El Bosco reflejó esta enfermedad en su obra *Las tentaciones de San Antonio* de 1501, donde se ve «un tullido debido a la enfermedad». Hoy, las micotoxinas causantes del ergotismo siguen provocando dolores de cabeza en la industria alimentaria debido a la gran variedad de alimentos que se ven afectados, la dificultad de eliminarlas y las consecuencias para la salud. Pueden crecer en varios cultivos y alimentos, como cereales (maíz, arroz, trigo, cebada, avena, centeno…), semillas oleaginosas (olivo, cacahuete, soja, girasol, algodón), frutas, verduras, frutos secos, frutas desecadas, especias, así como en alimentos procesados a base de cereales (pan, pasta, cereales de desayuno, etc.), las bebidas (vino, café, cacao, cerveza, zumos), los alimentos de origen animal (leche, queso) y los alimentos infantiles.

Las toxinas fúngicas (micotoxinas) son sustancias producidas por varios centenares de especies de mohos que pueden crecer sobre los alimentos en determinadas condiciones de humedad y temperatura. La inhalación, ingestión o absorción cutánea pueden hacer enfermar o causar la muerte de personas y animales. Probablemente, las micotoxinas han ocasionado enfermedades desde que el hombre comenzó a cultivar plantas de forma organizada. Se ha conjeturado, por ejemplo, que la intensa reducción demográfica experimentada en Europa occidental en el siglo XIII se debió a la sustitución de centeno por trigo, importante fuente de micotoxinas del hongo *Fusarium*. La producción de toxinas de *Fusarium* en cereales almacenados durante el invierno ocasionó también en Siberia, durante la Segunda Guerra Mundial, la muerte de miles de personas y diezmó pueblos enteros. Esta micotoxicosis, conocida después como «aleucia tóxica alimentaria», producía vómitos, inflamación aguda del aparato digestivo, anemia, insuficiencia circulatoria y convulsiones.

Claviceps purpurea, cornezuelo del centeno.

La exposición a micotoxinas puede producir toxicidad tanto aguda (que vendría a ser una sobredosis puntual) como crónica (exposición leve pero continuada a largo plazo). ¿Qué efectos causa? Pues los resultados van desde la muerte a efectos nocivos en los sistemas nervioso central, cardiovascular y respiratorio y en el aparato digestivo. Las micotoxinas pueden también ser agentes cancerígenos, mutágenos, teratógenos (ocasionan malformaciones en el feto) e inmunodepresores. Actualmente está muy extendida la opinión de que el efecto más importante de las micotoxinas, particularmente en los países en desarrollo, es la capacidad de algunas de ellas de obstaculizar la respuesta inmunitaria y, por consiguiente, de reducir la resistencia a enfermedades infecciosas.

El moho es visible. Todos hemos tenido alguna fruta pocha a la que le ha salido moho, pero las micotoxinas no se ven, aunque se retire la parte que tenga moho, el resto del alimento podría contener micotoxinas. No merece la pena jugársela con algo tan serio, así que mi consejo siempre será que, si se trata de una pieza de fruta que esté afectada, se meta en una bolsa sin moverla demasiado, se cierre y se tire. Sin pena. De cualquier forma, es algo a tener en cuenta, pero no para tenerle pánico. Las recomendaciones de los códigos de buenas prácticas desde la siembra al almacenamiento y los controles que se llevan a cabo aseguran que los niveles de micotoxinas en los alimentos que ingerimos sean seguros. Todo lo que nos llega ha pasado un estricto control de seguridad. Pero eso no quita que, una vez en casa, somos nosotros los que hemos de seguir unas buenas prácticas de almacenamiento, manipulación e higiene en la cocina.

Como vimos en la introducción, el estudio de las plantas ha servido para hacer grandes avances en biología general. Por ejemplo, estudiando el mosaico del tabaco, una enfermedad llamada así porque producía un distintivo patrón en las hojas de esta planta, Dmitri Ivanovski en 1889 descubrió que el agente causante era capaz de atravesar los filtros más pequeños conocidos, que no dejaban pasar ni a las bacterias más pequeñas. Esto le hizo sospechar que se trataba de algo nuevo que no se había descubierto antes. Beijerinck llamó a esta sustancia «virus filtrable». ¿A que ya sabes de qué estamos hablando? Pues sí, el primer virus se descubrió estudiando una enfermedad en una planta. Incluso un organismo todavía más simple que un virus, un viroide, que está formado por una molécula de ARN desnuda, solo infecta a las plantas y se considera una reliquia viva del origen de la vida.

Virus, bacterias, hongos, herbívoros, insectos, babosas, caracoles, arañas, orugas..., y una serie de condiciones climatológicas y ambientales están continuamente poniendo a prueba la supervivencia de las plantas. Cuando tú tienes sed, bebes. Cuando tienes calor, te vas a la sombra y, si tienes frío, te abrigas. Si te va a picar un mosquito, lo apartas o lo matas sin piedad. ¿Has pensado que nada de esto lo puede hacer una planta? ¿Te das cuenta de la gran cantidad de amenazas con las que tienen que enfrentarse a diario? Nosotros tenemos mecanismos de defensa. Ellas también y, seguramente, más evolucionados. Después de todo, ellas llegaron primero.

ENEMIGOS DE LAS PLANTAS (I): LOS SERES VIVOS

«No, la resistencia no ha muerto, la guerra solo acaba de empezar y yo, yo no voy a ser el último Jedi». Luke Skywalker en *Star Wars, episodio VIII: Los últimos Jedi* (2017).

Las plantas, todas, tienen que enfrentarse a lo largo de su vida a condiciones ambientales que no van a ser favorables o van a estar expuestas al ataque de herbívoros y plagas. La plaga de langostas que ha atravesado este año 2020 Argentina y va en estos momentos hacia Brasil, recorre 150 km diarios pudiendo destrozar en horas los cultivos que encuentre a su paso. De hecho, es frecuente que todas estas situaciones amenacen a las plantas no una, sino más veces. Una forma de superar estos problemillas intrínsecos a la vida es lo que conocemos como «evitación del estrés», o sea, desarrollar mecanismos para esquivarlo y «hacerle una cobra» a la amenaza…, pero no siempre funciona. Otras veces, el mecanismo es la «tolerancia al estrés» y, como te puedes imaginar, para ello activan una respuesta muy compleja y una batería de genes y moléculas funcionando todas como en Fuenteovejuna. Si nada de eso ha resultado, ¡ay!, entonces tenemos malas noticias…

Imagínate que tu mejor amiga es muy pesimista, te carga mucho, demasiado, contándote sus problemas a diario y le temes, ¡se pone muy pesada! Puedes optar por decirle directamente: «Mira, prefiero que no me cuentes nada» (evitación del estrés), o bien por estar ahí siempre que te necesita y ayudarla hasta donde puedas, aunque acabes un poco harto/a y agotado/a mentalmente, pero sabes que en el fondo tu vida no se va a ver alterada en absoluto y seguirá su curso. Estarías en este caso tolerando el estrés. Los mecanismos, pues los que tú hayas desarrollado: sentirte bien escuchándola y dándole buenos consejos, saber que después de un rato de desahogo vendrán unas cervezas y unas risas, desconectar de la conversación microsegundos sin que se note... Si no eres capaz de evitar ni tolerar ese estrés, posiblemente su negatividad y sus problemas te terminen afectando de forma más o menos seria. Pues igual ocurre en plantas.

Durante el proceso evolutivo, las plantas han desarrollado diferentes formas de adaptación a las condiciones ambientales, tanto bióticas como abióticas, adaptaciones que les han permitido establecerse con éxito. Pero los patógenos no se han quedado atrás. Ellos también han desarrollado estrategias para entrar haciendo uso de moléculas específicas, aperturas naturales como los estomas de las hojas, heridas, etc.

A pesar de no tener un sistema circulatorio que permita el movimiento de células de defensa, como ocurre en animales, las plantas tienen su propio sistema inmunitario, que ofrece respuestas locales y respuestas sistémicas. Poseen mecanismos de defensa en primera línea, como para nosotros sería la piel, las lágrimas o los pelillos de la nariz y las orejas (recórtalos si quieres, pero ¡no los quites que tienen su función!). Ellas tienen películas de cera en la superficie, lignina (componente de la madera y la corteza) y suberina (biopolímero que hace de barrera entre las plantas y el ambiente), o producen sus propios antimicrobianos (como las fitoalexinas), pero además tienen mecanismos moleculares muy potentes en cada célula como para desencadenar reacciones de defensa. Incluso pueden sacrificar las células infectadas, hojas o ramas enteras, para frenar el avance de la infección.

Hay grandes similitudes entre los mecanismos de defensa vegetales y la inmunidad innata de animales. Todos los seres vivos tenemos en común la capacidad de poder discriminar lo propio de lo que nos es ajeno, y el primer paso para poder activar el sistema de inmunidad innata es reconocer que hay algo extraño demasiado cerca. En función de esto, ella ya sabrá cómo tiene que responder. En este reconocimiento hay una cosa curiosa. Fíjate que, a pesar de ser tan distintos (o no), las células vegetales y animales reconocen las mismas moléculas identificadoras de los patógenos: los lipopolisacáridos de la pared celular de bacterias Gram negativas; el peptidoglicano de la pared celular de las Gram positivas; la flagelina, que es una proteína estructural del flagelo bacteriano; componentes de la pared celular (quitina, glucanos...) de hongos, etc. La importancia de estas moléculas es tan grande para el patógeno que su variabilidad es mínima, así que están muy conservados, y eso explica que se hayan convertido a lo largo de la evolución en «señales inequívocas» de una infección. ¿Cómo funciona la cosa? Pues suponte que una planta está en su medio natural y una bacteria llega a la superficie de sus hojas y entra por los estomas, los poros que utiliza la planta para respirar. El sistema de inmunidad innata se activa y la planta lo primero que piensa es: «Es una bacteria, pero ¿viene de buen rollo o es patógena?», y se activa de nuevo para reconocer si tiene algún factor de virulencia asociado (tipo flagelina o algún componente específico de la pared celular). Si la detecta como patógena, empieza a poner en marcha respuestas como, por ejemplo, el cierre de estomas para limitar la entrada de más patógenos; acumulación de calosa para engrosar la pared celular; producción de especies reactivas del oxígeno y óxido nítrico; inducción de genes de defensa; síntesis de antibióticos, y hormonas implicadas, entre ellas, el ácido salicílico (SA), el ácido jasmónico (JA) y el etileno (ET). En general, el salicílico tiene un papel en la defensa frente a patógenos biotróficos (se alimentan de las células vivas de la planta), mientras que el jasmónico y el etileno son fundamentales en la defensa frente a patógenos y herbívoros necrotróficos (primero matan a las células y luego se alimentan de ellas). Las oxipilinas son otras hormonas cuyo papel es fundamental en la tolerancia a la temperatura alta. Las plantas terrestres más primitivas son los briófitos y carecen de ácido jasmónico. Sin embargo, los estudios más recientes muestran que las oxipilinas pudieron sustituirlo. Planta 1 –microorganismo 0. ¿Crees que aquí termina todo? Pues no. Si tenemos en cuenta la larga historia de coevolución de la relación planta-patógeno, tiene lógica que estos se hayan especializado y hayan desarrollado medios para suprimir esta respuesta defensiva de la planta. Para eso ha generado toda una batería de proteínas (efectoras) cuya función es afectar específicamente a la actividad de las proteínas o genes que ha puesto la planta en marcha y promover la enfermedad. Planta 1 – microorganismo 1. Pero todavía hay más. Las plantas cuentan con las llamadas «proteínas de resistencia», que van a reconocer a las proteínas efectoras del contraataque del patógeno y el resultado es aún mejor. La respuesta será más fuerte y duradera: induce la muerte celular programada (apoptosis), un proceso conocido como la «respuesta hipersensible» (HR, de *hypersensitive response*), y, finalmente, si no le ha costado la vida, la hace resistente al patógeno.

Podredumbre noble en uvas causado por *Botrytis*.

En los 80, aunque ya se había descrito en los años 30, se pudo demostrar que la inmunidad en las plantas no solo se podía inducir, sino que no estaba restringida a un solo organismo patógeno. Si han logrado sobrevivir la primera vez al ataque de un patógeno, herbívoro, una sequía severa o cualquier otro factor ambiental serio, pueden protegerse de situaciones similares posteriores. Podríamos decir que ese primer contacto ha «inmunizado» a la planta de manera que han desarrollado una especie de «memoria inmune» que les permite reaccionar antes y mejor. Desde hace más de 50 años se sabe que este mecanismo es sistémico, es decir, aunque el daño se haya producido en una sola hoja, reacciona toda la planta en conjunto. Se denomina respuesta sistémica. Dentro de las respuestas sistémicas, la respuesta sistémica adquirida (RSA o SAR en inglés) pone en marcha hormonas como el ácido salicílico y genes que están relacionados con la patogénesis. ¿No te recuerda todo esto a algo que nos ponemos nosotros desde que nacemos… y que se llama «vacuna»? Un requerimiento esencial para que se active la resistencia sistémica adquirida es que la primera infección por un patógeno cause una lesión necrótica, ya sea un virus, bacteria u hongo, y la ventaja es que genera una resistencia de amplio espectro, es decir, confiere resistencia a otros patógenos, además del causante…, una resistencia que será duradera (días o semanas), lo cual la hace interesante desde el punto de vista agronómico. Como es de suponer, en agricultura se usan diferentes elicitores (desencadenantes), como fosfitos, quitosano o extractos de ciertas algas, que permiten activar la resistencia sistémica adquirida en distintos cultivos agrícolas, con el objetivo de mejorar la sanidad vegetal y así disminuir los daños provocados por los múltiples patógenos existentes.

Si recuerdas, vimos unas bacterias que ayudan a las plantas a crecer y superar ciertos problemas, las PGPR. Son beneficiosas, pero no dejan de ser bacterias. ¿Qué pasa en este caso? ¿Cómo sabe la planta que no les van a hacer daño? Se activa otra respuesta específica, llamada «respuesta sistémica inducida» (RSI o ISR en inglés); como su nombre indica, se induce por la presencia de rizobacterias en la raíz y viene a confirmar, después del reconocimiento, que la bacteria que está intentando penetrarla viene de buen rollo. Al igual que la RSA, ofrece resistencia de amplio espectro.

Si lo pensamos bien, las plantas están tan inmersas en una lucha coevolutiva de millones de años con sus patógenos que, en la naturaleza, el establecimiento de una enfermedad sería la excepción y la inmunidad sería la norma. La resistencia a la enfermedad es un abanico que va desde la inmunidad (carecen de cualquier síntoma de la enfermedad) hasta una respuesta altamente susceptible en la que muestran varios síntomas significativos.

Sin embargo, hay ocasiones en las que la batalla la gana el patógeno, y esto no tiene por qué ser negativo. Verás, *Botrytis cinerea*, conocido como el «moho gris», es uno de los hongos patógenos más destructivos para los cultivos. Debido a las formas de resistencia que crea, tiene la capacidad de permanecer latente durante mucho tiempo y esperar a que las condiciones ambientales sean adecuadas para germinar y que sus esporas sean transportadas por la lluvia y el viento. Las pérdidas económicas por este hongo son altísimas y muy difíciles de calcular por dos motivos: porque tiene un amplio rango de hospedadores (más de 200) y porque es capaz de atacar al cultivo prácticamente en cualquier etapa de la producción. La enfermedad que causa este hongo se conoce comúnmente como «podredumbre gris». Infecta plantas que están empapadas o en unas condiciones de mucha humedad (95 %), aunque también el viento y las heridas producidas en las plantas favorecen la entrada y el desarrollo del hongo. La mayor gravedad de la podredumbre gris es debida a las consecuencias económicas, especialmente en la vid.

Pero, en este caso, los agricultores también han sabido aprovechar comercialmente la respuesta al estrés producido por un patógeno. Quizá quien se haya pedido un vino en un viaje por Hungría o haya tomado un Château d'Yquem de Burdeos, o un Beerenauslese en Alemania, no sepa que se trata de vinos infectados por *Botrytis*. Paradójicamente, la podredumbre noble es la responsable de vinos característicos y considerados en viticultura, de ahí lo de «noble». De alguna forma, los agricultores descubrieron que, si tras la infección de uvas maduras por *Botrytis* en condiciones de mucha humedad quedaban expuestas a condiciones más secas, se producía este tipo de vinos dulces particularmente finos y concentrados (igual que las pasas). Básicamente, lo que hace este proceso es deshidratar las uvas (proporcionarles un estrés hídrico) y que la vid acumule azúcares (respuesta de la planta a la sequía). Algunos de los mejores vinos botritizados son literalmente recogidos uva a uva en distintos momentos de selección. La infección, en este caso, le da calidad a la uva. El primer vino botritizado (a los vinos hechos con uvas botritizadas se les llama «Aszú») que se fabricó intencionadamente con la podredumbre noble fue el Tokaji Aszú.

Acompáñame a Hungría.

Hungría tiene una vitivinicultura centenaria que ha sido dominada por los vinos blancos, pero las laderas de la región de Tokaji-Hegyalja, situada en la parte nororiental del país, cobran una especial importancia. Esta es una de las regiones vinícolas del mundo que han sido declaradas

Patrimonio de la Humanidad por la Unesco. Las condiciones del suelo y la climatología de esta zona han hecho posible que desde el siglo XVI el Tokaji Aszú sea distintivo universal de calidad y leyenda de Hungría, aunque se creía que la magnífica calidad de este vino se debía a que, en las profundidades del terreno donde se cultiva, había oro. Según la crónica de origen del Tokajii Aszú, lo datan en el 1630. La condesa húngara Susana Lorántffy (1600-1660), esposa de Jorge Rákóczi I, príncipe de Transilvania, era propietaria de vastas tierras y viñedos que cuidaba personalmente. Era una importante promotora y aliada calvinista que enseñaba el cultivo de las viñas a sus religiosos. Al parecer, las guerras militares contra los Habsburgo en el siglo XVII provocaron que uno de sus monjes, Laczkó Máté Szepsi, retrasara la vendimia de su viñedo Oremus hasta noviembre, lo que favoreció la aparición de *Botrytis* en sus cultivos.

La exportación del Tokaji Aszú fue la principal fuente de beneficios del Principado de Transilvania; de hecho, los ingresos por él ayudaron a pagar los conflictos para conseguir la independencia del mandato de los Habsburgo en la región. El príncipe de Transilvania, en 1703, envió al rey Luis XIV de Francia numerosas botellas de este vino, que fue servido en Versalles y, al parecer, llegó a conquistar al Rey Sol, ya que le ofreció una copa a Madame de Pompadour, refiriéndose a ella como *Vinum Regum, Rex Vinorum*, que significa «Vino de reyes, rey de los vinos». Allí se hizo conocido como «Tokay». De alguna manera, el Tokaji Aszú siempre ha estado ligado a la realeza. El emperador Francisco José tenía la tradición de enviar este vino a la reina Victoria como regalo en cada cumpleaños, una botella por mes vivido, o sea, doce botellas por año. En su último cumpleaños en 1900 (cumplía 81 años), recibió la friolera de 972 botellas. Napoleón III, el último emperador de Francia, ordenaba 30-40 barriles de Tokaji para la corte francesa cada año. Polonia y Rusia se convirtieron en los principales mercados importadores del vino, hasta el punto de que los zares mantuvieron una colonia en Tokaji para garantizar el suministro regular a la corte imperial de San Petersburgo. El zar Pedro I el Grande mandaba legiones de cosacos para que vigilaran las bodegas y los caminos por los que tenían que transportar el vino para que llegara sin contratiempos hasta la mesa de Catalina.

Vides otoñales con la colina Tokaj hill al fondo durante el tiempo de cosecha en Bodrogkisfalud, Tokaj-hegyalja en Hungría.

Fueron años dorados para el Tokaji Aszú, pero, a partir de 1795, varias crisis originadas por motivos políticos, económicos y una plaga de filoxera (insecto patógeno de la vid) hicieron que la gran mayoría de los viñedos desaparecieran. Poco a poco, se fue disipando la identidad y calidad de los fabulosos viñedos de Tokaji, hasta 1995. Con la caída del Telón de Acero, comenzaron a hacerse mejoras en la región y surgió el llamado «renacimiento de Tojak» o «Tokaji reinassance», integrada hoy en día por 600 bodegas de prestigio mundial, como Oremus, Dizsnoki, Herszolo, Royal Tokaji o Château Paizos. Las variedades de uva están restringidas por ley a unas pocas: la variedad Furmint (70 %) y Hárslevelú (25 %) son complementadas con un pequeño porcentaje de Muscat lunel, Zéta (híbrido local) y Kövérszólo, una variedad local histórica recientemente restaurada.

No solo el momento de la cosecha de las uvas botritizadas es distinto de los vinos convencionales (muy tardío; desde principios de octubre a finales de noviembre), sino que el proceso de obtención del vino también tiene sus particularidades. El momento idóneo lo determina el aspecto de la uva, totalmente arrugada y de color marrón con matices violáceos. No tiene ningún resto de hongo en la superficie. El procedimiento de maceración que se aplica es antiquísimo y hace que la vinificación de este tipo de vinos sea única. La cosecha es selectiva, recogiendo una a una las uvas atacadas por la podredumbre noble (uvas Aszú). Durante el período de almacenamiento, las uvas pierden algo de contenido debido a la gravedad, que se recoge por la parte inferior del recipiente de almacenamiento perforada para este fin. Este preciado jugo se denomina Eszencia o Essencia y constituye el vino Tokaji de mayor calidad. Es tan rico en azúcar que puede tardar años en fermentar, incluso con tipos especiales de levadura. Un Tokaji Eszencia que haya fermentado durante 6-8 años puede llegar a tener un 3 % de alcohol y un 85 % de azúcares. Rara vez se vende, aunque cuando aparece alguna botella puede alcanzar los 800 dólares el medio litro (cosecha de 1947). Normalmente se emplean para enriquecer vinos de menor calidad. Antes del producto final, toca esperar una larga fermentación. Pero contamos con la ayuda de otro hongo que únicamente crece en las bodegas de esta región de forma natural y que se encarga de proteger la calidad de los vinos. Se trata del moho negro *Cladosporium cellare*. Este hongo tiene un papel importantísimo limpiando y regulando el aire de las bodegas, especialmente regulando la humedad. Utiliza solo compuestos volátiles presentes en este aire. Dado que *C. cellare* no tolera demasiado bien el alcohol, nunca crecerá directamente en la superficie del vino y se limitará a mantener una humedad cercana al 90 %.

No tengo ni idea de cómo sabrá, me imagino un moscatel muy exagerado, pero el resultado debe ser un vino espectacular. No en vano, aparece en el himno nacional de Hungría: «en los viñedos de Tokaj...», y en un poema de Pablo Neruda: «En mi desordenado corazón impone, oh vino de Tokay fragante, la razón de la luz: ¡ordena mi delirio!». Grandes personajes de la historia también han reconocido y disfrutado su valor: Beethoven, Liszt, Schubert, Strauss, Goethe, Friedrich Von Schiller, Voltair, Bram Stoker, Haydn e incluso Jefferson. Eso sí, prepara el bolsillo porque es un capricho *gourmet* que hay que pagarlo.

Y no es el único alimento en el cual intervienen una planta y un hongo fitopatógeno. ¿Te gusta la comida mexicana? *Ustilago maydis* es un hongo patógeno del maíz que causa millones de euros en pérdidas a los agricultores cada año. Origina la enfermedad conocida como «carbón de la espiga del maíz», y el nombre es muy descriptivo porque, cuando ataca a la planta, esta se queda como un puro a medio fumar. Sin embargo, en México este hongo les parece una delicia y es uno de los platos estrella de la cocina prehispánica, junto con los escamoles (huevos de hormiga), chapulines (saltamontes) y gusanos de maguey (eso mismo que has leído). En el estado de Puebla cultivan maíz ex profeso contaminado por este hongo. En México es conocido como «huitlacoche» o «cuitlacoche» y como la «trufa mexicana», por su delicado sabor a tierra húmeda. A veces, aunque esté podrido, hay que saber encontrar el lado bueno de las cosas.

ENEMIGOS DE LAS PLANTAS (II): TODO LO DEMÁS

«No es la especie más fuerte la que sobrevive, ni la más inteligente, sino la que responde mejor al cambio».
Charles Darwin (1809-1882), naturalista inglés.

Seguimos superando obstáculos. ¿Te ha gustado la historia del vino Tokaji o la del huitlacoche? El vino no te pregunto si te gusta porque solo está al alcance de unos pocos y el huitlacoche no es fácil de conseguir en España, por lo que quizá no has tenido posibilidad de probarlos aún. Pues en ambos casos el hongo explica solo una parte del sabor. Para entender la magia de estos sabores necesitas saber que las plantas tienen que lidiar continuamente con los problemas derivados de los cambios en el medio ambiente. Sin poder moverse, una planta tiene que hacer frente a los cambios de temperatura y a los cambios de humedad, y han desarrollado una serie de respuestas muy ingeniosas. Un efecto secundario de estas respuestas es, por ejemplo, que el vino Tokaji sea muy dulce, que, como acabamos de ver, es una respuesta a la desecación. La sequía y la salinidad tienen mucho en común. Aunque son dos estreses distintos, algunas de sus respuestas son iguales. Por ejemplo, ante una señal de falta de agua, lo primero que hacen las plantas es cerrar los estomas. Si detectan que hay menos de la que están acostumbradas, los cerrarán para evitar que se salga la que ya tienen almacenada y serán más eficientes usando la que disponen. Otras de las respuestas que desencadenan ante la sequía y la salinidad es acumular azúcares. Esto ha sido sabiamente aprovechado por los agricultores cuando nos ofrecen los sabrosos melocotones o melones de secano (¿te has dado cuenta de que son mucho más dulces?). El sabor deliciosamente dulce del tomate Raf almeriense (Raf viene de «resistente al *Fusarium*», un hongo que ataca al tomate) también se debe a que se cultiva con agua salina, y el fruto contrarresta este estrés generando más azúcares. Melocotones, melones y sandías de secano, junto con el tomate Raf, están estresados.

Tomates variedad Raf cultivados bajo riego por goteo.

Algunas especies de plantas están adaptadas a situaciones que serían tremendamente desfavorables para otras. Son capaces de vivir a temperaturas extremas de -57 °C (hay flora en la Antártida) o por encima de los 72 °C, en suelos muy salinos (zonas costeras y estuarios) o en hábitats de sequía extrema (también hay plantas en el desierto). Esto se debe a que, a lo largo de la evolución, han desarrollado múltiples adaptaciones que les permiten vivir bajo un clima que se caracteriza por su extrema severidad. Estas plantas no están estresadas.

Por ejemplo, vamos a pensar en la vegetación que hay en el desierto, en un clima tremendamente árido donde la lluvia es muy escasa. Las plantas que habitan en estas duras condiciones suelen tener hojas o tallos engrosados, carnosos. Se llaman «plantas suculentas» y la función de estos órganos engrosados es almacenar agua durante largos períodos de tiempo. Obviamente, el cuidado que requieren estas plantas es mínimo. Los cactus se parecen mucho a las plantas suculentas. Han evolucionado de forma paralela, y, a pesar de no ser familias emparentadas, una presión selectiva similar ha dado como resultado una morfología parecida. En los cactus, los tallos son verdes y bastante engrosados (aplanados, alargados tipo columna o globosos) porque es a través de ellos por donde realizan la fotosíntesis. No tienen hojas. O mejor dicho, sus hojas se han transformado en espinas como mecanismo adaptativo para perder la mínima cantidad de agua posible. Si te preguntas por dónde respira al no tener hojas ni estomas en ellos, ya te lo adelanto yo: por el tallo.

Corymbia aparrerinja tiene una estrategia particular para sobrellevar la sequía. En momentos de poca lluvia o con el frío extremo, se desprende de ramas grandes para tratar de mantener el agua en el resto de la planta y no desperdiciarla innecesariamente. A veces se le ha llamado el «fabricante de viudas» por la gran cantidad de leñadores que han muerto por la caída de estas ramas. Ya podía avisar, como hacían las llamaradas de fuego en el Pantano de Fuego de *La princesa prometida* (1987), que las precedía un sonido burbujeante, ¿te acuerdas?

Corymbia aparrerinja o gomero fantasma de Australia.

Vivir en suelos o en aguas con una concentración de sal que ocasionaría la muerte de cualquier otra planta ha hecho que las halotolerantes (resistentes a sal) hayan desarrollado mecanismos fascinantes. Hace muchos años, cuando cursaba Botánica en segundo de carrera, hicimos varias salidas al campo para conocer *in situ* algunas especies vegetales. Íbamos equipados con gorra, ropa deportiva, botas de *trekking* (que nunca más volví a usar, por cierto) y libreta y lápiz para poder dibujar todo lo que veía mientras atendíamos, más o menos, a la explicación de la profe. Recuerdo haber ido al parque de Los Alcornocales, Almería y Doñana, excursiones donde, como en todas, abundan las risas y el cachondeo en las tiendas de campaña y *bungalows* después de tocar la guitarra en plena naturaleza y contar historias de terror bajo la luna sentados en corrillo. En una de esas salidas, me enamoré. Me enamoré de una planta y, desde entonces, no falta un año en mis clases cuando hablo de tolerancia a la salinidad. Se llama *Mesembryanthemum crystallinum*. Jamás había visto una planta más bonita que esa. Se le conoce con nombres tan descriptivos como «escarcha», «anémona de tierra» (por la forma de su flor), «planta de hielo», «rocío»… y, si eres de Canarias, donde crece de forma silvestre, la conocerás como «barrilla», y seguramente te suene porque sus semillas fueron utilizadas por los aborígenes canarios para la elaboración de gofio. Esta planta es suculenta, que no es que sea deliciosa de sabor, sino que acumula agua en sus hojas, que además están completamente cubiertas de unas papilas o vesículas llenas de agua y sal. Parece estar repleta de microbolitas de cristal que la hacen hermosa y frágil a la vez. Yo la encontré en la costa de Almería, en zona de dunas, pero esta planta crece prácticamente en cualquier suelo con malas condiciones: arenoso, arcilloso, pobre, salino, bordes de carretera, basureros... Pero la particularidad reside en que durante toda su vida estará acumulando sal que entra por la raíz y sube hasta alojarla en las vesículas de las hojas. Una vez que la planta muere, la sal se libera de su cadáver, y eso evitará que crezcan plantas que no son tolerantes a la sal y que, en cambio, sí puedan crecer sus semillas.

Mesembryanthemum crystallinum.

Hay muchas especies que acumulan sales en los tejidos, normalmente en tallos, como ocurre con *Salicornia o Sarcocornia* y en unas estructuras especializadas donde confinan la sal, como hace *Atriplex halimux*. Otras como *Limonium sinuatum* o *Frankenia pulverulenta* poseen glándulas o pelos secretores, por donde expulsan la sal, distinguible a simple vista. Pero si nos vamos a los manglares de las zonas tropicales, vamos a encontrar verdaderos árboles que toleran perfectamente la vida en aguas salobres y marismas pantanosas. El mangle negro, *Avicennia germinans*, a diferencia del mangle rojo, *Rhizophora mangle*, no se apoya en raíces aéreas protegidas de la sal, sino que tienen neumatóforos. Los neumatóforos son estructuras modificadas a partir de la raíz. En realidad, son raíces que presentan geotropismo negativo (crecen en dirección opuesta al suelo) y permiten que, aun estando sumergidas, la planta pueda respirar. Esto lo consiguen teniendo grandes espacios intercelulares llenos de aire que sirven como superficie de intercambio. En ambos casos, el mecanismo de tolerancia consiste en captar la sal del agua y transportarla a lo largo del árbol hasta expulsarla por las hojas, así que es frecuente ver las hojas de estos árboles blanquecinas.

Otra adaptación que les sirve un poco para todo es la presencia de pelillos llamados «tricomas», que son protuberancias de las células epidérmicas que tienen las plantas, como pelos, pelos glandulares, escamas y papilas. Hay una gran diversidad de estos, pero, si te fijas, casi cualquier planta tiene micropelillos en el tallo o en los propios pétalos. En algunos casos, son pequeños e insignificantes, casi imperceptibles; en otros, es una pelusilla blanca que recubre toda la planta, como en *Tradescantia sillamontana* (México), y, en otros, esta pelusilla llega a ser un ovillo, como ocurre con el cactus *old lady Mammillaria hahniana* (también de México), que, además de espinas, tiene «plumón» o «pelo» blanco. Uno de los ejemplos más exagerados es el de *Krascheninnikovia lanata*. Es una planta halófita y xerófita, vamos, que tolera perfectamente salinidad y sequía, así que es habitual encontrarla en desiertos de América del Norte y México. Es un arbusto de apenas un metro de alto, pero sus hojas y tallos están cubiertos de tricomas con un aspecto similar a ¡lana! *Krascheninnikovia* tiene varias ventajas: es muy longeva, no requiere cuidados, así que es ideal para ornamentación (debería ser protagonista de «Cómo hacer un jardín para *dummies*») porque también es perenne, es usada como forraje y, hace mucho tiempo, como remedio para las quemaduras por los indios nativos americanos.

Haciéndose la muerta, así engañó esta zarigüeya a este perro.

De cualquier modo, estos tricomas más o menos desarrollados y densos suelen tener la función de «proporcionar sombra» y proteger a la planta en mayor o menor medida de la exposición a la luz solar directa y, por otro lado, de evitar una evaporación excesiva, seguramente reteniendo agua en ellos.

¿Conoces esa estrategia que tienen algunos animales de hacerse el muerto ante una amenaza? Se llama «tanatosis» y contamos con verdaderos artistas dignos de un Óscar, como la culebra de collar (*Natrix natrix*), que se tumba panza arriba sangrando por la nariz y la boca, o la zarigüeya de Virginia (*Didelphis virginiana*), que deja la lengua fuera y segrega un apestoso líquido por el ano (señal de que no solo está muerta, sino que ya está pudriéndose). Pues tenemos otros organismos a los que esto también les funciona, solo que la amenaza no es un depredador, sino la ausencia total de agua. No es un grupo muy numeroso y, principalmente, son líquenes, algas y briófitas, aunque algunas angiospermas (plantas con flores) también lo presentan.

Tienen un problema, y es que carecen de la capacidad de regular la cantidad de agua interna, así que, en vez de morir, cuando viene un período de sequía muy severa que puede durar desde días a varios años, pierden hasta el 95 % de su agua interna y entran en un estado latente en el que pueden permanecer hasta que las condiciones sean favorables. Cuando dispongan de agua suficiente, saldrán de ese letargo y «volverán a la vida», de ahí el término plantas «de resurrección». Este fenómeno descrito se denomina «anhidrobiosis». ¿Cómo ocurre? Dado que se trata de un proceso que podría suponer la muerte, toda la maquinaria de protección del ADN se pone en marcha: mecanismos de reparación del ADN, antioxidantes, proteínas de choque térmico (llamadas así porque se descubrieron en respuesta a estrés por alta temperatura, aunque están implicadas en diversos estreses) y azúcares que actúan protegiendo células y tejidos. Uno de esos azúcares es la trehalosa. Se trata de un disacárido formado por dos moléculas de glucosa fundamental en este proceso. Cuando la planta pierde el 95 % de su agua, las sales se concentran, puesto que no se evaporan. Para evitar el daño que puede ocasionar la alta concentración salina, la trehalosa actúa regulando esa descompensación y formando cristales, lo que consigue que la movilidad de las moléculas se reduzca drásticamente. Cuando la planta dispone de nuevo de un poquito de agua (tampoco necesita mucha), los cristales de azúcar se disolverán y el metabolismo se reactiva, momento en el que todo cobra vida y las partes «muertas» recuperan toda su frescura y belleza. Las proteínas de choque térmico harán de vigías y ayudarán a que las nuevas proteínas que se estén formando se plieguen correctamente y vayan al lugar concreto de la célula donde tengan que ir. El momento de la resurrección es el más delicado porque cualquier error en la secuencia exacta de activación del metabolismo puede resultar fatal para la planta. Todo esto es lo que no ves, pero, si alguna vez has comprado una rosa de Jericó en uno de los frecuentes mercadillos medievales que visitan las ciudades, lo has comprobado personalmente. *Anastatica hierochuntica* es el nombre científico de la rosa de Jericó, única especie de su género, *Anastatica*, y de la misma familia de la colza, la especie modelo para los que trabajamos en plantas, *Arabidopsis thaliana* o la rúcula. A pesar de su nombre, no crece en Jericó, pero la encontramos en desiertos de Arabia, Sahara, Palestina y Egipto. Cuando la rosa de Jericó está en su estado de desecación, las ramas se han contraído hasta formar prácticamente una bola seca con raíces minúsculas que se va dejando llevar por los vientos y recorre desiertos atravesando países y liberando semillas a su paso. En esta ocasión, sí podemos decir que los chamanes acertaban sus predicciones meteorológicas usando esta planta, ya que, si se aproximaba humedad, se abría lentamente y, si amenazaba lluvia, se abría de manera muy vistosa y con más o menos rapidez según fuera la proximidad de descarga de las nubes. Con esta planta también dan gato por liebre porque a otra especie, conocida como «doradilla», más parecida a un helecho, también la llaman «rosa de Jericó», tiene el mismo comportamiento y es casi idéntica, pero, a diferencia de esta, es endémica del desierto de Chihuahua (México), no tiene flores y se reproduce por esporas. Yo, barriendo para casa, te presento la única planta de resurrección que tenemos en España y que habita por el Pirineo. La hace más especial el hecho de que es de origen tropical, reliquia de un pasado mucho más cálido, del Cenozoico, hace unos 66 millones de años, y, sin embargo, a pesar de su aspecto delicado, se ha adaptado a la desecación y al frío de la alta montaña. Las hojas de la «oreja de oso», *Ramonda myconi*, soportan temperaturas por debajo de cero, e incluso la formación de hielo en su interior, sin sufrir lesiones irreversibles.

El desastre nuclear de Chernóbil en 1986 causó miles de cánceres y convirtió lo que una vez fue una zona poblada en una ciudad fantasma con un área de exclusión de 2600 km^2. Los humanos, al igual que otros mamíferos y pájaros, habrían muerto varias veces por la radiación que las plantas recibieron en los territorios más contaminados, y, sin embargo, a los tres años, la vegetación se recuperó en las zonas más radiactivas. Hoy es un lugar donde las plantas, los osos, lobos y jabalíes se han adueñado de los bosques próximos a la central nuclear. Lo que en animales ocasionaría mutaciones, cáncer o muerte, en las plantas solo supone un reemplazo de las células o tejidos dañados. La resiliencia y la resistencia innata a la radiación (no olvidemos que en sus comienzos la radiación que tuvieron que soportar era mayor) y los mecanismos de protección y reparación de su ADN han hecho que el resurgimiento y las poblaciones vegetales sean incluso mayores que antes del desastre.

Ramonda myconi.

Si llevan millones de años habitando este planeta y han sido capaces de llegar hasta nuestros días, es porque las plantas cuentan con mecanismos para evitar el estrés, tolerarlo, superar enfermedades y desarrollar una serie de adaptaciones más o menos complejas que les ha hecho posible la supervivencia. Fíjate en las plantas cuando vayas a un jardín botánico o visites lugares nuevos. Obsérvalas bien porque es muy fácil, atendiendo a su aspecto, poder adivinar cuál es su hábitat natural. Y si te digo que observes, es que no las toques si no las conoces, no las huelas y mucho menos las chupes. No siempre producen un dulce néctar…

FITOQUÍMICA: UN MUNDO DE MOLÉCULAS VEGETALES

«Tengo una inmensidad que tiembla en los océanos». Juan Antonio Villacañas (1922-2001), escritor, poeta y crítico español.

Durante todo el ciclo de vida de las plantas se están formando moléculas. Algunas son resultado del metabolismo primario de las plantas, es decir, procesos como la fotosíntesis, respiración, asimilación de nutrientes, transporte de solutos, etc. Los procesos que no forman parte del metabolismo primario generan otras moléculas. Son los metabolitos secundarios. A menudo su producción está restringida a un determinado género de plantas, a una familia o incluso a algunas especies. Se llegó a pensar que se trataba simplemente de productos finales de los procesos metabólicos sin más interés. De hecho, muchas de sus funciones aún son desconocidas. Sin embargo, además de su importancia ecológica y de la relevancia a nivel nutricional de algunas, les hemos encontrado aplicación como drogas y han servido como saborizantes, colorantes, pegamentos, aceites, ceras y otros materiales utilizados en industria. El estudio de estas moléculas mediante la metabolómica y las técnicas de análisis modernas y más sensibles han permitido ahora poderles asignar funciones tan importantes como participación en la defensa, agentes alelopáticos (ejercen un efecto sobre otras plantas) o atraer a polinizadores o dispersores de semillas. Disponemos de toda una batería de moléculas con diferentes aplicaciones. Moléculas de las que nos beneficiamos día a día y otras que es mejor ni olerlas...

Vamos a imaginarnos una situación. Pronto llegará un día especial entre tu pareja y tú que querrás celebrar, y has pensado darle una sorpresa con una velada romántica en casa el sábado que descansáis los dos. Ese día, de vuelta de la compra, cogerás rosas en la floristería que te pilla de camino, que acompañarás con una tarjeta y violetas para decorar la mesa. La cena, nada complicada (lo importante es el tiempo que vais a estar juntos, ¿no?), se compone de una ensalada bien decorada con cama de rúcula, un buen tomate de la huerta en su punto de maduración (sí, el que sabe a tomate de verdad), cebolla roja, un poquito de ajo y el plato favorito de ambos que has estado toda la tarde cocinando: una bandeja multicolor con una inmensa variedad de *sushi* y unos sobrecitos de *wasabi* y jengibre. La ocasión lo merece, coge un buen reserva de 2011 y, de postre, cerezas. Todo esto, amenizado por una música suave, luz tenue y un quemador que desprende aroma de eucalipto desde la entrada de la casa.

Bien. Le has declarado la guerra a tu pareja. No me malinterpretes, me refiero a la guerra química. Las plantas no tienen ningún interés en mejorar nuestra salud o decorar nuestras vidas. Igual que los animales han desarrollado garras, colmillos, venenos o velocidad para que no se los coman, lo que no quieren las plantas es ser devoradas, así que ellas también se van a defender. Algunas con espinas, pero todas con guerra química. Si te pica, te rascas. Si tienes sed, bebes. Si tienes calor, te abrigas. Si te van a atacar, gritas pidiendo ayuda y corres. Ellas no pueden salir corriendo cuando se ven amenazadas. Lo que hacen es fabricar sustancias tóxicas para insectos y otros animales, además de producir cócteles que actúan como pesticidas contra bacterias, virus y hongos. A diferencia de los venenos producidos por arañas, serpientes o escorpiones, cuyo fin es capturar a sus presas, las plantas no pretenden acabar con la vida de otros organismos, sino preservar su integridad. Los animales venenosos avisan de su toxicidad con colores vivos o combinaciones de colores amarillo-negro o rojo-negro, una estrategia denominada «aposematismo». Te están indicando que es mejor que no te acerques. También recurren a la estrategia del mal sabor, como hace alguna rana, y del mal olor, como la mofeta, alguna serpiente o insecto. Las plantas tienen otra estrategia que entra en funcionamiento cuando ya ha sido mordida o atacada. Es una técnica basada en el sabor. Su veneno es amargo. No es un sabor agradable para ningún animal, incluidos nosotros mismos. Esa repulsión tras sentir el sabor es suficiente para escupirlo y no seguir comiendo. Una estrategia que les ha funcionado durante millones de años.

Pero en ocasiones, los metabolitos secundarios que producen no tienen una función de defensa, sino que van a facilitar la polinización porque van a ser responsables de aromas y colores para atraer a los polinizadores. Sea cual sea su función, es el lenguaje de las plantas, su forma de comunicarse en el medio en el que viven.

Volvemos a la cena. La rúcula de la ensalada que hemos preparado tiene un sabor peculiar. ¿No te gusta mucho? No te preocupes, no eres raro. Creo que los apasionados de la rúcula somos minoría. De hecho, cuando abro una bolsa de ensalada variada, no sé qué pasa que siempre me cae más rúcula en mi plato… Si no te emociona su sabor, ha conseguido contigo el efecto que busca en sus depredadores. Su gusto amargo se debe a la presencia de glucosinolatos, un tipo de compuestos fenólicos llamados así por ser derivados del fenol, esa molécula maloliente que utiliza el podólogo para quemarte los uñeros. Se trata de un veneno casi exclusivo de las plantas de la familia de las crucíferas (coliflor, col, repollo, berza, nabo, brócoli...) y que es tóxico para numerosos insectos y nematodos. Los glucosinolatos son inocuos, pero, cuando la planta es devorada por un insecto o un rumiante, se produce una reacción química con estos compuestos que es activada por unas enzimas que se encuentran separadas físicamente en las mismas células. Es decir, que, si no se rompen las células por la masticación, no se formarán los compuestos tóxicos que usa para defenderse. Unos de los productos generados son los isotiocianatos o aceites de mostaza, que son los responsables de los sabores amargos de algunas hortalizas, aromas profundos y del picor, por ejemplo, del *wasabi*, la mostaza o el rábano picante. A pesar de la toxicidad de estas moléculas, es muy aconsejable que los alimentos de esta familia botánica formen parte de nuestra dieta. Los isotiocianatos inhiben la carcinogénesis de vejiga, mama, colon, hígado, pulmones y estómago en ratones, y en otros animales hay evidencias poderosas que apuntan en la misma dirección.

La naturaleza a veces es impredecible y alucinante. Algunos insectos han sido capaces de esquivar esta toxicidad vegetal, ya que producen proteínas en su saliva que impiden la reacción química de los glucosinolatos y la formación de los isotiocianatos tóxicos. Esto le ocurre a la polilla de la col (*Plutella xylostella*) o el áfido del nabo y la mostaza (*Lipaphis erysimi*).

Eruca vesicaria, la rúcula.

Te rodean miles de moléculas vegetales que inundan tus sentidos (olfato, vista y gusto), te alimentan… e incluso te protegen. Un tomate, un solo tomate, cuenta con 400 compuestos químicos que contribuyen al olor y al gusto. Y si nos fijamos en el color, el licopeno es el responsable. *Licopeno* viene de *lycopersicum,* que es (mira por dónde) el nombre científico de la especie del tomate (*Solanum lycopersicum*). Como curiosidad, *lycopersicum* en latín significa «melocotón de lobo», y es que el tomate fue considerado venenoso durante mucho tiempo. El licopeno es un metabolito secundario de tipo carotenoide, que pertenece al grupo de los terpenos, el más numeroso. Es un pigmento que aporta el color rojo de frutas y verduras como sandía, papaya o pimiento rojo. Tiene una alta actividad antioxidante probada, pero, aunque se ha relacionado con la prevención del cáncer de próstata y otros cánceres, la presión arterial y el colesterol, actualmente no disponemos de evidencias suficientes como para asegurar estos efectos. Para esta ocasión, comprarás tomates teniendo la precaución de que estén en su punto óptimo de maduración, aspecto que será mucho más probable si compras los tomates de cercanía recientemente arrancados de la mata y no aquellos que vengan de lejos y hayan madurado en cámaras. El sabor de tu ensalada cambiará drásticamente y no tendrá que ser un tomate especialmente caro ni ecológico, solo que esté en su punto. De lo contrario, podemos tener un problema.

El tomate, la patata, la berenjena y el pimiento son cultivos de gran importancia que comparten algo: pertenecen a una familia botánica que son las solanáceas. Es una familia fascinante. Comprende casi 100 géneros y más de 2700 especies de plantas, pero, entre ellas, y además de las que ya te he dicho, vamos a encontrar el tabaco y la petunia, muy útiles en investigación científica y un gran número de plantas tóxicas, como el estramonio, la belladona, el beleño o la mandrágora, de las que ya hablamos en «tiempos de brujas», ¿recuerdas? Otra característica que comparten las plantas de esta familia es que son muy ricas en alcaloides y, como ya sabes, tienen una acción fisiológica muy intensa en animales aun en bajas dosis. Algunos de estos alcaloides, como la escopolamina, atropina, hiociamina, etc., se han utilizado como venenos y como psicotrópicos, pero sí es cierto que muchas de estas sustancias tienen importantes propiedades farmacéuticas y, de hecho, se utilizan actualmente con numerosos usos terapéuticos. Uno de estos alcaloides, precisamente el que da nombre a la familia, es la solanina. Es un glucoalcaloide, es decir, contiene un azúcar y un alcaloide que, según el cultivo que se trate, será solanidina (patata), tomatidina (tomate) o solasodina (berenjena), aunque todos se llaman «solanina» de forma general. Es muy tóxico y de sabor amargo. ¿Lo tienen todas las solanáceas? Sí. ¿Nos preocupa? Pues no. Hay solanáceas, como el tomatillo del diablo (*Solanum nigrum*), de donde, además, fue aislada por primera vez, cuyo contenido de solanina lo hace directamente mortal. Pero no se come (aunque los frutos maduros y cocidos se han llegado a usar en mermeladas y es frecuente emplearla en El Salvador como ingrediente de una sopa).

Nosotros solo nos comemos las patatas, los tomates, berenjenas y pimientos, y la domesticación durante miles de años se ha encargado de ir reduciendo el contenido natural de este alcaloide tan peligroso. Las patatas de ahora tienen 1000 veces menos solanina que la patata ancestral, y el tomate silvestre era tan tóxico que no se podía comer. Sin embargo, hoy en día, las patatas que se dan en Perú a 4000 m de altitud contienen tal cantidad de alcaloides que siguen siendo tóxicas. Allí la domesticación para eliminar los alcaloides y hacerlas comestibles se basa en un proceso milenario, tan antiguo como la propia patata que dará lugar al chuño. Este proceso no solo consigue eliminar esta toxicidad, sino reducir su peso un 80 %, facilitar su transporte, conservar todo su valor nutritivo y aumentar la vida útil de la patata hasta 20 años, con lo cual se garantiza la alimentación de estas sociedades a 3500 m de altura en los meses más duros, cuando no hay alimentos frescos. Cuando se cosechan las patatas, por mayo, se llevan a unas zonas planas de la cordillera llamadas *chuñochinapampa*, que en aimara significa «el lugar donde se hace el chuño», y se extienden en el suelo para sufrir una liofilización natural: congelaciones durante las heladas nocturnas de julio y agosto, pleno invierno en el hemisferio sur, un proceso de pisoteado para eliminar el agua sobrante y la exposición al sol durante el día para provocar la deshidratación. Este ciclo se repetirá durante una semana. El proceso de pisoteado lo realizan mujeres y niños, constituye una fiesta familiar llena de jolgorio y alegría porque saben que tendrán alimento seguro a lo largo de mucho tiempo. Después de dejar secar unos días, se obtiene el chuño negro. El chuño blanco se consigue lavando este durante unos días más en un riachuelo para seguir eliminando los alcaloides, y secando mediante pisado para eliminar el resto de agua y exposición al sol.

Estoy segura de que alguna vez pelando patatas has visto alguna que bajo la piel tenía un aspecto verdoso, ¿verdad? Eso es la solanina.

Como metabolito secundario, es una molécula de defensa que tiene propiedades fungicidas e insecticidas que las plantas utilizan para defenderse de enfermedades, insectos y otros depredadores. Dado que confiere un mecanismo de defensa natural a las plantas, se ha utilizado en agricultura como forma de combatir enfermedades en los cultivos. Están siendo muy estudiados porque han mostrado efecto como antibiótico, antifúngico, antivírico, entre otras propiedades, pero los estudios que acaparan la mayor parte de la atención son los de la investigación del cáncer. Hay resultados muy prometedores sobre los efectos de este alcaloide frente al cáncer, eso sí, en ratones.

Aunque está en distintas partes de la planta, lo que a nosotros nos interesa es el fruto (o el tubérculo), y la tiene. En el caso de la patata concretamente, el contenido natural es bastante bajo, pero hay factores que pueden hacer que aumente, como, por ejemplo, una infección por el conocido hongo mildiu, la temperatura de almacenamiento, los daños por golpes, la luz... En cualquier caso, lógicamente hay más en el tubérculo inmaduro que maduro.

Flores y bayas de *Solanum nigrum*.

El problema de la solanina está en que no es una molécula que se degrade fácilmente al cocinar. La cocción, el microondas o una fritura suave prácticamente no tendrá efecto, salvo que frías a 210 °C durante al menos 10 min. Sin embargo, el proceso completo para preparar patatas fritas de bolsa o *chips* sí que consigue eliminar gran parte de los glicoalcaloides gracias a todos los pasos que tienen lugar durante la producción: pelado, loncheado, lavado y fritura. De todos modos, si estamos pelando patatas y nos encontramos una que tiene mancha verde, con tirarla es suficiente. Es difícil intoxicarse, aunque se han dado casos. El color y el sabor te avisarían a tiempo. Con el tomate, hay que ser más estricto porque la cantidad de solanina (tomatidina en este caso) que contiene es bastante mayor. Salvo que la variedad de tomate que quieras tomar sea de color verde cuando ya está maduro, huye de los tomates inmaduros de color verde. Si solo dispones de este tipo de tomates, cocínalos y úsalos en salsas o guisos, pero nunca crudo en ensalada. Cuanto más maduro esté, mayor será el contenido de licopeno y menor (prácticamente nulo) el de tomatidina. Hay una película de 1991 basada en una novela homónima que se llama *Tomates verdes fritos*. Así igual te acuerdas.

La solasodina es el alcaloide presente en las berenjenas, responsables de ese sabor picorcillo junto con el alto contenido en histaminas que puede desencadenar reacciones alérgicas en algunas personas. En las berenjenas, la cantidad de solasodina es demasiado baja para tener un efecto tóxico, pero, aun así, es mejor consumirla cocinada.

Nuestra ensalada lleva cebolla y ajo, que se defienden de sus enemigos generando compuestos ricos en azufre. Lo que para nosotros son aromas y sabores básicos en nuestra cocina, para los insectos es un potente veneno. La cebolla te hará llorar cuando la piques. Eso se debe a que al cortarla estamos rompiendo sus células, de manera que los compuestos ricos en azufre que contienen en su interior reaccionan al contacto con el aire y se liberan en forma de gas. Esas pequeñas moléculas de gas, cuando suben, reaccionan con la humedad de nuestros ojos, transformándolos en pequeñísimas cantidades de ácido sulfúrico, un ácido muy irritante y nocivo. De ahí que nos produzca quemazón. La señal de «peligro» es recibida y procesada haciendo que el ojo active las glándulas lagrimales y libere agua, o sea, lágrimas, cuyo fin es diluir el ácido haciéndonos llorar y, por tanto, protegiendo nuestros ojos. Eso es interesante, pero, además, la cebolla contiene quercitina y es destacable porque es el flavonoide más abundante en la dieta humana. Los flavonoides pertenecen al grupo de los compuestos fenólicos y se caracterizan por ser potentes antioxidantes. Es muy abundante en la cebolla (sobre todo en la cebolla roja), pero también lo encontramos en manzanas, uvas, brócoli o té. En el ajo, la aliína, una molécula azufrada derivada del aminoácido cisteína, se combina con la enzima aliinasa cuando se machaca o pica el ajo y es responsable de su aroma. (Si echas ajos enteros a la comida, aunque no los piques, machácalos un poco aplastándolos con la hoja plana de un cuchillo para que liberen toda su esencia).

El jengibre que viene acompañando al *wasabi* en nuestra bandeja de *sushi* se usa para limpiar el paladar al pasar de un tipo de pescado a otro. Si su sabor te recuerda a la colonia, no has perdido la cabeza. Es que es utilizado como fragancia en perfumería. Ese es un jengibre encurtido preparado a partir del fresco usando vinagre de arroz y azúcar, así que picará poquito. El natural tiene una fragancia y un sabor picante característico y se debe a varios aceites volátiles que componen el 1-3 % de su peso: zingerona, shogaoles y gingerol (aunque hay varios, el [6]-gingerol es predominante). En el jengibre fresco encontramos el gingerol, bastante picante y pariente de la capsaicina del chile picante y de la piperina de la pimienta negra. Cuando se cocina el jengibre, el gingerol se transforma en zingerona, que es menos picante y tiene un aroma dulce. Cuando el jengibre se seca, el gingerol se deshidrata formando shogaoles, dos veces más picantes que el gingerol. Esto explica por qué el jengibre seco es más picante que el fresco.

El responsable del sabor picante en los alimentos no siempre es la misma molécula. La capsaicina, presente en especies del género *Capsicum*, como el chile picante, da sabor y calor al propio chile, a la salsa de Tabasco, pimentón picante, *curry* y otras salsas que te hacen ruborizar y llorar sin estar triste. Un truco: si ves que un humano se está empezando a transformar en dragón, dale un poco de leche entera. La grasa de la leche disolverá la capsaicina, dado que no es una molécula que se disuelva en agua, sino en grasa, y, por otro lado, la caseína de la leche rodea la molécula y neutraliza el picor.

La escala Scoville mide el grado de picor o pungencia de los pimientos en función de la concentración de capsaicinoides en unidades de calor de Scoville (SHU), desde el dulce que no pica nada hasta el máximo, ocupado por el honorable primer puesto «hasta hace poco tiempo» de la capsaicina pura, con 16.000.000 de SHU, sin olor, ni color y similar a la cera. Para que te hagas una idea, nuestro reconocido pimiento de Padrón está en la parte baja de la escala (2500-5000 SHU); el chile de la salsa de Tabasco, en la parte media (30.000-50.000 SHU), y el *dragon's breath*, en la parte superior (1.900.000 a 2.500.000 SHU). No lo pruebes, puede matar con un *shock* anafiláctico. Por encima de esta escala, rompiendo todas las unidades, y aunque no está presente en los pimientos, el récord lo tiene la resiniferatoxina, un análogo funcional de la capsaicina, unas 1000 veces más potente que esta. Es la molécula más picante conocida por el ser humano, de la que un buen amigo mío dijo: «La molécula que hace que arda el infierno». Esta sustancia es producida de forma natural por el cardón resinoso (*Euphorbia resinifera*), una planta de Marruecos similar al cactus y por *Euphorbia poissonii*, de Nigeria. Si la capsaicina tenía 16 millones de SHU, la resiniferatoxina tiene 15 mil millones de SHU. En humanos, la ingestión de apenas 1.6 g puede causar la muerte o daños graves en la salud.

Que estas plantas produzcan capsaicina no es algo fortuito. Aunque hay capsaicina en los frutos, la mayor concentración de esta molécula se encuentra en semillas. Su función es disuadir a animales de comerse los frutos. Las aves, que son las que mayoritariamente dispersan las semillas, son inmunes. De esta forma, podrán seguir alimentándose y repartiendo semillas que, aunque atraviesen el tracto digestivo, no perderán capacidad de germinación. Por el contrario, los herbívoros destrozarían las semillas con sus dientes y sus jugos gástricos, y no serían buenos aliados para perpetuar la planta, así que nada como una gran sensación irritante para que se les quiten las ganas de alimentarse de ellas. La selección natural ha conseguido que la producción de capsaicina sea alta porque, de esta forma, la planta se asegura de ser comida únicamente por animales que la van a ayudar a dispersarse. Gracias a su efecto irritante, la capsaicina es utilizada para disuadir plagas de mamíferos, como topillos, ratas, o el acercamiento de ciervos, ardillas, osos, etc. Y como ingrediente en los espráis de defensa personal, dado que, cuando el aerosol entra en contacto con la piel, especialmente los ojos o las membranas mucosas, el dolor y la dificultad para respirar disuaden al atacante.

Hace un tiempo, una noticia aparecía en todos los medios animándonos a tomar picante porque nos ayudaba a adelgazar. ¿Qué hay de cierto? Algunos estudios han demostrado que aumentan el gasto de energía. Esto se debe a que uno de los efectos de la capsaicina es aumentar la temperatura corporal y la sudoración, con lo cual el organismo debe trabajar más aumentando el gasto calórico un 25 %

para volver a la normalidad. Y por otro lado, parece que la suplementación con capsaicina disminuye la sensación de hambre y aumenta la de saciedad, además de estimular a determinadas proteínas quemagrasas. Ojo, porque, si para conseguir adelgazar vamos a crearnos una úlcera a base de pegarnos homenajes picantes, quizá nos merezca la pena llevar una vida más activa y una alimentación más adecuada hasta que en un futuro una suplementación de cápsulas de capsaicina pueda ayudarnos a controlar la obesidad.

A pesar de que la capsaicina es utilizada para tratar problemas digestivos, afecciones del corazón y se le presupone actividad anticancerígena, en realidad no disponemos de evidencia científica para asegurar esto. Solo sabemos que es efectiva como analgésico en forma de crema y parches para tratar el dolor en diversas patologías (lumbalgia, artritis reumatoide...), incluido el dolor nervioso en personas diabéticas (neuropatía diabética) y daño nervioso causado por herpes zóster (neuralgia postherpética).

Euphorbia resinifera o espolón de resina es una especie nativa de Marruecos. El látex seco de la planta ha tenido usos como medicina antigua.

La cena será una mezcla de sabores suaves y explosivos, y es muy probable que tengas que beber varias ocasiones para calmar el sabor picante del jengibre o del *wasabi*. El vino que tienes para esta ocasión especial es un reserva, un tinto rico en taninos, compuestos fenólicos de sabor seco, áspero, amargo y astringente, presentes también en el té, los caquis, los plátanos o los membrillos (¿no te ha dado la sensación de tener pelos en la lengua alguna vez al tomar alguno de estos alimentos?). Este sabor tiene una función en la planta, y es evitar ser comida al que intente hacerlo. A pesar de esto, hay animales, como los herbívoros salvajes, que son tolerantes de forma natural a una concentración de taninos «habitual» en la planta. Contienen en la saliva unas proteínas ricas en un aminoácido que captura los taninos y disminuye su posible acción tóxica, con lo cual los transporta a través del tracto digestivo de una forma segura. En el caso del vino, los taninos provienen de la piel, pepitas y raspones (rabitos) de la uva del vino, pero también de la madera, ya que son abundantes en la corteza de muchos árboles, como el roble o el castaño. Con el contacto a través del tiempo, los taninos de las barricas se van disolviendo en el vino. Las barricas de roble pueden ser usadas en vinificación hasta 70 años y suelen ser las más comunes debido a las cualidades organolépticas que aportan al vino. Te sonará mucho otro compuesto fenólico presente en el vino: el resveratrol. Lo producen las plantas cuando son infectadas por patógenos o cuando sufren un daño, ya sea un corte o un aplastamiento. Como lo producen plantas como algunos pinos, vides, cacahuete, arbustos de frutos silvestres o cacao, lo vamos a encontrar, por ejemplo, en la piel de las uvas, frambuesas, moras, arándanos, cacahuetes y chocolate. La cantidad presente en el vino es ridícula, pero, como suele ocurrir con otras moléculas que tienen alguna propiedad interesante, en este caso ser antioxidante, es un reclamo aprovechado por la industria cosmética y farmacéutica para venderlo en forma de cremas antienvejecimiento o suplementos nutricionales con poca o nula evidencia científica. La realidad es que actualmente no hay certeza suficiente para afirmar que sea útil para cardiopatías, cáncer o para alargar la vida. La *Natural Medicines Comprehensive Database* («Base Exhaustiva de Datos de Medicamentos Naturales») clasifica la eficacia, basada en pruebas científicas, de acuerdo con la siguiente escala: eficaz, probablemente eficaz, posiblemente eficaz, posiblemente ineficaz, probablemente ineficaz, ineficaz e insuficiente evidencia para hacer una determinación. Pues bien, únicamente se considera al resveratrol «probablemente eficaz» para reducir los síntomas de las alergias estacionales en adultos.

De postre, mientras piensas en la frase de Pablo Neruda: «Quiero hacer contigo lo que la primavera hace con los cerezos», sonríes y acercas las cerezas al centro de la mesa. Cómo te las comes o lo que haces con ellas es cosa tuya…, yo solo te voy a hablar de cerezas. El fruto del cerezo (*Prunus cerasus*) es pequeñito y rojo oscuro, lo que confirma su alto contenido en antocianinas. Las antocianinas son otros metabolitos secundarios del grupo de los flavonoides y de los polifenoles, que se caracterizan como ya sabes, además de por dar color a frutas y flores, por su capacidad antioxidante. Las cerezas son una fuente poco calórica, rica en vitaminas, minerales, especialmente potasio y fibra, pero esconden un secreto venenoso en su interior. Al igual que las semillas de manzana, uvas y sandía, huesos de albaricoque, ciruelas, melocotón y las almendras amargas, los huesos de las cerezas contienen un compuesto llamado «amigdalina». Esta molécula es un metabolito secundario de tipo glucósido ciano-génico perteneciente al grupo de los compuestos fenólicos. Fue aislada por primera vez en semillas del almendro dulce (*Prunus dulcis*). ¿No te ha pasado alguna vez que, saboreando un puñadito de almendras, alguna te ha hecho cambiar el gesto de la cara y has puesto una mueca de «¡puaj, qué malo!»? Esa almendra procede de la variedad del almendro silvestre (*Prunus amara*), que produce almendras amargas con mayor contenido de amigdalina. Cuando la almendra está en su árbol y es dañada por algún insecto o un herbívoro que trata de comérsela, la amigdalina sufre una hidrólisis y se descompone en glucosa, el desagradable y amargo benzaldehído y un precursor del cianuro, el ácido cianhídrico. El sabor del benzaldehído es la señal para que no se la sigan comiendo...; de lo contrario, las consecuencias serán peores.

Eso nos ocurre a nosotros. La masticación y la saliva desencadenan la reacción y nos alerta de que algo no va bien. Por eso, en los tratados clásicos de criminología se describe un olor característico a almendras en los envene-nados con cianuro. La toxicidad del ácido cianhídrico reside en el ion cianuro. De forma muy simple, impide que el oxígeno transportado por los glóbulos rojos pueda ser utilizado por las células; vamos, que las mata por asfixia. El resultado final será la muerte por parada respiratoria en una hora como mucho, pero hasta entonces el proceso será una agonía: síntomas leves, como dolor de cabeza, vértigo, ritmo cardíaco rápido y débil, respiración acelerada, náuseas y vómitos, que van a derivar en piel fría y húmeda, convulsiones, dilatación de pupilas... y, finalmente, ahogo.

¿Es fácil morir envenenado por comerse unas cuantas almendras? Pues, para empezar, no creo que nadie acciden-talmente coma almendras amargas como si fueran pipas, pero no. No pasará nada por comerse una distraídamente, pero en realidad, no harían falta demasiadas para causar un efecto. Aproximadamente, un puñado de unas 20 almendras amargas puede causar la muerte.

Por cierto, a pesar de que en su origen el almendro producía almendras amargas, hoy en día podemos disfrutar de almendros que producen semillas dulces. El motivo no es una domesticación a base de seleccionar variedades dulces hace miles de años, sino una mutación de un único gen que desactivó la síntesis de amigdalina. ¡Mira qué suerte!

Las violetas que adornarán tu mesa deben su color púrpura a un pigmento llamado «delfinidina» (azul púrpura), una antocianina también presente en los pensamientos, en las campanulas y en las pocas flores azules con las que cuenta la naturaleza. El pigmento presente en las rosas es la antocianina cianidina, responsable del rojo intenso. También lo encontramos en moras, frambuesas, uvas, cerezas o arándanos, y la pelargonidina, otra de las antocianinas más conocidas, da color rojo o naranja a los geranios y a alimentos comunes con la cianidina, como ciruelas y granadas. Las antocianinas pueden confundirse con los carotenoides, que también le dan color a las flores y hojas, aunque, a diferencia de las antocianinas, los carotenoides no son solubles en agua y solo dan color rojo-anaranjado o amarillo, mientras que el abanico de colores que cubren las antocianinas es mucho más amplio. La función de las antocianinas en las plantas es fundamental. Por un lado, constituyen un mecanismo de defensa, preservando las flores y las frutas de la luz ultravioleta, y, gracias a su actividad antioxidante, protegen a las células de los radicales libres. Por otro, este juego de colores fuertes y variados es un arma de seducción, como veremos más adelante. Si no se reproducen, se acabó.

Almendro en flor cerca de Vélez Blanco, provincia de Almería.

Aunque son las rosas las que realmente están dando fragancia al salón, el resto de la casa está impregnado de un aroma fresco de eucalipto. Todos los olores producidos por las plantas (eucalipto, limón, citronela, menta, tomillo, albahaca…) son su lenguaje empleado, sus voces, a veces alertando de alguna situación peligrosa. Muchos de ellos son mezclas de alcoholes, aldehídos y otras moléculas que forman los aceites esenciales, pertenecientes a un grupo de metabolitos secundarios de gran importancia llamados «terpenoides» (el mismo grupo al que pertenecen los carotenoides).

En realidad, son moléculas pequeñas, poco solubles en agua, lo que hace que sean volátiles y por eso las detectamos por el olor. Desde el punto de vista comercial, son muy interesantes por su uso como aromas y fragancias tanto en alimentación como en cosmética, pero su efecto terapéutico aún debe ser mucho más estudiado. En los ensayos clínicos de aromaterapia con personas, se ha evaluado su uso en el tratamiento de la ansiedad, las náuseas, los vómitos y otras afecciones en pacientes de cáncer. A unos les mejoró el estado de ánimo, el sueño…, pero a otros, no; en cualquier caso, no hay estudios publicados por pares sobre el uso de aromaterapia para tratar el cáncer. Parece que, más allá de la sensación reconfortante de respirar un aroma agradable, de momento no hay mucho más. Es curioso que, a pesar de que su función ecológica realmente es actuar como repelentes de insectos o insecticidas, a nosotros, en cambio, lejos de repelernos, nos gustan.

Hoy te has puesto tu perfume favorito, ese que reservas para las ocasiones especiales. Tiene un punto a cítrico. Lleva bergamota, un aceite esencial que se extrae por presión de la corteza rallada de la bergamota madura. *Citrus x bergamia* produce este fruto cítrico del tamaño y forma de una pera, pero ¡no lo pruebes!, está agrio. También se usa para aromatizar el té Earl Grey y el Lady Grey, y en confitería, pero, sobre todo, es ingrediente habitual de colonias y perfumes. Mira las notas de olor y verás cómo es frecuente encontrarlo.

La cena ha sido un éxito. Todo te ha quedado genial y la atmósfera creada ha sido mágica. Un día (y una noche) para recordar. Se ha alargado hasta altas horas de la madrugada, el vino… y, bueno, cabía esperar que un dolor de cabeza galopante te hiciera una visita. ¡Ya no somos tan jóvenes! Creo que lo mejor es que tires de farmacología vegetal. ¿Una aspirina?

LA BOTICA VERDE

«¡Pobre de mí! El amor no se cura con hierbas».
Ovidio (43 a. C-17 d. C), poeta romano.

Las moléculas producidas por las plantas son, en numerosas ocasiones, las armas que tienen para la defensa y la supervivencia, funciones que deben estar en equilibrio con las necesidades energéticas y el crecimiento. Por ello, las plantas medicinales y aromáticas siempre han estado íntimamente relacionadas con la salud y la cultura humana.

Las antiguas civilizaciones de Oriente, Egipto y Grecia tenían el conocimiento suficiente como para recurrir al uso de plantas con el fin de obtener remedios para la salud. Luego, con el esplendor de la medicina árabe en los siglos VIII y IX, se empiezan a utilizar otras plantas provenientes de la India, Indonesia y el sureste asiático. Fue realmente en el siglo XVIII, un siglo de verdadero esplendor en cuanto a la creación de jardines botánicos, cuando el florecimiento de la botánica científica y la química dieron comienzo a la investigación farmacológica.

Que un principio activo con propiedad farmacológica se haya obtenido de una planta no significa que comiéndote la planta entera te cures. Parece obvio, ¿verdad? Pues aún hay gente que piensa que es así y conviene recordar a menudo que el principio activo no es la planta en su totalidad. Vamos a diferenciar varios productos. En España podemos encontrar «medicamentos a base de plantas», autorizados por la Agencia Española del Medicamento y Productos Sanitarios, que son de venta exclusiva en farmacias y tienen una indicación terapéutica reconocida. Iberogast, por ejemplo, indicado para los gases, es uno de ellos. Aquí hago un inciso a modo de curiosidad. En 2010 existían en nuestro país 315 medicamentos autorizados a base de plantas que comercializaban 39 compañías distintas. Un año más tarde, entraba en vigor la nueva normativa europea, que exigía a estas empresas nuevos estándares de seguridad y calidad. Solo 38 productos medicinales de 315 obtuvieron la licencia y, de las 39 compañías, se redujo el mercado a solo siete compañías autorizadas.

Existen también muchos «productos de origen vegetal» que no son medicamentos, aunque vienen presentados y envasados en un aspecto similar, de venta en farmacias, parafarmacias y herboristerías. Cuidado con las indicaciones, mucha paja y poco grano. También encontramos plantas medicinales presentadas de una forma más «natural», a granel (pásate por la calle la Cárcel, junto a la catedral de Granada. Hay un puesto que lleva más de 50 años y forma parte ya del patrimonio cultural), con sus letreritos de indicación para los gases, la hipertensión, el dolor muscular, las piedras en el riñón, el ánimo, para todo lo que quieras y puedas imaginar. Más que hierbas, parece que vendan la piedra filosofal. Y ya, por último, tenemos, AHORA SÍ, «medicamentos de prescripción médica» cuyo principio activo es de origen vegetal, pero ha mostrado la eficacia y seguridad requerida para obtener la autorización como medicamento, independientemente de que su origen (hoy en día) sea químico, animal, vegetal o biotecnológico. ¿Y por qué te estoy soltando este rollo? Para que no te fíes de las hierbas por muy naturales que sean.

Existe la percepción de que los productos «naturales» son inocuos en lo referente a efectos secundarios y ventajosos, por otro lado, por su supuesto carácter «natural», frente a los principios activos utilizados por la medicina tradicional. Claro que esta creencia se basa en el tiempo en que se llevan usando, las tradiciones, el «mi abuela ya lo usaba», y nunca en estudios científicos para evaluar su seguridad. Mucha gente, segura de que algo natural no puede ser perjudicial, ha ingerido infusiones sin dosis indicada y sin ningún tipo de control, por supuesto, sin saber que todas estas hierbas naturales producen otras moléculas que pueden tener interacciones graves con la toma de ciertos medicamentos. Tanto es así que el Ministerio de Sanidad tuvo que catalogar cientos de plantas existentes en el mercado español que desde ese momento dejaron de dispensarse en herbolarios por su potencial tóxico. Solo un par de ejemplos. El ajo, tan usado en cocina y con tantas supuestas propiedades medicinales (la mayoría no probadas), tiene una que es real. Es un potente anticoagulante, por tanto, no deberías tomarlo si estás bajo prescripción con anticoagulantes orales, ya que potencia su efecto y provoca un mayor riesgo de sangrado. Igual te ocurriría con el *ginkgo* y la papaya. Todo lo contrario, es decir, riesgo de trombos, si te estás medicando con anticoagulantes orales y tomas *ginseng,* o te inyectas heparina (tras un tiempo inmovilizado o una cirugía) y tomas sauce. Posiblemente, una de las plantas más populares, más estudiadas y con una larga lista de interacciones es el hipérico o la hierba de San Juan. Son solo unos pocos ejemplos de los muchos que hay. Todas se venden en casi cualquier sitio y en varios formatos. Ten cuidado.

Melilotus officinalis.

Según la FAO, se utilizan más de 50.000 especies de plantas con fines medicinales. Algunos de los compuestos son analgésicos (como la morfina, obtenida de la adormidera, cultivada desde hace 7000 años), antitusivos (codeína), antihipertensivos (reserpina), cardiotónicos (digoxina), antineoplásicos (paclitaxel) o antipalúdicos (como la artemisina o la cloroquina, usada actualmente frente a la COVID-19, que es la versión sintética de la quinina de

Cinchona officinalis). Todos estos compuestos, y muchos más, se han obtenido de fuentes vegetales, pero en ningún momento las plantas evolucionaron para servirnos como botica del campo y hacernos la vida más fácil. Es más, el hecho de que hoy en día podamos «disfrutar» de los beneficios de un tratamiento médico de origen vegetal en muchas ocasiones ha sido por casualidad, como cuando encuentras una cosa que no buscabas, o cuando en ciencia buscas una cosa y encuentras otra, lo que llamamos «serendipia»...

A principios del siglo XX, agricultores de las praderas del norte de Estados Unidos empezaron a plantar trébol dulce (*Melilotus officinalis*). Esta hierba venía de Europa y resultaba resistente al frío y a la sequía, así que la idea era proveer abundante forraje para la alimentación del ganado. En EE. UU. y Canadá se produjo en 1920 un brote de una enfermedad en el ganado que no había ocurrido antes. Los animales morían por hemorragias incontrolables por lesiones leves o a veces por hemorragias internas. Un veterinario canadiense, Frank Schofield, determinó que la causa era la alimentación del ganado con una mezcla mohosa de trébol dulce, que actuaba como un potente anticoagulante. Hasta 1940, esa sustancia fue un misterio. Karl Paul Link y su grupo, en la Universidad de Wisconsin, aislaron y caracterizaron el causante de estas hemorragias. La sustancia era 3,3'-metilenobis-(4-hidroxicumarina), una micotoxina que más tarde llamaron «dicumarol». Confirmaron sus resultados sintetizando dicumarol y demostrando que era idéntico al agente de origen natural. Durante los años posteriores seguirían encontrando e identificando otras sustancias similares con las mismas propiedades anticoagulantes. La primera que se comercializó fue el propio dicumarol en 1941. Unos años después, se obtuvo la warfarina, un derivado del dicumarol que fue utilizado como un potente veneno contra roedores. Fue patentado en 1948 como raticida y utilizado en áreas residenciales, industriales y agrícolas. Su nombre viene de «WARF», que significa «Wisconsin Alumni Research Foundation», y «ARINA», que denota la relación con la cumarina, ese metabolito que también estaba presente en la canela de casia. En 1951, un soldado del Ejército americano intentó suicidarse con warfarina, pero no tuvo éxito. Esto marcó el inicio de los estudios de este compuesto como anticoagulante terapéutico. Resultó ser superior al dicumarol, así que, a mediados de la década de los 50, fue aprobado su uso clínico en humanos. El presidente de los EE. UU., Dwight Eisenhower, fue uno de los primeros en tomarla después de un ataque al corazón en 1955.

Si hay un medicamento de origen vegetal que sobresale por encima de los demás, es la aspirina. Todo el mundo conoce la aspirina. Ha aliviado el dolor, la fiebre y la inflamación de millones de personas en la Tierra… y en la Luna, porque ha llegado hasta allí en varias misiones espaciales. Hoy en día, se consumen en todo el mundo unos 200 millones de pastillas diarias. Actualmente, el 100 % de la producción mundial de aspirina, manufacturada por la multinacional Bayer, tiene lugar en Langreo (España). Pues bien, existen antecedentes de que los sumerios y los chinos usaban las hojas de sauce como analgésico hace más de 3000 años, aunque fueron los textos de Hipócrates (460-370 a. C.), padre de la medicina griega, los que mencionan por primera vez el uso de un brebaje obtenido de la corteza y las hojas de un tipo de sauce, *Salix latinum*, que se administraba para aliviar los dolores y la fiebre, o bien se mascaba para lograr analgesia durante el parto. Sin embargo, el medicamento, cuyo principio activo es el ácido acetilsalicílico, ha cumplido recientemente 120 años de historia. ¡Y qué historia!

Todo comienza con Edward Stone, un reverendo inglés, que, conociendo el uso de la corteza de sauce blanco, llevó a cabo estudios clínicos con 50 pacientes con fiebre y otras enfermedades inflamatorias usando hojas de sauce secas disueltas en agua, té y un poco de cerveza. Los resultados los envió a modo de carta, pero dándole un enfoque científico a la Royal Society en 1763, destacando el efecto antipirético del extracto empleado. La fase posterior de aislar y purificar el principio activo duró medio siglo. Lo primero que se aisló de la corteza del sauce fue la salicilina, que resulta tóxica en exceso. Es un precursor del ácido salicílico y del ácido acetilsalicílico de sabor amargo (como la quinina de la tónica), amarillento y en forma de agujas cristalinas. Aunque dos investigadores italianos consiguieron aislarla previamente, fue Johann Buchner, profesor de Farmacia de la Universidad de Munich, quien en 1828 consiguió aislarla con una mayor pureza.

Diez años después, en 1838, Raffaele Piria, un químico italiano, trabajando en La Sorbona de París, logró separar la salicina en azúcar y en un componente aromático llamado «saligenina», precursor de los cristales incoloros a los que llamó «ácido salicílico». Hubo varios intentos de sintetizar ácido acetilsalicílico queriendo mejorar el sabor amargo y otros efectos secundarios del ácido salicílico, como la irritación de las paredes del estómago. Todos estos descubrimientos llevaron a la fundación por el químico Friedrich Bayer de la compañía Bayer. El director de la rama farmacéutica, Arthur Eichengrün (conocido por desarrollar el medicamento de éxito para la gonorrea hasta que fue tratada con antibióticos), se encargó de desarrollar una forma menos tóxica del ácido salicílico y le encomendó este trabajo al joven farmacéutico alemán Felix Hoffmann, que, finalmente, consiguió sintetizar el ácido acetilsalicílico el 10 de agosto de 1897. Hoffmann probó su fórmula con éxito con su padre, que sufría dolores debido a un reumatismo crónico. Eichengrün le pasó la fórmula de su pupilo a Heinrich Dresser, el que estaba al mando de la rama farmacológica de Bayer, pero este la rechazó alegando que era cardiotóxica. Igual no le interesaba mucho, porque estaba desarrollando también con ayuda de Hoffmann un nuevo antitusivo para Bayer menos adictivo que la morfina: heroína. Esta saldría a la venta pocos días después de la aspirina. Eichengrün probó él mismo la aspirina para demostrar que no era cardiotóxica, y esto convenció finalmente a Dresser, que redactó los informes y mandó la droga a ser evaluada, así que, finalmente, los trabajos de Hoffmann y Eichengrün fueron ignorados. Dresser la llamó «aspirina»: *a*, prefijo griego que significa «sin»; *spir*, por *Spiraea ulmaria*, de cuyas flores se obtiene el principio activo, e *in*, por ser un sufijo utilizado en aquel momento para las drogas, por lo que significa «droga fabricada sin el uso de dicha planta». El 6 de marzo de 1899, fue inscrita con este nombre en la Oficina Imperial de Patentes de Berlín como marca registrada de Bayer. Se introdujo así como marca comercial en el mercado mundial como antipirético, antiinflamatorio y analgésico, aunque hoy en día se le asocian más propiedades terapéuticas y, por tanto, más indicaciones. Hace décadas que la OMS incluyó la aspirina en la lista de los medicamentos indispensables que todo sistema de salud debería tener.

Para la gripe, es bastante conocido el Tamiflu, de los laboratorios Hoffmann-La Roche. Este medicamento tiene como principio activo el oseltamivir, y esta molécula deriva del ácido shikímico, que se extrae del *shikimí* japonés o anís estrellado japonés. Esta planta es muy tóxica porque contiene anisatina, con gran actividad insecticida. Su disponibilidad mundial es limitada. Por este motivo, a partir de 2010 varias investigaciones han sido publicadas utilizando otros métodos de síntesis alternativos al uso del ácido shikímico. Se han utilizado semillas de liquidámbar o acículas (las hojas en forma de aguja) de pino, pero el rendimiento de estos procesos era muy bajo. Sin embargo, en 2011 un grupo de científicos japoneses lograron obtener ácido shikímico macerando hojas de *ginkgo* en un líquido iónico a alta temperatura. El rendimiento fue elevado.

Anuncio de Aspinina de Bayer de 1920.

Pero las plantas también han servido para tratar el cáncer. En 1958, comienza la historia del paclitaxel. El Instituto Nacional del Cáncer de EE. UU. encargó a botánicos del Departamento de Agricultura recolectar muestras de más de 30.000 plantas para comprobar sus propiedades anticancerígenas. Arthur S. Barclay, uno de los botánicos, recogió varios kilos de ramas, agujas y corteza del tejo del Pacífico. Tiempo después, en 1963, Monroe E. Wall descubrió que los extractos de la corteza tenían propiedades antitumorales. El principio activo era el paclitaxel, que fue aislado en 1968 por Monroe E. Wall y Mansukh C. Wani. En 1970, los dos científicos determinaron su estructura. Después de esto, quedaría perfeccionar el método de obtención y conocer su mecanismo de acción, antes de que se convirtiera en una herramienta muy eficaz para los médicos que tratan pacientes con cáncer de pulmón, ovario, mama y formas avanzadas del sarcoma de Kaposi. Se vende desde 1993 con el nombre comercial de Taxol. Con este nombre, ya no olvidarás que se obtuvo del tejo.

Algunas moléculas vegetales han servido para la producción de fármacos después de mucho tiempo y de un duro proceso de investigación. No podemos negar que nos han hecho la vida más fácil y hemos podido soportar dolencias que, sin ellas, hubieran sido insufribles. Una preciosa flor, aparentemente delicada, como la adormidera, (una especie de amapola), nos ha provisto de una batería de principios activos. Aunque esta flor ha sido cultivada por el hombre desde hace miles de años, su empleo en medicina probablemente se remonta al antiguo Egipto, donde se describen en los jeroglíficos los usos como analgésico y calmante del jugo que sale de las cabezas de la adormidera y en el *Papiro Ebers*, donde se indica su uso para «evitar que los bebés griten fuerte». Hablaban del opio. Ha tenido fines lúdicos y hasta llegó a generar un conflicto de grandes proporciones en el siglo XIX debido al mercadeo de opio por parte de Francia, Reino Unido y EE. UU. a China, pero, en medicina, ha sido la fuente de principios activos tan importantes como la morfina (su nombre viene del dios griego de los sueños Morfeo, ya que esta sustancia producía un sueño intenso), la codeína (mira los ingredientes de algún jarabe para la tos), la papaverina y la noscapina. Si estás pensando en las semillas de amapola que tienes en la cocina o en el pan con semillas que comes de vez en cuando, no te preocupes. Estos compuestos se extraen de la savia del fruto en forma de cápsula. No hay alcaloides en las semillas.

Es posible que veas la amigdalina que estaba presente en algunos huesos y semillas de frutos, y que es enormemente tóxica, a la venta con otro nombre, vitamina B17..., cosas de la medicina ortomolecular. Goza de mucha popularidad en ciertos foros y redes sociales. Ni es ninguna vitamina ni cura ningún cáncer. Ni ahora ni cuando se usó hace años. De hecho, la propia Cochrane, organización que se encarga de valorar la información médica disponible, afirma que no hay ensayos clínicos que soporten la hipótesis de que pueda tener efectos beneficiosos para el cáncer y avisa del riesgo considerable de envenenamiento por cianuro tras la ingestión. Por favor, no hagas bobadas. La moda del Laetril costó muchas vidas, entre ellas la del actor Steve McQueen, que se trató con este fármaco fraudulento, con los resultados esperados: falleció.

Las moléculas de origen vegetal están siendo evaluadas continuamente. Por citar solo un ejemplo, la planta dondiego de noche tiene diferentes usos. Las flores se utilizan para obtener colorantes usados en alimentación, y esto es debido a la presencia de ocho betalaínas (pigmentos rojos y amarillos). Se obtiene un tinte carmesí que es comestible y da color a tartas y jaleas. La raíz se ha usado como purgante y, si vemos su composición, contiene varios rotenoides, que son moléculas que actúan como insecticidas. Las hojas son ricas en varios esteroles, uno de los cuales, el β-sitosterol, se ha utilizado para el alivio de los síntomas derivados de la hiperplasia benigna de próstata con buenos resultados.

La riqueza de estos compuestos en las plantas es impresionante, y la variedad de moléculas y aplicaciones, también, así que es lógico pensar que sigan apareciendo fármacos cuyo principio activo es de origen vegetal. Nos ayudarán a prevenir, a tratar dolencias, a curarnos..., aunque de momento no tenemos evidencia de que la clave de la inmortalidad tenga origen vegetal.

Aurora despidiéndose de Tithonus de Francesco
Solimena, 1704. Museo J. Paul Getty.

LAS PLANTAS (NO) SON ETERNAS

«Who Wants To Live Forever». Freddie
Mercury (1946-1991), cantante, compositor,
pianista y músico británico.

Según la mitología griega, Títono, el mortal hijo del rey de Troya, poseía una belleza deslumbrante, así que era fácil que Eos, la diosa de la aurora, se enamorara de él. No estaba dispuesta a perderlo nunca, por lo que le pidió a Zeus que le concediera la inmortalidad a su amado..., pero olvidó un detalle. Títono sería inmortal, pero envejecería, perdiendo la belleza, la lozanía y el interés de Eos, que no solo lo deseaba inmortal, sino eternamente joven.

Hay especies de seres vivos que son técnicamente inmortales y, a menos que sean cazadas, enfermen o un cambio en el ambiente les afecte de forma fatal, son biológicamente inmortales. Estos individuos raramente morirán de viejos. Ocurre, por ejemplo, con la almeja oceánica Ming (*Arctica islandica*), que tenía 507 años cuando un grupo de biólogos la sacaron de las aguas de las costas de Islandia en 2006. Recibió ese nombre por haber nacido durante el reinado de la dinastía Ming de China, en 1499. La medusa *Turritopsis nutricola* puede volver hacia atrás en cualquier fase de su ciclo de vida, incluso después de la madurez sexual, y permanecer joven siempre que su sistema nervioso se encuentre íntegro.

Es una especie de Benjamin Button en bucle. O las células HeLa de Henrrietta Lacks, que falleció de cáncer cervical en 1951, y siguen reproduciéndose a día de hoy. Han sido un gran aporte al avance científico, ya que con ellas se ha podido investigar la primera vacuna de J. Salk para la polio, el sida, el cáncer, el efecto de la radiación o sustancias tóxicas, etc. Se han publicado más de 60.000 artículos científicos donde se han utilizado. Aunque tiene un reverso tenebroso. Ni Henrietta ni su familia, ciudadanos afroamericanos, fueron informados ni dieron nunca su consentimiento para que sus células fueran utilizadas para investigación médica.

Los árboles son organismos únicos en términos de desarrollo, resistencia y longevidad. Algunos árboles no solo suelen vivir varios cientos de años, sino que también pueden hacerlo durante ¡milenios!, lo que conlleva que nuestra vida sea bastante insignificante en términos comparativos. Es más, hay un concepto en botánica y ecología conocido como «senescencia negativa» que define que el árbol puede tener mejor rendimiento fisiológico a medida que envejece. Pero el hecho de que los árboles puedan tener una longevidad extrema no quiere decir que sean inmortales.

A pesar de la tremenda plasticidad de los árboles, el crecimiento y la longevidad están limitados no solo por factores genéticos, sino también por factores bióticos y abióticos y por condicionantes estructurales asociados con la edad, por ejemplo, restricciones hidráulicas relacionadas con la altura. De todos los estreses ambientales, la sequía es el más determinante para el crecimiento de las plantas. Incluso en las sequoyas, que son los árboles más altos, la altura no parece exceder de 130 m. La razón es que al agua le cuesta más llegar a las partes más altas y esto reduce la expansión de las hojas y la fotosíntesis, aunque haya agua suficiente en el suelo. Además, los nuevos brotes formados a una altura superior a 100 m van a competir en nutrientes con los ya existentes. Al final, es más la altura del árbol y no su edad lo que va a limitar su crecimiento. En ocasiones, el estrés no tiene un efecto tan negativo. El estrés leve o moderado puede promover la longevidad en árboles de vida larga, sin embargo, el estrés severo, y especialmente el originado por insectos y patógenos, puede causarle la muerte. En los bosques de coníferas de los parques nacionales Sequoia y Yosemite en Sierra Nevada (California, EE. UU.), se evaluó la muerte de 3729 árboles durante trece años y se comprobó que el profundo daño producido por insectos y patógenos fue la causa de la muerte del 58 % de los árboles; de estos, el 86 % estaban entre los más grandes.

Los árboles longevos son los que tienen más de 100 años. Son principalmente coníferas que sobreviven más que cualquier otra especie, llegando a tener más de 1000 años. Por el contrario, palmeras, ornamentales y frutales que suelen vivir en torno a 25-50 años, crecen rápidamente y son de baja estatura.

En los bosques, con una localización exacta guardada celosamente para preservarlos, encontramos ejemplares que son los testigos más longevos de la civilización humana. Hay un pino longevo en algún lugar de las White Mountains de California que tiene 5069 años. Su edad fue determinada en 2012 por Tom Harlan. Para ponerlo en contexto, cuando este pino nació, la rueda llevaba 500 años inventada, aún quedaba algún mamut despistado y estaba surgiendo la escritura jeroglífica. Cuando el pino ya tenía casi 500 años, se terminó de construir la gran pirámide de Guiza y aparecieron los primeros documentos escritos en forma de tablillas de barro, lo que marcó el comienzo de la historia. Nuestro pino contaba con casi 2000 años cuando reinó Ramsés II.

Matusalén es un personaje bíblico del Génesis, uno de los ocho supervivientes del diluvio universal y es popularmente conocido por vivir mucho. En las White Mountains habita un pino longevo también llamado Matusalén, solo que no ha vivido 969 años, sino cinco veces más, de momento: 4852 años. Cuando este pino empezó a crecer aún estábamos en la Edad del Bronce.

En los años 50, hubo gran interés por parte de los investigadores en encontrar la especie de árbol más longeva con el fin de usar el análisis de los anillos para saber el clima en períodos anteriores, la datación de yacimientos arqueológicos, etc. Y cómo no, de ver si era posible desbancar al árbol más antiguo conocido, que hasta ese momento era Matusalén. En una ribera de un antiguo glaciar del pico Wheeler, hoy en día el parque nacional de la Gran Cuenca (Nevada, EE. UU.), vive una población de pinos longevos. En una zona accesible pero más aislada creció Prometeo. Donald R. Currey era un estudiante graduado en la Universidad de Carolina del Norte que estudiaba la dinámica climática de la pequeña Edad de Hielo, un corto período frío que abarcó desde comienzos del siglo XIV hasta mediados del siglo XIX (son 500 años, y lo mismo no te parece tan corto, pero piensa que la última glaciación duró 100.000 años). Currey utilizaba las técnicas de dendrocronología basadas en el patrón de crecimiento de los anillos de las especies arbóreas y arbustivas leñosas. Se da la casualidad de que esta técnica también se utilizó para datar a la almeja Ming con la que comenzamos este capítulo y fue lo que originó su muerte. El joven estudiante conoció la existencia de la población de estos pinos y, evaluando el tamaño, la tasa de crecimiento y la forma de algunos de ellos, llegó a la conclusión de que estaba ante árboles de más de 3000 años. Prometeo fue uno de los pinos evaluados. Lo llamó WPN-114, ya que fue el 114º árbol muestreado para su investigación. Fue talado y derribado por Donald R. Currey el 6 de agosto de 1964, un hecho que siempre ha estado envuelto en polémica. No se sabe a ciencia cierta si Currey lo solicitó o el personal del Servicio Forestal sugirió que talara el árbol en vez de tomar una muestra. ¿Los motivos? Hay diversas teorías: un fallo en su perforador que hizo que se rompiera y se quedara atascado en el interior del tronco; la idea de que una muestra era difícil de obtener y que no daría tanta información como la sección completa del tronco, o la tranquilidad de pensar que había muchos más árboles similares en edad a Prometeo, a pesar de que una de las personas implicadas en la autorización para su derribo sabía que no era así. Qué error. Prometeo era único. Tenía 4844 años y, sin duda, era el más viejo del lugar. Otros estudios posteriores sitúan la edad de este árbol en 4900 años. La muerte de Prometeo enfadó mucho a prensa y público, pero motivó la creación del parque nacional de la Gran Cuenca, que protege los pinos longevos; no se puede talar ni recolectar su madera.

También hay angiospermas que pueden alcanzar una longevidad extraordinaria. Los baobabs, cuyo nombre de origen árabe *buhibab* significa «padre de muchas semillas», son árboles del género *Adansonia*, que comprende ocho especies (siete de ellas son africanas y una australiana). *Adansonia grandidieri* es la especie más alta y esbelta, fácilmente reconocible porque, además de su altura (25 m), se caracteriza por tener un tronco liso de madera fibrosa lleno de agua. Puede albergar hasta 120.000 litros que acumula cuando llueve, con el objetivo de poder sobrevivir cuando llegue la escasez en las regiones áridas donde habita. En general, es un árbol del que se aprovechan bastantes productos. Por ejemplo, la corteza fibrosa se usa para hacer tejidos; la pulpa del fruto, para comer y para dar como alimento a las cabras (y así ayudan a dispersar las semillas en las heces), y de las semillas se extrae un aceite que usan en cocina.

Algunos individuos de baobabs alcanzan edades muy avanzadas. Estos árboles viven tanto tiempo porque producen periódicamente nuevos tallos, de manera similar a como otros árboles producen nuevas ramas. Con el tiempo, estos tallos se fusionan en una estructura en forma de anillo, creando una falsa cavidad en el centro del tronco. El botánico francés que dio su nombre a este género, Michel Adanson, consideró que algunos ejemplares de *Adansonia digitata* tenían unos 5000 años, pero esto fue considerado una conjetura, ya que hasta ese momento no se sabía si el tronco tendría anillos y, dada la dificultad, probablemente no se plantearan seccionar el tronco de un baobab de tal altura y diámetro para estudiarlos (de tenerlos), según apuntó E. R. Swart en una carta publicada en *Nature* en 1963. Este investigador, usando la datación por carbono 14, llegó a estimar una edad similar (5568 años) en unas muestras más pequeñas de árboles que fueron talados en la década de los 60. Sí, los baobabs tenían anillos en el tronco, lo que ocurre es que no resultan adecuados para calcular su edad porque sus troncos no necesariamente producen anillos anuales.

Por cierto, se están muriendo y no sabemos por qué. No parece que sea consecuencia de epidemia o enfermedad, y todo apunta a que puede ser un efecto del calentamiento global, aunque habrá que seguir investigando y ver qué es lo que realmente está acabando con las angiospermas más antiguas de nuestro planeta.

Adansonia grandidieri. Madagascar.

No es lo mismo *resistencia* que *resiliencia*. Y tampoco es igual *envejecimiento* (permanencia en el tiempo) que *senescencia* (deterioro fisiológico causado por la edad). En un artículo de opinión publicado en la revista *Trends in Plant Science* en 2018, Munné-Bosch, del Departamento de Biología de la Evolución, Ecología y Ciencias Medioambientales de la Universidad de Barcelona, afirma que solo unos pocos individuos pueden sobrevivir lo suficiente para alcanzar una edad avanzada, de manera que llegar a la vejez es una excepción y no la regla en árboles longevos. Por otro lado, es difícil determinar la senescencia de estos árboles en su hábitat natural, simplemente porque el número de los árboles más viejos será reducido. Entonces, ¿qué es lo que los hace ser tan longevos? ¿Cómo pueden escapar al desgaste del envejecimiento? En primer lugar, cuentan con una tasa lenta de cambios mutacionales. Si las células madre se dividen solo unas pocas veces, la probabilidad de sufrir mutaciones perjudiciales suele ser baja. La edad es un factor negativo, pero también es esencial para que el árbol tenga un tamaño y una altura mínimos que lo ayuden a soportar el estrés en las primeras etapas de su desarrollo y para llegar a florecer y alcanzar la etapa de árbol maduro. Dado que la altura les limita el crecimiento, lo que hacen es crecer a lo ancho, es decir, aumentar el diámetro del tronco y así evitar la senescencia de todo el organismo.

Otra estrategia es perder la dominancia apical. Esto significa que, cuando cortas el tallo por la parte de arriba, la planta va a crecer a lo ancho desarrollando nuevos brotes laterales. Es una estrategia bien conocida por los amantes de los bonsáis. Al final, es una forma efectiva de que el árbol no siga creciendo a lo alto y de asegurar el aporte de agua y nutrientes a toda la planta, ya que no tienen que «subir», sino repartirse. En segundo lugar, puede que el tronco se vea destruido por un rayo, un fuerte viento o haya sufrido daños severos por otros motivos. Un tronco dañado no es sinónimo de muerte. De hecho, es tejido muerto en un 95% y como dicen en las Islas del Hierro de *Juego de Tronos*, «lo que está muerto no puede morir». Siempre que el sistema vascular esté intacto, es posible que el árbol pueda resurgir construyendo nueva vida sobre las estructuras muertas, como nos recuerda el conocido poema de Machado «A un olmo seco». Digamos que, si el crecimiento del árbol se distribuye en distintas zonas, se reparte el riesgo y puede seguir viviendo, aunque una de ellas pueda dañarse.

Esto es lo que ocurrió en Noruega. En el parque nacional de Fulufjället encontramos a Old Tjikko y, cerca de este, a Okd Rasmus. Ambos son un tipo de abetos, o mejor dicho, falsos abetos pertenecientes a la especie *Picea abies*. Leif Kullman descubrió a Old Tjikko y lo llamó así en homenaje a su viejo perro fallecido. Apenas tiene 5 metros de altura, pero, si pudiera hablar, contaría hechos de hace más de 9550 años, cuando se empezó a domesticar la cebada y el trigo (con la consiguiente aparición de la cerveza y el pan) y se iniciaba la agricultura en Oriente Próximo. No lo parece. Durante miles de años, su aspecto fue el de un arbusto joven o atrofiado (a esto se le llama formación *krummholz*, que en alemán significa «madera torcida», y son vegetaciones deformadas y atrofiadas en paisajes subárticos y subalpinos), debido a las condiciones extremas del lugar donde vive; sin embargo, sus raíces tienen miles de años. En el siglo XX, el calentamiento global hizo que creciera con una apariencia de árbol normal. El secreto de este árbol es reproducirse por esquejes, como hago yo con mi poto «madre» sembrando una ramita en otra maceta, o cuando reproducimos los rosales cortando un tallo y sembrándolo en tierra. Esto significa que el nuevo árbol que se forme será un clon genéticamente idéntico al anterior. Old Tjikko vive en un hábitat con un clima duro, así que, cuando llega el invierno, el peso de la nieve rompe las ramas y al caer al suelo, comenzarán a desarrollar raíces nuevas. Su tronco morirá algún día; de hecho, se estima que no viven más de 600 años, así que, cuando uno muere, otro ocupará su lugar, ya que su sistema de raíces está intacto. Conocemos el lugar exacto donde está el Old Tjikko, por lo que, si alguna vez pasáis por allí, hay visitas guiadas para verlo. Me sobrecoge solo pensarlo. Un árbol de casi ¡10.000 años!, cuando casi toda la humanidad éramos cazadores-recolectores.

El viejo Tjikko.

Ginkgo biloba de hojas de intenso a color amarillo en otoño.

Una reciente investigación, publicada en enero de 2020 en la prestigiosa revista *Proceedings of the National Academy of Sciences (PNAS)*, explicaba cómo se las ingenia *Ginkgo biloba* para cumplir miles de años. *Ginkgo* es un género que podríamos considerar un fósil viviente. Único representante de toda su estirpe sin ningún pariente vivo. Llevar más de 250 millones de años entre nosotros ha despertado la curiosidad de los científicos para conocer los mecanismos que le hacen vivir tanto. Los autores del estudio han llegado a la conclusión de que los genes relacionados con el crecimiento y la capacidad de realizar fotosíntesis o de germinar las semillas funcionaban correctamente en árboles viejos. Pero, además, los genes relacionados con la resistencia a enfermedades o con la producción de metabolitos secundarios que participan en la defensa funcionaban aún mejor. En resumen, el estudio demuestra que los árboles viejos han desarrollado mecanismos que permiten un equilibrio entre el crecimiento y el envejecimiento.

La plasticidad de los árboles milenarios es impresionante. La competencia por el espacio es importantísima, como ya vimos en capítulos anteriores donde las plantas compiten por la luz, pero estos árboles normalmente están aislados en zonas con poca competencia. De forma general, los árboles más viejos suelen ser más resistentes, pero menos resilientes que los más jóvenes. Por el contrario, los árboles milenarios parecen ser una excepción, ya que son resistentes como los viejos y resilientes como los jóvenes, dado que escapan de los efectos negativos de la mayor altura y tamaño y son capaces de reiniciar el sistema. A pesar de esta plasticidad, no son inmortales. Solo podrán alcanzar la inmortalidad a través de la línea germinal o usando propagación clonal, es decir, si son clones…, y esto ocurre.

Pando, también conocido como el Gigante Temblón, no es un árbol. Es una colonia de más de 6000 toneladas y media de peso, que se extiende en una superficie como la Ciudad del Vaticano y la ocupa con unos 47.000 árboles genéticamente idénticos, clones de un único álamo temblón

(*Populus tremuloides*). Por tanto, no hablamos del árbol más viejo conocido, porque ha perdido la entidad como individuo, pero sí la colonia clonal más antigua (Jurupa Oak, una colonia de robles en Riverside, California, data de hace 13.000 años). Fue descubierto por Burton Barnes, de la Universidad de Michigan, en la década de 1970 y estudiado en detalle por Michael Grant, de la Universidad de Colorado, en Boulder, en 1992. Pando se encuentra en el parque nacional Fishlake, Utah (EE. UU.), con una localización perfectamente determinada, como un ente inmenso y dorado mecido por el viento. Impresionante. Según un reporte de la OCDE (Organización para la Cooperación y el Desarrollo Económico), Pando no ha florecido desde hace unos 10.000 años, cuando tuvo lugar la última glaciación. De modo que, en ese momento, abandonó la reproducción sexual y ya solo se reproduce asexualmente. Lo hace por medio de estolones, brotes a partir de sus raíces que terminan por convertirse en tallos (troncos) adultos. Estos 47.000 troncos van muriendo y renovándose continuamente, y muchos de ellos están conectados por sus raíces. Aún no te he dicho su edad. Vas a alucinar. Sus troncos tienen una media de 130 años, pero las raíces de este gigante se estima que tienen… 80.000 años, y, según algunos expertos, ¡¡¡1.000.000 de años!!! Con estas cifras, es muy muy difícil estimar la edad de Pando de forma precisa.

Desgraciadamente, el Gigante Temblón se está muriendo. En los últimos 30-40 años, Pando no ha crecido. Se desconocen las causas exactas, aunque todo apunta a una combinación de factores: consecuencias del cambio climático como la sequía, el pastoreo, que está destruyendo los nuevos brotes, y el desarrollo humano en la zona. La Universidad Estatal de Utah y el Servicio Forestal de los Estados Unidos están haciendo un gran esfuerzo por encontrar un medio para salvarlo. Al final, depende de todos.

Independientemente de su edad, los árboles más altos y de mayor envergadura son los más vulnerables a la sequía y a la alta temperatura generada por el calentamiento global. La falta de agua origina la formación de burbujas de aire o embolias en los vasos conductores de los árboles. La consecuencia es la muerte, y la mortalidad de estos árboles es especialmente preocupante porque, gracias a su capacidad de absorción, son una reserva del carbono de la atmósfera. Ya deberíamos empezar a tomarlo en serio. Si no hay plantas, no existirá ningún otro ser vivo.

Foto de una arboleda de *Populus tremuloides*, álamo temblón.

PARTE IV.

Y AMA... LAS PLANTAS TAMBIÉN CREAN VIDA

PARA GUSTOS SE HICIERON LOS COLORES... Y LAS FORMAS

«El otoño es una segunda primavera cuando cada hoja es una flor». Albert Camus (1913-1960), dramaturgo y poeta francés.

¿Qué sería de los colores sin flores? Estaremos de acuerdo en que la parte más bonita de una planta es la flor. Y no es casualidad. Su tamaño y forma, pero sobre todo su color y aroma, tienen la simple y a la vez compleja función de asegurar la polinización y, con ello, la continuidad de la especie. La explosión de colores de las flores es, además de una exhibición de energía, una exuberancia estética y un recurso biológico. Sin embargo, las plantas que no necesitan polinizadores suelen tener flores poco vistosas y sin colores.

Si hay una flor que destaca por su belleza y simbología, es la rosa. Hay unas 100 especies de rosas y más de 30.000 cultivares que se han obtenido por cruces entre especies distintas, buscando nuevos rasgos ornamentales o mejores adaptaciones a enfermedades. Los cultivadores de rosas del siglo XX perseguían flores más grandes y con bonitos colores, dejando a un lado la fragancia. Pero, en sus comienzos, no fue así. Cuando las rosas empezaron a domesticarse, la intención era conseguir flores con un mayor número de pétalos, ya que era a partir de estos de donde se obtenía el agua de rosas y los aceites esenciales tan preciados. Llegaron a producirse rosas con más de 100 pétalos y, ¡sorpresa!, vieron que era bella, así que pasó a ser la reina de las ornamentales. La primera imagen de una especie de rosa se encuentra en la isla de Cnossos, en Grecia, y corresponde al siglo XVI a. C., aunque los primeros datos de su utilización ornamental se remontan a Creta en el siglo XVII a. C. El origen del nombre de «Rodas», la isla griega, es incierto, pero la hipótesis que cobra más importancia es que, probablemente, el nombre de «Rodas» haga referencia a la rosa, ya que era frecuente el cultivo de rosas y existen monedas de esa isla, del siglo III a. C, con imágenes de ellas que le dan más valor a esta teoría. La rosa era considerada como símbolo de belleza por babilonios (estaban presentes en los famosos jardines de Babilonia en el 600 a. C.), sirios, egipcios, romanos y griegos. En la antigua Grecia, la rosa estaba estrechamente asociada con Afrodita, la diosa de la belleza, la sensualidad y el amor. La expresión «Haber sido criado en un lecho de rosas» proviene de los sibaritas, naturales de Sybaris, cuyos habitantes más ricos llenaban sus colchones con pétalos de rosas. Actualmente, quizá sea considerada la planta más importante cultivada como ornamental por la belleza y fragancia de su flor, pero también para la extracción de aceite esencial, utilizado en perfumería y cosmética, usos medicinales y gastronómicos. El fruto del rosal silvestre (*Rosa canina*), el escaramujo, tiene un alto contenido en vitamina C y potasio. También contiene vitaminas A, D y E, y antioxidantes. En la serie de los 90 *Twin Peaks*, el proyecto ultrasecreto del FBI y el Ejército de los Estados Unidos que estudia casos sobrenaturales se llama Rosa Azul por una frase pronunciada por una mujer en uno de los casos antes de morir, sugiriendo que las respuestas no podían conseguirse excepto por un camino alternativo que habría que recorrer. Es curioso, porque, a pesar de llevar siglos cultivando esta planta y de haber obtenido formas y colores de lo más diversos, hay un color que se les resiste a los mejoradores: el azul. Después de muchos años e intentos, se ha conseguido obtener una rosa azul, pero para ello hemos tenido que recurrir a la biotecnología y a los genes de la petunia.

Ilustración de un tetradracma de Rodas con una rosa en su inverso. *Le Magasin pittoresque* 1865. BNF.

Por el contrario, la rosa negra, cuyo simbolismo está ligado a la muerte, despedida, renovación, luto, maldad…, y también a la brujería y al culto demoníaco (o al amor, si te va lo gótico), no existe. Es posible que veas fotos de rosas completamente negras y que leas que se cultivan de forma excepcional en Halfeti, un pequeño pueblo de Turquía. Incluso que este color se debe a las condiciones únicas de ese suelo y el pH de las aguas subterráneas del Éufrates. Es falso. De ser cierto, serían unas rosas de un negro azabache hermoso, como terciopelo, pero no es verdad. Son imágenes manipuladas digitalmente o rosas que han sido teñidas…, como cuando ves una rosa multicolor, azul turquesa o verde. Sin embargo, hay dos variedades de rosa que pueden pasar por negras, aunque realmente son de un rojo muy muy oscuro: la rosa Black Baccara y otra aún más oscura, la Perla Negra. La Black Baccara es una de las más codiciadas del mundo y una auténtica pieza de coleccionista. La Perla Negra se cultiva en los llamados *black rose nursery*, una especie de viveros en los que su temperatura y ambiente están totalmente controlados, por ser flores extremadamente delicadas. Y si te gusta el cine y para ti la sensación de felicidad absoluta es ver a Julie Andrews corriendo por un prado en el Tirol, que sepas que hay una variedad de rosa que lleva su nombre («Julie Andrews», no «Tirol»).

Pero ¿qué son en realidad los colores de las flores? ¿De dónde salen?

Black Baccara.

Si te digo que el color es salud para nosotros, no voy muy desencaminada. Los colores son moléculas de pigmentos, y, en función de los pigmentos y la combinación de estos, se genera toda la variedad de colores que exhiben. La mayoría de los colores de flores y frutos pertenecen a dos grupos de pigmentos: carotenoides y antocianinas, ambos son metabolitos secundarios que vimos hace poco. Los carotenoides son responsables del color amarillo, naranja y rojo de muchas flores, de la zanahoria (que, como sabes, es una raíz comestible) y de frutos como la naranja o el tomate. La importancia de estas moléculas para nosotros es que son esenciales para la visión. El β-caroteno es un precursor de la vitamina A, y, al igual que el resto de carotenoides, solo podemos obtenerlos a través de la dieta porque no podemos sintetizarlos. Las antocianinas son responsables de una gama de colores muchísimo más amplia que va desde el rojo hasta el púrpura, pasando por naranjas, amarillos y azules. Están presentes en flores y frutos como las moras, cerezas, ciruelas, uva negra, etc. El color resultante depende del pH (grado de acidez o alcalinidad) donde se encuentre.

El científico alemán Richard Willstätter (1872-1942) fue el primero en describir el cambio de color de las antocianinas. Al cambiar el pH, el color vira de rojo anaranjado en condiciones ácidas, como el de la pelargonidina (frambuesas o fresas), al rojo intenso-violeta de la cianidina (moras, cerezas, arándanos) en condiciones neutras y al rojo púrpura-azul de la delfinidina (uvas Cabernet Sauvignon) en condiciones alcalinas. Esto se conoce como «efecto batocrómico». Estos pigmentos que se acumulan en las flores absorben una parte del espectro de la luz y reflejan y transmiten otra. Por eso, el color que nosotros vemos es el que reflejan y transmiten, no el que absorben. Sin embargo, las abejas y las avispas tienen la capacidad de detectar la luz ultravioleta. Por ese motivo, algunas flores que dependen de estos insectos para su polinización han desarrollado pigmentos que reflejan la luz ultravioleta solar, de manera que pueda ser vista por ellos. El azul, blanco, violeta, amarillo o rosa son típicos colores en estas flores, y nunca el rojo, que no puede ser detectado. Pensando, me viene a la cabeza una flor blanca preciosa que se lo pondría difícil a los polinizadores en un día de lluvia. Es *Diphylleia grayi*, una planta herbácea silvestre que crece en Japón. También es conocida como «flor de cristal» o «flor esqueleto». ¿El motivo? Cuando llueve y sus pétalos se mojan, pierden el pigmento y se vuelven transparentes, hasta que se secan y recuperan su color original. En esto de los colores de las flores, hay una de la que hemos hablado en alguna ocasión que tiene una genética del color algo curiosa y bastante compleja. Es el dondiego de noche. Esta planta puede tener flores de diferentes colores dentro del mismo ejemplar, e incluso una flor individual puede estar salpicada de varios colores. Esto se debe a la presencia de zonas o células con diferente ADN, lo que conocemos como «quimeras», probablemente resultado de alguna mutación. Las ramas con flores normales no se habrán visto envueltas en la mutación, por lo que esta no se transmite a la descendencia. Además, puede cambiar de color a medida que madura, y esto es originado por una transformación de sus pigmentos. Por ejemplo, en la variedad amarilla, puede producir flores que cambien gradualmente al rosa oscuro. O también las flores blancas pueden cambiar al violeta claro.

Pero no solo hay pigmentos en flores y frutos. Seguro que, si te pido que pienses en una imagen típica de otoño, te viene a la cabeza la caída de las hojas de los árboles…, hojas que no son verdes. En las partes verdes de las plantas, que son la mayoría, el pigmento más abundante es la clorofila, responsable de llevar a cabo la fotosíntesis que transforma la luz solar en azúcares y de suministrarle, por tanto, la energía que necesitan para crecer, para vivir, en definitiva. Hay millones de moléculas de clorofila en cada hoja. Aunque absorbe en dos longitudes de onda, una en luz azul y otra en roja, reflejan en la zona intermedia que corresponde al verde. Por eso la vemos verde... hasta que llega el otoño. Con la llegada de los días más cortos, con menos luz, las plantas no van a tener un metabolismo tan activo, eso gasta mucha energía. Se van a ir preparando durante el otoño para entrar en el invierno y ralentizar su metabolismo, así que la producción de clorofila ya no es tan activa, lo que hace que vayan aflorando los colores que permanecían ocultos tras la abundancia de este pigmento. Amarillos, naranjas de distintos tonos, rojizos, cobrizos..., toda una variedad debida a carotenoides y antocianinas, ahora más abundantes que la clorofila. Los niveles de carotenoides son constantes a lo largo del año, pero, enmascarados por la clorofila, solo salen a la luz en otoño. Los responsables de los tonos amarillos son un tipo de carotenoides, las xantofilas, como la luteína (la que da color a la yema del huevo). Uno de los más numerosos será el β-caroteno, que absorbe en la luz azul y verde y refleja en la amarilla y roja, por tanto, lo veremos como el responsable del naranja. A diferencia de los carotenoides, las antocianinas son eminentemente otoñales, se disparan durante este momento dando a las hojas la gama de rojos y cobrizos.

En las plantas, estos pigmentos tienen como función proteger hojas y flores de la radiación ultravioleta por su capacidad antioxidante, proteger de la congelación en momentos de frío y, especialmente en flores, atraer a los polinizadores.

La variedad de flores y colores es tan extensa como la variedad de tamaños y formas que podemos encontrar. Desde la flor más grande conocida, y que ya conoces tú también, *Rafflesia* de varios kilos, a la más pequeñita, visible más bien con lupa, llamada *Wolffia*. Este género comprende entre nueve y once especies de plantas minúsculas, verdosas y acuáticas. En general, se conocen como lentejas de agua y tienen la particularidad de ser bastante saludables nutricionalmente. Su contenido en proteína es muy alto, un 40 % de proteína vegetal de alto valor biológico, muy poca grasa y un 25 % de fibra, así que toda la investigación que gira en torno a esta planta es con fines nutricionales. De hecho, se come en gran parte de Asia. Como su nombre indica, «lenteja» no tiene nada que ver con la forma de una flor normal…, lo que venimos conociendo como una flor típica, con sus sépalos, pétalos de colores vivos, estambres y pistilo. Son plantas que no dependen de polinizadores, no requieren su colaboración ni tienen la necesidad de llamarles la atención. La naturaleza nos sigue sorprendiendo. Todo tiene un porqué, una razón de ser. ¿Qué persigue entonces la forma de las flores? ¿Por qué es tan variada? Al final, la interpretación evolutiva que le damos es que la forma de las flores responde a un conjunto de factores: facilitar la polinización, la dispersión del fruto y de la semilla, y, sobre todo, la protección de las estructuras reproductivas frente a depredadores. En esa búsqueda de la eficacia y optimización, la forma de las flores a veces es caprichosa y sorprendente. Entre los polinizadores y las flores hay una relación muy especial, estrecha, hasta el punto de que han coevolucionado, y determinadas plantas solo se dejan polinizar por un insecto específico. Ese, y no otro, se verá atraído hacia la flor y se llevará su polen. Si hay una familia de plantas con las flores más extrañas, vistosas, raras, insólitas y exóticas, esa es la familia de las orquídeas. Por cierto, ¿sabes de dónde viene la palabra *orquídea*?

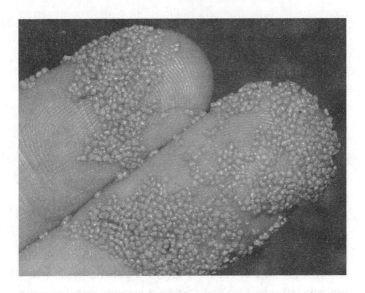

Wolffia. Cada mota de menos de 1 mm de longitud es una planta individual. Autor: Christian Fischer.

EL FLORECER DEL SEXO (I): MASCULINO

> «El cerebro es mi segundo órgano favorito».
> Woody Allen (1935), director, actor,
> escritor y comediante estadounidense.

El polen es la vía que tienen las flores de hacer más flores. Es una frase básica que empleo con los alumnos para que sean conscientes de su importancia. En el humano, vendría a ser una célula que contiene al espermatozoide. Importante, ¿no? Si quieres tener descendencia, lo es. Para ello, la mayoría de las veces el polen debe transportarse, y es ahí donde entra la polinización, dispersando los granos de unas flores a otras para facilitar la fecundación y aportar diversidad genética. Es un error pensar que el propio grano de polen es el gameto o la célula reproductora masculina. Cada grano de polen tiene dos células diferenciadas: una célula vegetativa, que ocupa la mayor parte del grano y se va a encargar del desarrollo del tubo polínico, y una célula generativa, mucho más pequeña, incluida dentro de la célula vegetativa y cuya función será dividirse llegado el momento para dar dos gametos masculinos (o espermátidas, lo que originarían los espermatozoides en el hombre). El polen se produce en las anteras de las flores. Coge una flor que sea grande, como la azucena, y mírala con detenimiento. De donde la tienes cogida no se llama «rabillo», sino «pedúnculo». Las hojas verdes que salen justo bajo la flor son los sépalos (al conjunto de todos los sépalos lo llamamos el «cáliz»), y los pétalos es lo que suele ser variable en número, aromático, casi siempre agradable, y de colores vivos (y todos los pétalos juntos forman la «corola»). Hasta aquí bien, son las partes que todos conocemos. Ahora nos vamos a centrar solo en el aparato reproductor masculino. En conjunto, se llama «androceo» (del latín *androecium*, y este del griego ἀνδρός, «varón», y οἰκίον, «casa») y es muy simple. Consta de los estambres. Los vas a reconocer porque habrás visto unos filamentos muy delgados y largos. En el extremo de cada uno se encuentra la antera. ¡Guarda la flor porque luego veremos la parte femenina! Cada antera puede producir 100.000 granos de polen. Son únicos de cada especie. Bajo el microscopio, vamos a observar granos de polen con un aspecto externo muy variado. La cubierta externa, llamada «exina», tiene una textura ideada para facilitar su dispersión según el medio (si es el aire, será lisa o, si el polen se lo llevan insectos, será rugosa para facilitar la adherencia). Esta cubierta es muy dura y resistente, lo cual tiene lógica si tenemos en cuenta que protege el ADN que dará lugar a nuevos individuos y tiene que estar en condiciones ambientales que pueden ser adversas. Además de bellas, las imágenes que nos ofrece un microscopio electrónico son muy útiles, ya que la morfología es una característica muy específica. El sinfín de formas y texturas distintas hará que sea fácil identificar familias, géneros e incluso especies dentro de estos. Así, surgió la palinología, que se encarga del análisis de la morfología del grano de polen y las esporas estudiando su pared, sus dimensiones, forma, tamaño, simetría, aperturas, contorno, etc.

Hay varias propiedades que tiene el polen que lo hace protagonista de otro tipo de disciplinas científicas. Una de ellas es la paleopalinología. Por un lado, las características químicas de la exina hacen que el grano de polen tenga gran resistencia a la putrefacción. Esto, unido a la sedimentación y fosilización, hace que la información extraída del polen permita deducir cómo era la vegetación en un determinado lugar en el pasado, su evolución o las extinciones.

Insecto en una flor de la que se llevará granos de polen adheridos.

Pero el estudio del polen puede aportar mucha más información, incluso puede ayudar a resolver un crimen. Imagina un cuerpo que ha sido encontrado en un bosque. Los restos de hierba, hojas, semillas, raíces encontrados en el cadáver lo primero que nos van a decir es si fue trasladado allí tras su muerte, dónde estuvo antes o si lo mataron allí. Además, analizando el estadio de desarrollo de las plantas que hay bajo el cuerpo, la pérdida de clorofila, la presencia de nuevos brotes o la muerte de la superficie vegetal, podemos precisar con cierta exactitud el tiempo que lleva allí. Con la entomología forense ocurre algo similar; dado que durante la putrefacción del cuerpo aparece una fauna cadavérica en un orden secuencial, se puede predecir de forma bastante exacta la data de la muerte en función del insecto (y su fase) encontrado. Las esporas y el polen se localizan en las fosas nasales y oídos del cadáver y de los vivos… Que les pregunten a los sufridos alérgicos, que lo saben bien. No es solo que cada tipo de polen sea diferente, sino que cada hábitat tiene una combinación diferente de plantas, lo que podríamos llamar «huella polínica única». Además, el hecho de que la cubierta exterior del polen sea tan resistente hace que se conserve muy bien y perdure aún en malas condiciones ambientales. Estas diminutas partículas vegetales se adhieren al cabello, la piel, las ropas o el calzado y terminan alcanzando casi cualquier objeto, lo que las convierte en una prueba muy esclarecedora en los estudios forenses.

En una camiseta de algodón, tras varios lavados, aún siguen quedando granos de polen, lo que nos permitirá ajustar la localización de su dueño con una exactitud aproximada de 1 km. En 1959, desapareció un hombre en las proximidades de la ciudad de Viena. Tras varios días, no aparecía ni vivo ni muerto. No había pistas fiables sobre su paradero, así que la policía optó por revisar el domicilio de un posible sospechoso. En el registro de la casa se hallaron unas botas manchadas de barro, que fueron remitidas al profesor Klaus, un investigador que se dedicaba al estudio del polen fósil, para que las examinara. La muestra contenía polen reciente de abetos y sauces, en combinación con esporas de una especie del Mioceno de más de 20 millones de años de antigüedad. Esta rareza, encontrada en la tierra adherida a los zapatos, situaba al sospechoso en una zona muy concreta, un bosque cercano al valle del Danubio en el que los sedimentos presentaban esta peculiar combinación. Finalmente, el sospechoso, con un poquito de presión, confesó su crimen e indicó el lugar exacto en que había enterrado el cuerpo de la víctima.

En 2006, se publicó un caso forense muy curioso en la revista *Forensic Science International*. Dos intrusos varones entraron en una casa en la que dormía una chica que había dejado la puerta trasera abierta para el regreso de su novio. Se despertó y vio a extraños en su habitación. Los intrusos salieron corriendo, y a uno de ellos se le cayó su chaqueta en la cocina. Inmediatamente volvió recuperar su chaqueta, pero en su prisa por salir de la casa se frotó contra un arbusto de hipérico en flor que crecía justo en la zona de la puerta trasera. Un sospechoso fue arrestado más tarde ese día y acusado de asalto indecente contra una mujer y robo, pero negó cualquier participación y se negó a nombrar a su cómplice. Un día después, la ropa del sospechoso fue analizada en un examen forense. El análisis de polen de partes seleccionadas de su ropa mostró que sus pantalones de chándal contenían un 14 % de polen de hipérico, la chaqueta vaquera, 24 %, y el polo, 27,5 %. La mayoría de estos granos de polen todavía tenían sus contenidos celulares intactos y estaban en la ropa agrupados, lo que demuestra que no habían sido dispersados por el aire. El polen del arbusto hipérico era idéntico en color, forma, desarrollo y rango de tamaño al polen de la ropa. Tal cantidad de polen encontrada en las prendas era indicador de que el sujeto debía haber estado en contacto directo e íntimo con un arbusto en flor.

Granos de polen de varias especies de plantas comunes: Girasol (*Helianthus annuus*), Gloria de la mañana (*Ipomoea purpurea*), Malva real (*Alcea rosea*), Azucena (*Lilium auratum*), Primavera de jardín (*Oenothera fruticosa*), y Ricino (*Ricinus communis*). El foto está ampliado aproximadamente 500 veces, así el grano en la esquina izquierda inferior es aproximadamente 50 µm de largo.

Las pruebas de polen son, por su naturaleza, circunstanciales y, a menudo, no pueden usarse por sí mismas para condenar o, más estrictamente, para determinar la verdad. El sospechoso pudo haber estado en contacto con hipérico en otro lugar, pero las investigaciones detalladas indicaron que esto era poco probable. En 30 años de trabajo forense en Nueva Zelanda, el polen de *Hypericum* solo se había encontrado en vestimenta en cantidades mínimas. Esta es solo una de las formas en que la palinología forense puede ayudar a los organismos encargados de hacer cumplir la ley a determinar el historial de una acción criminal, y demuestra que la palinología forense debe considerarse como parte integral de cualquier investigación criminal.

No olvidemos uno de los principios básicos de la criminología, el principio de intercambio de Locard. El Dr. Edmond Locard (1877-1966) especuló que, cada vez que se hace contacto con otra persona, lugar o cosa, el resultado es un intercambio de materiales físicos. Es decir, en cada contacto dejaremos algo nuestro, pero también nos llevaremos algo. Tenlo en cuenta si te planteas cometer un delito.

Relacionado con el polen hay un concepto muy interesante con aplicaciones muy prácticas en biología de plantas. Se trata de la androesterilidad o *male-sterility*, y es la incapacidad de una planta para producir y/o diseminar granos de polen funcionales. O sea, que la planta es estéril. Es un proceso natural que puede deberse a fallos en el desarrollo del polen o a mutaciones. Sin embargo, los mejoradores genéticos han sabido sacarle provecho a este defecto, y es posible tanto mantenerlo de forma artificial como provocar esta esterilidad, dado que en el campo de la mejora genética vegetal tiene una gran utilidad. Una de las aplicaciones es que las líneas androestériles son un excelente método de contención para evitar diseminación de polen en plantas transgénicas y polinizaciones no deseadas, especialmente si hablamos de plantas en cultivos abiertos que suelen producir grandes cantidades de polen dispersado por el viento.

Para contarte la otra gran aplicación, es preciso que

hagamos un alto para describir el concepto biológico de «vigor híbrido» o «heterosis». Partimos de la idea de que, cuando hay endogamia, es decir, reproducción entre miembros muy cercanos de la misma familia o linaje, la variabilidad genética es reducida, y eso es un problema. De hecho, es conocido que la endogamia en algunas familias reales entre tíos y sobrinas o entre primos no solo ha traído problemas de salud, como en el caso de los Habsburgo en el siglo XVI-XVII, sino que llegó a terminar debido a la infertilidad de Carlos II con la dinastía de los Austrias. ¿No has oído nunca que los perros sin pedigrí suelen vivir más y estar más sanos que los de pura raza? Pues la heterosis vendría a ser el resultado opuesto a la endogamia. Dicho de otro modo, es un efecto que tiene lugar cuando los descendientes son mejores que los padres. Las mejores características de los padres se combinan en sus hijos, cosa que no ocurriría si estos hijos se reprodujeran después entre ellos. Esas características beneficiosas no se transmiten a las sucesivas generaciones, de manera que la única forma de tener individuos que las hereden es cruzando siempre a individuos parentales que las tengan (conocidos como «líneas puras»). El resultado será un híbrido, pero de dos individuos de la misma especie, por lo que tendrá descendencia viable. Es importante no confundir este híbrido con el organismo resultante de cruzar dos especies, como ocurre con la mula, el perro lobo, el plátano o la fresa. El vigor híbrido es muy codiciado por su gran valor en agricultura y en ganadería, donde se aplica a ganado y aves de corral. Cuanto menor sea el parentesco entre líneas o razas, o sean más alejadas por origen, mayor será el vigor híbrido y, por tanto, mejores cualidades mostrará.

Granos de polen.

En agricultura, las plantas resultantes son de mayor tamaño, más homogéneas, más resistentes o dan mejor rendimiento. Una de las grandes revoluciones en la agricultura en el siglo XX fue la introducción en el mercado de las semillas híbridas F1 (el F1 viene de «filial de primera generación», vamos, la primera descendencia). Estas semillas son las que van a dar plantas que manifiestan vigor híbrido. Hacia 1930, los productores de maíz estadounidenses empezaron a renunciar a sus propias semillas y a comprar las que les ofrecían empresas especializadas. Se trataba de semillas híbridas F1 y causaron un espectacular incremento del rendimiento del maíz estadounidense en la segunda mitad del siglo XX, que se multiplicó por seis. Dado que los individuos de esta F1 van a tener mejores cualidades que sus padres, los agricultores compran cada año esta semilla híbrida en vez de utilizar las obtenidas en sus propias cosechas. Nadie los obliga, lo hacen porque conocen los resultados. Hoy en día, prácticamente la totalidad de la semilla de los cultivos que se comercializan es híbrida.

Volviendo a la otra aplicación de las líneas androestériles, para producir semillas híbridas F1 es fundamental desarrollar y mantener las líneas puras que harán de progenitores, siendo una de ellas en concreto el parental masculino (polinizando) y la otra, el parental femenino (polinizada). Es clave que el cruce sea en el sentido deseado. Por tanto, para evitar que haya polinización cruzada, lo ideal es que la línea que se utilice como parental femenino sea androestéril, así nos aseguraremos de que ni se autopoliniza ni va a polinizar al parental masculino. El cruce sería efectivo y en el sentido correcto. Por otro lado, una vez obtenidos los híbridos, debemos evitar la autofecundación (recuerda que deben venir siempre de los parentales «superiores»), y esta característica es la parte más costosa del proceso de obtención de estas semillas. Tradicionalmente, se hace quitando las anteras una a una, proceso conocido como «emasculación». En el maíz es fácil porque tiene flores masculinas y femeninas separadas, y solo habría que arrancar la masculina, que es un penacho superior, pero te puedes imaginar lo que es ir emasculando en otras plantas donde las flores tienen los dos sexos y teniendo que polinizarlas a mano... Los androestériles son la solución.

Respecto a las bondades del polen, si ya tienes una cierta edad, seguramente recordarás al tío Cirilo, que creó allá por los 90 el Ciripolen. Una bebida para el vigor sexual hecha a base de polen. Esta bebida patrocinó al Rayo Vallecano durante una temporada y se repartió en las cárceles de media España para tener contentos a los presos. ¿Es cierto que el polen sea un vigorizante sexual? La composición nutricional del polen depende de la especie. Tiene proteínas, grasas, hidratos de carbono (la mayoría azúcares), pero también minerales, vitaminas, micronutrientes... ¿Tan saludable como para justificar un aporte de 35 g de azúcares? Pues, a decir verdad, la FDA (Agencia de Medicamentos y Alimentación estadounidense) no ha encontrado efectos dañinos, salvo que seas alérgico al polen o a las abejas, pero tampoco hay evidencias científicas de efectos beneficiosos. Es cierto que su composición es rica y nutritiva, pero, dado que se consume poca cantidad, el efecto es muy limitado y nada que no se pueda obtener con una dieta saludable.

El polen forma parte de otros productos que también son aprovechados como alimentos o suplementos nutricionales. El propóleo es una especie de resina fabricada por las abejas melíferas (*Apis mellifera*) con su saliva a partir de cera de abejas, exudado de savia de árboles, aceites y polen. Aunque durante siglos se ha pensado que la función del propóleo era la de sellar las colmenas para protegerlas de la lluvia, la temperatura o el viento, se ha comprobado que, en realidad, su función es la de reforzar la estabilidad estructural de la colmena, reducir las vibraciones, sellar entradas alternativas y prevenir enfermedades y parásitos. El propóleo se usa para tratar la inflamación y llagas dentro de la boca (mucositis oral), para quemaduras, diabetes, el herpes labial, las aftas y otras dolencias. Sin embargo, la evidencia científica ha demostrado que únicamente podría ser eficaz para la inflamación y las llagas en la boca. De lo demás, olvídate de momento..., no hay suficientes pruebas.

EL FLORECER DEL SEXO (II): FEMENINO

> «I am obnoxious to each carping tongue / who says my hand a needle better fits. / A poet's pen all scorn I should thus wrong / for such despite they cast on female wits; / if what I do prove well, it won't advance, / they'll say it's stolen, or else, it was by chance». Anne Bradstreet (1612-1672), escritora y poeta estadounidense.

La parte femenina es más compleja. Da igual cuándo leas esto o en qué contexto. El aparato reproductor femenino de la flor no iba a ser una excepción. Si el masculino era el «androceo», el femenino será «gineceo». Este vocablo viene del griego γυναικειον (*gynaikeion*) derivado de γυνη (*gynē*) o γυναικος (*gynaikos*), que quiere decir «mujer». Y el nombre no deja de ser metafórico, ya que en la antigua Grecia el gineceo era la parte de la casa donde vivían las mujeres, y en una flor el gineceo es la parte donde se encuentran los gametos femeninos. Las flores han servido de inspiración a muchos artistas. Si tengo que elegir a uno, me quedo con la estadounidense Georgia O'Keeffe. Esta longeva señora, considerada la madre del estilo modernista estadounidense, a lo largo de su carrera pintó cientos de cuadros de flores con una estética muy propia, ya que le gustaba retratarlas desde muy cerca, representando todos los rasgos de su anatomía. Muchos críticos de arte han querido ver en estas representaciones tan particulares una metáfora de la sexualidad femenina, dado que a esto se junta el hecho de que le gustaba pintar estando completamente desnuda, pero ella lo negó siempre y dijo que solo eran flores y que las pintaba porque le gustaban, aunque, mirando sus cuadros, es inevitable ver la referencia a la sensualidad femenina. En el 2014, uno de sus cuadros florales, *Jimson Weed/White Flower No.1*, representando una flor de *Datura stramonium*, fue vendido por 44,4 millones de euros. Por cierto, Georgia tenía estramonio en su patio porque ignoraba la toxicidad de esta planta. Digan lo que digan, esta ha sido la flor más cara de la historia. Ya sé que el cuadro de *Los girasoles* de Van Gogh se vendió por un precio superior, 74,5 millones de euros, pero en este cuadro de Van Gogh aparecen 15 girasoles, lo que hacen 5 millones por flor. Por lo tanto, la flor más cara es la que pintó Georgia. Admirar los hermosos cuadros de Georgia O'Keeffe es una forma de conocer cómo son las flores, sobre todo la parte femenina que representaba con todo lujo de detalles. ¿Sirve para ver las similitudes con el aparato reproductor femenino del *Homo sapiens*? Eso ya lo dejo a la imaginación de cada uno.

Del mismo modo que el cáliz está formado por sépalos y la corola por pétalos, el gineceo se compone de carpelos que también son hojas modificadas, solo que, en este caso, están especializadas en la formación y protección de los gametos femeninos. Coge la flor del capítulo anterior. Fíjate que, si quitas algunos pétalos, en el interior verás una estructura típica en forma de botellita que se llama en realidad «pistilo». Básicamente consta de tres partes: el ovario, el estilo y el estigma.

Siguiendo con el símil de la botella, el estigma es la boca de la botella. Además de recibir el polen, va a determinar si es compatible o no y ayudarlo a emitir el tubo polínico que llegará al ovario, y a través del cual se transportarán los granos de polen. Como ves, la parte femenina de la flor es muy selectiva y establece su propia frontera en la entrada, que determina quién puede entrar y quién no. Un «no es no» vegetal en toda regla. El estilo sería el cuello de la botella, alargado y variable, desde 0,5 mm hasta más de 30 cm en algunas variedades de maíz.

Flor de azahar donde vemos el estigma en la parte central.

¿Te has dado cuenta de los pelos amarillos o naranjas que acompañan a la mazorca de maíz en la planta? Esas barbas son los estilos de todas las flores que forman la inflorescencia femenina, es decir, desde el punto de vista botánico, una inflorescencia no es una sola flor, sino un conjunto de flores pequeñitas. En el maíz pasa una cosa muy curiosa, y es que cada grano viene de una fecundación diferente, por eso hay variedades que se llaman «variegadas», porque tienen granos de distintos colores. Estamos acostumbrados a ver las variedades de maíz blanco o amarillo, que, además, al ser híbridas, son todas homogéneas, pero hay variedades de maíces azules, rojos o verdes. Mi favorita es la variedad Glass Gem, que fue desarrollada por Carl Barnes en Oklahoma, a partir de cruces con varios maíces nativos. La particularidad de este maíz es que cada grano parece una perla de cristal con un color diferente. Es una absoluta maravilla y representa la multitud de gineceos que encontramos en una sola mazorca, ya que, si solo hubiera una fecundación y el embrión luego se dividiera, todos los granos tendrían el mismo color. No dejes de buscar imágenes de este maíz. Hay un caso parecido donde tenemos multitud de inflorescencias, con la diferencia de que no necesitas que se fecunde, sino que directamente lo que te comes es la propia flor. Y dado que es una flor que no tiene pétalos ni estambres, sino que es un apelotonamiento de gineceos, lo que te estás metiendo en la boca es un buen bocado de genitales (vegetales) femeninos. Esto te pasa cada vez que comes coliflor o brócoli. Piénsalo la próxima vez y verás cómo le encuentras un puntillo diferente.

Seguimos con la parte femenina de la flor. En la botella, el ovario es la base engrosada, la parte más importante de la reproducción sexual. Es el lugar que acoge los óvulos, desde uno hasta cientos, dependiendo de la especie, donde tiene lugar la fecundación y donde se va a desarrollar el nuevo embrión formando parte de la semilla. Con el paso de flor a fruto, el óvulo se transformará en la semilla. Es fácil confundir el óvulo con el gameto femenino, dado que en animales se llaman igual. Pero en plantas, de la misma manera que vimos con anterioridad que el polen no era el gameto masculino, el gameto femenino se llama «célula huevo» y se desarrolla dentro del óvulo. Esto es debido a que las plantas no se mueven y están expuestas a la intemperie. Nosotros nos fecundamos en la intimidad y nuestras células germinales están protegidas por nuestros sistemas reproductores. En cambio, el polen tiene que ir de un sitio a otro sin protección, y en algunas plantas la parte femenina también está expuesta, por eso necesita una estructura más compleja que proteja a la célula germinal. Por lo tanto, si alguna vez te lo preguntan, un grano de polen no es como el espermatozoide, ni un óvulo de plantas es como el óvulo. Es una estructura más compleja. De hecho, la protección del gameto femenino ha creado algún que otro problema evolutivo.

Las coníferas son el grupo más importante de la subdivisión botánica, que son las gimnospermas, lo que, cuando éramos niños, estudiábamos como «plantas sin flores» para diferenciarlas de las angiospermas o «plantas con flores». Se originaron hace unos 350 millones de años y dominaron la Tierra durante más de 200 millones de años hasta que aparecieron las primeras plantas con flores y también algunos animales, como los dinosaurios, cocodrilos y tiburones. Las plantas de este grupo pertenecen a unos 80 géneros con más de 800 especies, y todas comparten estas características: tienen la semilla desnuda y no producen fruto, pero sí flores…, o algo parecido. Las flores de la mayoría de las gimnospermas tienen los carpelos abiertos, libres, no se diferencia estilo ni estigma y tampoco se forma una cavidad ovárica. Los óvulos estarán expuestos, desnudos. ¿Sabes cuál es la «flor» del género *Pinus*? Una piña, de esas que esquivamos cuando paseamos por un pinar. Sería una inflorescencia llamada «cono femenino» o «estróbilo». ¿Te suena haber visto unas bolitas en los cipreses? Pues ni flores «especiales» ni frutos. Son pseudofrutos procedentes de sus «flores masculinas». A veces podemos confundir los pseudofrutos con frutos de verdad, los que tienen las angiospermas. ¿Cuál es el problema evolutivo? Al tener el óvulo muy expuesto, se hace muy sensible, sobre todo al calor y a la desecación, ese es el motivo por el que todas las coníferas se desarrollan en climas templados o fríos. ¿Has visto alguna vez pinos o abetos en una jungla tropical? Ni los verás. Las plantas, para colonizar las zonas donde hacía más calor, tuvieron que desarrollar flores con una compleja estructura del gineceo, quedando los óvulos más protegidos con el estigma, el estilo y el ovario. El éxito evolutivo de las plantas y la conquista de todos los hábitats y todos los climas se debieron al desarrollo de una flor completa con una parte femenina muy compleja, y así pudieron ocupar los climas donde las gimnospermas lo tenían difícil o imposible. Una flor, con una parte femenina desarrollada, se considera uno de los mayores éxitos de la evolución, ya que las angiospermas son las plantas con mayor éxito evolutivo. Por lo tanto, las mujeres somos complejas, pero porque hacemos labores esenciales y complicadas; al fin y al cabo, somos el *summum* de la evolución.

Y ya que hablamos de cosas complejas, la parte femenina de la flor se las trae. Para empezar, hay muchísima variedad y muchos tipos diferentes. Es curioso mirar el interior de las flores, ya que nos vamos a encontrar diseños muy diversos en función de su fórmula floral. A veces habrá un único carpelo, pero otras hay varios y se funden formando un solo pistilo, como ocurre en los géneros *Tulipa*, *Passiflora* o *Solanum*. También hay casos intermedios en los que lo que se funde son ovarios y estilos, quedando libres solo los estigmas. Si ves una flor de hibisco, tan frecuente por las calles, lo vas a ver muy claro: tiene cinco estigmas globosos. Pero también tienes flores con un solo pistilo, con dos o con tres, a veces formados por un solo carpelo, o por varios, o que cada pistilo es independiente. Pueden tener diferentes formas en función de la orientación del estilo respecto del ovario, pudiendo ser apical (cuando tiene forma de jarrón), ginobásico (típico de las lamiáceas, como el romero) o lateral (típico de rosáceas, como la fresa), dependiendo de si sale de la base o del lado. Esto se hace para que sea más selectivo con el polen o para evitar la autofecundación. Podemos seguir complicando el tema, colocando el ovario a distinta altura con respecto al resto de estructuras de la flor. Esto tiene su cosa, porque la posición del ovario será relevante en la formación del futuro fruto. Por ejemplo, si el ovario está encima del receptáculo (ovario súpero), dará lugar a drupas, también conocidos como «frutas de hueso», como el albaricoque, el mango, la cereza o la aceituna. Si el ovario se sitúa por debajo de todo lo demás, será un ovario ínfero y dará lugar a frutos como granadas o manzanas, o puede situarse en una posición intermedia (ovario semiínfero). ¿Se puede seguir complicando? Sí. Podemos encontrar ovarios distintos en función del número de cavidades ováricas o lóculos. Cuando abras un tomate, mira dónde están las semillas. Las zonas gelatinosas que ocupan son los lóculos del tomate. También podemos clasificar cómo se disponen las placentas y los óvulos según el tipo de ovario y el número de lóculos que tenga. Ya ves que es complejo, así que no pienses que las mujeres somos complicadas. Si fuéramos una flor, sería peor. Nosotras, simplemente, tenemos elevadas responsabilidades.

SECRECIONES NATURALES

«Levemente desvelados / por tu mano que juega / con pudores y sudores / enjugando entre pétalos de carne el estigma / de tu flor más desnuda, / mojándolo todo, / mojándolo todo, / volando por universos de licor». *Mojándolo todo*, de Luis Eduardo Aute (1943-2020), músico, poeta, pintor y escultor español.

La jalea real es producida por las abejas melíferas para alimentar a todas las larvas. El polen forma parte de la jalea real que alimenta a las larvas de las obreras. La larva de la reina se alimentará de una jalea real pura, sin polen. Además, la reina solo tomará esto durante toda su vida. Su composición es rica y abundante: 60 % de agua, azúcares (abundantes), proteínas, lípidos y ceniza. Contiene vitaminas (ninguna liposoluble), aminoácidos, minerales y compuestos antibacterianos. No es de extrañar que con esta composición se piense que pueda tener algún beneficio nutricional o terapéutico. Puede ser, pero, de momento, nada demostrado al menos para nosotros.

Más de 30.000 apicultores se encargan de recoger, de los 2,8 millones de colmenas que hay en España, 31.000 toneladas al año de un producto muy conocido. Se trata de la miel, producida por las abejas a partir del néctar de las flores. El uso tópico de la miel tiene una larga historia. De hecho, es el apósito más antiguo que se conoce. La miel fue utilizada por el antiguo médico griego Dioscórides en el siglo I para tratar las quemaduras y heridas infectadas. Las propiedades curativas de la miel se mencionan en la Biblia, el Corán y la Torá. Durante milenios, ha servido como alimento, como medicina y como conservante. Tanto es así que se considera posiblemente eficaz para las quemaduras, tos, llagas en la boca originadas por quimio o radioterapia y cicatrización de las heridas, aunque indiscutiblemente sus usos terapéuticos van muchísimo más allá. Pero la miel tiene un problema, y es que, al ser un producto que viene de las plantas, puede ser tóxica. Puede ser mortal.

Siglo IV a. C. La Expedición de los Diez Mil, comandada tras la muerte del comandante Clearco por Jenofonte, militar discípulo de Sócrates, avanzaba hacia Persia para ayudar al príncipe Ciro el Joven a conseguir el trono contra su hermano mayor. Camino del mar Negro, el ejército llevaba merodeadores buscando comida por el camino y encontraron para su alegría numerosas colmenas. Después de tomar la miel, mostraron síntomas como de estar ebrios y cayeron derrumbados por cientos, aunque se recuperaron a los pocos días. 350 años después, los soldados de Mitrídates VI colocaron colmenas a lo largo del camino por donde tenían que pasar las tropas enemigas y consiguió que los soldados, una vez comieron la miel, cayeran aturdidos, lo cual fue aprovechado para degollar a tres escuadrones.

¿Qué había ocurrido? ¿No era miel natural? La miel, conocida como «miel loca», que intoxicó a los soldados de Jenofonte y a los enemigos de Mitrídates VI (y hubo más casos similares en la historia), estaba hecha a partir de las flores de rododendros, en concreto de *Rhododendron ponticum*, una planta que se encuentra en el sur de España, Portugal, mar Negro y otras localizaciones. Cuenta con un grupo de toxinas que son las granayatoxinas y además, contiene etanol y otras sustancias que pueden ser tóxicas.

Curiosamente, los abejorros son inmunes, pero las abejas melíferas mueren…, excepto las que viven en las zonas del rododendro, que han desarrollado algún tipo de inmunidad a lo largo de la evolución. Hay otras plantas cuyo néctar también es tóxico, como la datura, la belladona o el eléboro. O bien puede tener propiedades narcóticas, como ocurre con la miel hecha a partir de las amapolas de Afganistán.

La miel como medicina natural está experimentando una época de renacimiento. Eso es lo que le ha ocurrido especialmente a la miel de manuka, que se ha puesto de moda recientemente. ¿Habías oído hablar de ella? Como suele ocurrir con algunos productos, previamente alguna *celebrity* la ha tomado o se la ha untado vete a saber dónde y ya está. Agotada. Y si le sumas que es carísima, motivo de más. Si es que…, como dijo aquel: «Hay más tontos que botellines». No es broma, en este caso ha sido de nuevo Gwyneth Paltrow una de sus promotoras. La miel de manuka es producida por abejas de Nueva Zelanda a partir del néctar del arbusto de manuka o árbol del té (*Leptospermum scoparium*). Algunas partes de la planta ya eran usadas por los maoríes como medicina, para curar heridas o para dolores de estómago. La llegada de los antibióticos efectivos hizo que la miel se descartara por ser «inútil pero inofensiva»; sin embargo, hasta entonces, se aprovechó su capacidad antimicrobiana. Su popularidad está en las propiedades que se le atribuyen: inmunológicas, antibacterianas, antioxidantes, digestivas y antiinflamatorias, entre otras. Lo curioso es que está clasificada en UMF (Factor Único de Manuka). Verás, hay varios componentes que consideran responsables de sus propiedades curativas en esta miel, que son el metilglioxal (aporta el poder antibacteriano y en esta miel es abundante, a diferencia de otras mieles), el peróxido de hidrógeno (que, a pesar de su escasa concentración, mantiene su actividad), la leptisperina (procedente del néctar) y el DHA (un ácido graso omega 3). Pues bien, cuanto mayor sea el UMF de la miel de manuka que está directamente relacionado con la cantidad de metilglioxal, mejores serán sus propiedades, y resultará más cara. El valor del UMF va de 0 a 26, acreditado por el laboratorio Honey Research Unit, perteneciente a la Universidad de Waikato (Nueva Zelanda). Para que sea considerada una miel «activa» —con algo de poder antibacteriano—, debe contener al menos un UMF 10+, que puede servir también para mejorar el sistema inmunitario y la vitalidad. Por debajo de 10+, ni te molestes. El UMF 15+ tiene un alto factor antibacteriano, y el UMF 20+ está catalogado como de grado médico. ¿Será verdad todo esto o se trata de otro *bluf* de *marketing* y postureo? PubMed nos da casi 400 resultados con miel de manuka. Hasta ahora, podemos decir que la evidencia científica muestra que en animales es efectiva en la curación de heridas, infecciones cutáneas y quemaduras, y en los estudios *in vitro* presenta actividad ante multitud de especies bacterianas, incluyendo algunas de las más peligrosas. Más allá, está por ver e investigar. Y lo están haciendo.

Si en la inmortal obra de Marcel Proust *En busca del tiempo perdido* una magdalena era lo que desataba la memoria del autor, a mí me pasa con una flor. Era yo niña. Alguien, no recuerdo quién, me enseñó cómo, tirando de un punto específico de la flor (entonces no sabía que se llamaba «pedúnculo»), salía un filamento oculto con una gotita en la superficie y, al chuparlo, te hacía sentir como un colibrí. Debía ser demasiado pequeña porque tampoco recuerdo el nombre de la flor, o a lo mejor ni me lo dijeron. Diría, años después, que es el dondiego de noche, porque es frecuente encontrarla en jardines dada su facilidad para reproducirse.

Te confieso que, cuando he reconocido la flor en la calle, volviendo a sentirme como una niña haciendo una travesura, he tirado del hilo y lo he chupado cerrando los ojos. Era néctar. Los insectos deben sentir un pequeño placer cuando lo toman. Al fin y al cabo, es la recompensa que ofrece la planta a quien contribuye diseminando su polen. Es dulce porque está más o menos concentrado en azúcares, aminoácidos, iones y sustancias aromáticas. Ojo, que también puede contener alcaloides, como cafeína o nicotina. En los insectos polinizadores, la cafeína no es detectada y, por tanto, no les resulta desagradable, pero les está generando una pequeña adicción, de manera que visitan más a menudo las flores cuyo néctar tiene este alcaloide que las que no lo tienen. A los que no les guste la nicotina, no se llevarán el néctar (pero sí su polen), con lo cual la misma cantidad de néctar sirve para atraer a más insectos, aumentando las posibilidades de polinizarlas. Una curiosidad sorprendente es que el néctar se suele producir en una zona muy íntima de la flor, tanto que, para acceder a ella, los polinizadores terminan restregándose hasta el punto de que no solo se van llenos de polen, sino que parte de ese polen seguramente fecunde a la misma flor.

Es el ingrediente principal de la miel, además de constituir el mayor aporte energético de colibríes, abejas, moscas, mariposas y otros insectos polinizadores.

Las plantas, sus flores y sus polinizadores tienen una relación tan estrecha que han evolucionado paralelamente, dando lugar a estrategias fascinantes. El fin que se persigue es perpetuar la especie, o dicho de otra forma, la polinización y la dispersión de las semillas, como veremos más adelante. Reconocimientos específicos, dominio de uno sobre el otro, supervivencia, engaño…, digno del mejor *thriller*, todo por transmitir sus genes. Comienza la peli.

CÓPULA VEGETAL, CASI SIEMPRE

«De sobte encara em pren aquell vent o l'amor /
i rodolem per terra entre abraços i besos». «Els
amants» (*Llibre de meravelles*), de V. A. Estellés
(1924-1993), poeta y periodista español.

Las plantas son capaces de reproducirse sin sexo, mediante una reproducción asexual donde no intervienen las flores ni las células sexuales, ni hay fecundación. Participa solo un progenitor, así que, al no haber fusión de gametos, las nuevas plantas serán genéticamente idénticas a él (si no ocurre alguna mutación). Serán clones. A partir de una célula, un tejido, un órgano o una parte de la planta madre, se originan nuevas plantas debido a la capacidad que tienen las células vegetales, a diferencia de las células animales, de poder generar un individuo completo bajo ciertas condiciones de crecimiento, algo conocido como «totipotencia celular». Una célula totipotente vendría a ser como un guion en blanco de una película, que puede ser un *thriller*, una comedia, un drama o ciencia ficción. Es una vía rápida de reproducción y de regeneración, lo cual es una ventaja. Sin embargo, evolutivamente, las plantas que se reprodujeran solo así estarían condenadas a la extinción. Al no haber mezcla de caracteres ni variabilidad genética, no habría capacidad de adaptación, y esto, dadas las condiciones cambiantes del medio, es una mala noticia. Los estolones son tallos que, al crecer a ras del suelo, enraízan espontáneamente. Es el caso de las fresas. Si son tallos bajo el suelo que crecen de forma horizontal y emiten raíces y brotes, son rizomas (jengibre), si son hojas engrosadas subterráneas son los bulbos (ajos o las cebollas), y si hablamos de tallos engrosados que también acumulan sustancias de reserva, son los tubérculos como la patata o la chufa. El hombre ha desarrollado sus propios métodos para multiplicar las plantas de forma artificial usando las estacas, los esquejes, los acodos o los injertos. Salvo los injertos, usados frecuentemente en los frutales, y los acodos, usados con la vid, el resto de las técnicas son de primero de jardinería. Si se te rompe una rama de una maceta, puedes meterla en agua hasta que dé raíces y luego enterrarla (esqueje), o enterrarla directamente si tiene yemas (estaca). De cualquier forma, esto es como los *gremlins*: a partir de uno, puedes tener muchos más, solo con agua… y un poquito de tierra.

Lógicamente, a través de la biotecnología hemos encontrado otros métodos para reproducir las plantas de una forma rápida a partir de cualquier parte y mediante el cultivo *in vitro* con multitud de aplicaciones.

Sin embargo, podemos encontrar unas plantas, en las que la reproducción es asexual pero no es vegetativa, como en los casos anteriores. Se van a reproducir por semilla, formada a partir de los tejidos del óvulo materno, en un proceso conocido como «apomixis», dando individuos también idénticos. Las ventajas son las mismas, pero la diferencia es que las semillas, al dispersarse, van a producir plantas lejos de su madre (y digo «madre» bien dicho), evitando la competencia lógica por los recursos si crecieran justo al lado. Aunque se ha descrito en más de 400 especies, ninguna en gimnospermas. Se da, por ejemplo, en el diente de león, en algunos géneros de gramíneas, rosáceas (como las rosas o las manzanas) y en cítricos de forma natural.

Hoja de *Bryophyillum* con brotes. Algunas plantas crecen a partir de la hoja. Reproducción asexual en plantas.

Las plantas no se mueven, eso ya lo sabes. Para ligar lo tienen complicado. Aquí no hay un transporte público, biblioteca, *pub* o un aula donde intercambiar una mirada cómplice con tu *partenaire*. Alguien se tiene que encargar de facilitar la tarea y, de alguna forma, hay que llamar la atención de los polinizadores. Como si de las mejores armas de seducción se tratase, colores, fragancias y formas son los mecanismos básicos para facilitar la reproducción sexual entre plantas. No siempre fue así. Hace más de 250 millones de años, ciertos grupos de insectos comenzaron alimentándose de sangre, luego de partes vegetativas de la planta y, finalmente, modificaron su alimentación a las partes reproductivas, como el polen, coincidiendo con la aparición de angiospermas y gimnospermas.

Puede ser el viento quien se encargue de transportar el polen, lo que se conoce como «anemofilia», o que sea el agua, llamándose entonces «hidrofilia». Incluso nosotros mismos, como hemos visto ya, podemos tener adherido polen, que transportaremos a otros lugares. Pero los principales responsables de llevar a cabo este proceso son otros animales (zoofilia), insectos pertenecientes al orden de los himenópteros (abejas, avispas y hormigas), dípteros (moscas y mosquitos), lepidópteros (mariposas y mariposas nocturnas o polillas) y coleópteros (escarabajos). Además, aves, mamíferos y algún reptil son polinizadores comunes en regiones tropicales. Pero ¿cuándo empezaron a transportar ese polen? Es muy complicado estimar el momento exacto. Además, la ciencia, que nos está dando respuestas continuas a las mismas preguntas (la ciencia no lo sabe todo, y lo que sabe, a veces, puede cambiar), nos acaba de aportar información novedosa. Creíamos que la polinización de plantas con flores se remontaba a 48 millones de años, pero no. Una investigación reciente, de 2019, ha demostrado la existencia de una nueva especie ya extinta, lo que hoy sería un escarabajo llamado *Angimordella burmitina*, conservado en ámbar. La particularidad de esta noticia es que el pequeño contenía 62 granos de polen desde hace… 99 millones de años. Cretácico. Este insecto se estaba posando en las flores y transportando su polen mientras el tiranosaurio o el velociraptor andaban por ahí compartiendo escenario y pisando las mismas flores. Otro escarabajo demostró que polinizó gimnospermas hace 105 millones de años. Seguramente la polinización es bastante anterior, aunque hasta ahora no hemos podido demostrarlo, a pesar de encontrar polen en el aparato digestivo de insectos de hace más de 200 millones de años. Lo comieron, pero ¿lo transportaron a otras flores?

La flor es la piedra angular sobre la que gira toda la biología reproductiva sexual de la planta, ya que, como hemos visto, alberga los órganos reproductores femeninos y masculinos, y en ella van a tener lugar la formación de gametos y la fecundación. La mayoría de las flores que nos vamos a encontrar en un ramo, en un jardín o en un huerto son flores hermafroditas. Eso significa que la misma flor va a tener aparato reproductor masculino y femenino, por ejemplo, el tomate, manzana, café, cítricos, etc. Pero hay otras flores que son unisexuales, teniendo solamente uno de los dos sexos. En cuanto a las plantas, las hay hermafroditas (con flores hermafroditas), monoicas y dioicas. En las monoicas, los sexos están separados, pero conviven en la misma planta, es decir, un único pie tiene flores femeninas y otras masculinas. El típico ejemplo es el maíz: en la parte superior, tiene un plumero, que es la flor masculina, mientras que las mazorcas son flores femeninas. Y las plantas dioicas son aquellas en las que todas las flores de la misma planta son masculinas o femeninas. Es el caso de la palmera datilera, el kiwi, la papaya y el cannabis, donde la planta femenina sirve para obtener material recreativo y la masculina para hacer alpargatas. A pesar de que los conocimientos sobre la sexualidad de las plantas no llegaron hasta el siglo XVII y se confirmaron en el XIX, ya en tiempos de babilonios se polinizaba manualmente la palmera datilera, que es dioica. O sea, eran conscientes de que se necesitaba intervención para reproducirla. Debo aclarar que el hecho de que una planta tenga flores hermafroditas no significa que inevitablemente se autofecunde. Dependerá de si la planta es alógama, es decir, que requiere fecundación cruzada, o autógama, que se autofecundará. La evolución ha conseguido que, aunque las flores sean hermafroditas y esto posibilite la autofecundación, la planta se autoimponga barreras de distinta naturaleza para impedirlo. Por ejemplo, pueden desarrollar ambos sexos separados en el tiempo, en el espacio, o que el polen sea autoincompatible. La autofecundación en las plantas autógamas, a pesar de sus inconvenientes como modo de reproducción, dado que se pierde biodiversidad al promover la endogamia y al final estaría condenada al fracaso, es un proceso preferente pero no exclusivo. En un momento determinado, y a pesar de su coste genético, les puede interesar si no hay muchos individuos en la zona. La ventaja es que el polen no tiene que recorrer gran distancia, no sufre inclemencias atmosféricas ni está sometido al capricho del polinizador; además, se asegura de esta forma la máxima eficiencia en la reproducción. Las malezas, muchas invasoras, y los cereales son plantas autógamas. Sus flores serán pequeñas, con poco polen, sin olor ni néctar…, no los necesitan. Y a pesar del tiempo que hace que las conocemos, todavía nos sorprenden. Un estudio publicado en la revista *PNAS*, en mayo del 2020, indicaba que, incluso dentro de la misma especie o de la misma planta, las flores con más peso tendrán la parte masculina más desarrollada, mientras que las más ligeras, probablemente, serán las que desarrollen las semillas. Esto es así porque, si la flor tiene más desarrollada la parte masculina, los pétalos se harán más grandes para atraer mejor a los polinizadores, mientras que, si la parte femenina se desarrolla más, los pétalos serán pequeños, pero los carpelos se fortalecerán para proteger a la parte femenina. Así que, fíjate, si ves en una planta una flor hermosa y grande que llame tu atención, ojo cuando la toques, porque te cubrirás de polen.

Ophrys minoa var. candica con abeja en flor.

Veamos un caso típico de planta alógama que requiere una ayudita. Una flor vistosa y aromática atrae la atención de un insecto, se posa en ella, se lleva un poquito de néctar y, trasteando por ahí, se empapa de polen. Se va a otra flor para seguir alimentándose, y el polen que deja caer fecunda a otra flor. *Voilà*. Este esquema simple puede complicarse y retorcerse de forma asombrosa. De cualquier manera, el mecanismo funciona, es efectivo. La recompensa en forma de néctar, que es la más común, podríamos decir, en términos de *marketing*, que sería una estrategia de «fidelización del cliente». El insecto volverá. Hay otras recompensas más específicas para algunos animales. Por ejemplo, algunos escarabajos mastican pétalos o partes internas carnosas de la flor. Las plantas pueden aportar materiales para construir nidos, servir de cobijo y descanso o proporcionar un lugar para poner los huevos. Pero, a veces, simplemente no dan nada.

El caso más espectacular es el engaño al que las orquídeas someten a sus polinizadores. Tienen una relación especial con el sexo que empieza por su propio nombre. El término *orquis* significa «testículo» por la forma globular que tiene la raíz de muchas de ellas. Son las reinas del mimetismo físico y químico. Las formas de las flores de estas plantas son las más extrañas, adquiriendo similitudes con monos, garzas, patos, bailarinas y un sinfín de apariencias. La mayoría generan néctar o polen para gratificar a insectos y pájaros, pero en un tercio de las orquídeas (y hay 22.000-26.000 especies), la estrategia es un fraude. Sería eso de «Prometer hasta meter, y, una vez metido, nada de lo prometido». Qué sabio es el refranero popular.

En el caso del género *Ophrys*, no ofrecen néctar ni polen. Prometen sexo y luego nada. *Ophrys* recurre al disfraz. El labelo, un pétalo modificado en las orquídeas que es de mayor tamaño que el resto de los pétalos, visto desde arriba adopta la forma de una abeja hembra incluso con pelillos, simulando su abdomen. Además, es iridiscente cuando le da la luz, como las alas de la abeja, y es capaz de segregar feromonas que imitan a las de la abeja hembra para transmitir el mensaje químico de atracción sexual al macho. Cuando este llega, se posa sobre ella y se mueve como si estuviera copulando, de manera que el polen cae estratégicamente sobre el macho y se lo llevará a otra flor. Mosqueado pero cargadito de polen. Durante un rato, no lo volverá a intentar. Lo hará cuando se le pase el cabreo, así que seguramente será en otra planta más alejada y ligeramente distinta a la anterior (lo cual convencerá al insecto de que no le volverá a pasar lo mismo), y de esta forma facilitará la diversidad genética. Error. Le pasará igual. Sin duda, la estrategia seguida por las orquídeas ha sido un factor clave en el éxito de su existencia.

Cuando pensamos en olores agradables de flores, nos viene la fragancia de las rosas, gardenias, jazmín, azahar…; sin embargo, hay otras flores que utilizan un aroma similar a podrido o a descompuesto para atraer a polinizadores. Entre ellas, las orquídeas del género *Dracula* (su nombre viene de la forma de dragón que adoptan), pero hay ejemplos más sorprendentes.

Este tipo de flores no usa la promesa del néctar y el polen, sino de un cadáver donde depositar sus huevos o alimentarse. Es el caso del género *Raflessia*, que ya lo vimos como ejemplo de planta parásita con la flor más grande conocida, o de *Amorphophallus titanum* o flor cadáver. Es una planta maravillosa, típica de cuento de hadas, que puede superar los 3 m de altura. Por cierto, hay gente que piensa que la flor cadáver es la más grande. De hecho, su aspecto es el de ¡una flor gigante! Podría, pero no sería totalmente correcto. Lo que parece una flor realmente no lo es. Esa barra de pan gigante se llama «espádice» y es un tipo de inflorescencia. Las flores no son visibles, están en la parte baja del espádice y se reparten en centenas y miles por cada inflorescencia, situadas las masculinas encima y las femeninas debajo. El espádice puede pesar 75 kg y tiene una textura y color que asemeja a un trozo de carne. ¿Sabes cuál es su estrategia adicional? Su floración solo dura dos días, pero flores femeninas y masculinas florecen de forma separada. Primero se abren las flores femeninas con el fin de evitar la autopolinización y, un día después, lo harán las flores masculinas. Escarabajos y moscas transportarán el polen de una planta a otra. Lo más increíble es que la planta aumenta la temperatura hasta los 37 °C, coincidiendo con la apertura de las flores femeninas para dispersar mejor el olor, detectado en un radio de 4 km^2, y atraer a los insectos que hayan estado con suerte en otra planta y puedan depositar el polen. Hay plantas de este tipo que solo florecen una vez en la vida, lo que hace que sea un hecho único que reúne a gran cantidad de curiosos.

En ocasiones, un organismo ajeno se apodera de la planta y la utiliza en su propio beneficio. Esta es la estrategia seguida por algunos hongos parásitos, como *Uromyces pisi* o *Puccinia monoica*. *Puccinia* es un hongo causante de la roya, una grave enfermedad de cereales. En su ciclo de vida, parasita a una planta de la familia de las brasicáceas, como la col, arabidopsis, rábano, brócoli…, y también a una hierba. Las hifas del hongo se van a alimentar de los nutrientes de la planta penetrando en el tallo, pero, a la hora de reproducirse, verás. Anulan por completo a la planta y se adueñan de ella. Impiden que forme flores y, en su lugar, genera pseudoflores, idénticas en tamaño, forma y color «amarillo» a las que debería tener la planta, y no solo en luz visible, sino en ultravioleta (las abejas y muchos insectos polinizadores ven en este rango). Además, el hongo produce una feromona imitando el olor atrayente para los insectos. Hay más. *Puccinia* obliga a la planta a producir una sustancia dulce y pegajosa como si fuera néctar. De esta forma, los insectos no se llevarán el polen, pero sí las esporas del hongo, facilitando su reproducción.

Si bien las plantas y los insectos ya han llegado a un punto evolutivo estable en la estrategia coevolutiva que siguen, existen insectos que perforan las flores para robar el néctar sin polinizarlas y otros que siguen consumiendo el polen de las flores, contribuyendo poco o nada al proceso de polinización.

Amorphophallus titanum o flor cadáver.

En la costa de Brasil, vive una planta extraña. Se llama *Scybalium fungiforme* y es parásita de las raíces de otras plantas. *S. fungiforme* ha traído de cabeza a los investigadores porque no lograban adivinar qué polinizadores tendría. Solo es visible cuando brota del suelo, y se trata de flores sangrientas con unas escamas que protegen su néctar. ¿Qué tipo de insecto tiene la fuerza necesaria como para retirar las escamas? No podían ser abejas, moscas, ni siquiera un pájaro. Recientemente, las cámaras de visión nocturna han dado luz al asunto y se ha descubierto: las zarigüeyas. No son los únicos mamíferos polinizadores. Encontramos roedores, jirafas y algunos primates y marsupiales, como el pequeño *Tarsipes rostratus* australiano, similar a la musaraña, que se alimenta de polen y néctar de *Banksia* fundamentalmente. Es frecuente observar adaptaciones sorprendentes de las flores al dirigirlas a su polinizador, y eso ocurre con uno de los mamíferos polinizadores más importantes, los murciélagos. Las flores polinizadas por mariposas diurnas, como en la planta del tabaco, son erectas, con poco olor, de colores vivos (naranja, azul, morado, rojo), tubulosas (adaptadas al aparato bucal succionador de las mariposas), con el néctar muy abundante, de sabor suave y agradable y muy escondido en el fondo. En cambio, las flores polinizadas por los murciélagos son grandes, robustas, pendulares, cóncavas, de colores poco o nada llamativos, con gran cantidad de néctar y polen y muy fragantes, recordando el olor de fruta o materia fermentada, y suelen ser flores solitarias. Son ejemplos típicos los casos de los baobabs, el género *Agave* o los cactus. La lengua de estos murciélagos puede medir casi tanto como su propio cuerpo. Como curiosidad, la flor de la pasión (*Passiflora mucronata*) es polinizada por el murciélago de lengua larga de Pallas (*Glossofaga soricina*), cuyo metabolismo es el más rápido jamás registrado en un mamífero, similar al colibrí, y obtiene el 80 % de su energía de los azúcares del néctar del que se alimenta.

A estas alturas no tendrás ninguna duda de la importancia de la polinización para la posterior fecundación y desarrollo de una nueva planta…, y su supervivencia, por tanto. Procesos que no tendrían lugar si sus órganos sexuales y tubos de néctar no estuvieran perfectamente alineados: no habría polinización. Igual que los animales pueden sufrir percances, las plantas pueden experimentar accidentes mecánicos, como que sean pisadas o les caiga una rama encima y dañe las flores. En ocasiones, esos daños pueden impedir la capacidad de atraer a los polinizadores y, por ende, de reproducirse. Sorprendentemente, algunas flores son capaces de arreglar este problema. Las flores simétricas bilateralmente (los lados izquierdo y derecho se reflejan entre sí), como la orquídea, casi siempre pueden restaurar su orientación correcta moviendo los tallos de flores individuales o el tallo que soporta un grupo de flores. Por el contrario, las flores radialmente simétricas, como la petunia o la rosa, carecen de esta capacidad. Esto es un ejemplo más de la evolución y de la capacidad de adaptación a los cambios de su entorno. A fin de cuentas, les va la vida en ello.

CARIÑO, VAMOS A TENER UN FRUTO

«Se le hinchan los pies. / El cuarto mes / le pesa en el vientre / a esa muchacha en flor / por la que anduvo el amor / regalando simiente». *De parto*, de J. M. Serrat (1943), cantautor, compositor, actor, escritor, poeta y músico español.

El polen ya está en su sitio. El vector o vectores encargados de su transporte han cumplido su misión y lo han depositado en el estigma. El siguiente paso será que comience a germinar y a desarrollar un tubo polínico hasta alcanzar el saco embrionario, donde se alberga el gameto femenino. Una vez allí, será fecundado por el gameto masculino.

Todos estos procesos pueden ser seguidos y ocurrir en apenas 15 min, como en el diente de león ruso (*Taraxacum kok-saghyz*), o bien *Quercus*, que requiere para lo mismo casi 14 meses. Normalmente, entre la polinización y la fecundación pasan 12-24 horas, pero, ya ves, algunas se recrean. Eso sí que es entretenerse con los preliminares.

Comienza el desarrollo de un nuevo ser...

Se han confirmado las sospechas y, fruto de la fecundación, vamos a obtener eso, un fruto. ¡Qué momento! Desde ahora, el óvulo crecerá y se transformará en una semilla, lo que en nosotros sería un bebé, mientras que el ovario transformado y maduro de la flor (el entorno donde se desarrolla la semilla) será un fruto, y para nosotros, el vientre de la embarazada. La formación del fruto es algo tan común que, junto con las flores, supone otro éxito evolutivo de las angiospermas.

Árbol de yaca cargadito de frutos.

Dime cómo lo quieres, porque tengo de todo. Son enormemente variables en cuanto a tamaño, forma, color y textura. Algunos apenas medirán 1 mm, como los de algunas gramíneas o los aquenios de la fresa (ahora te explicaré esto), y otros serán grandes y pesados, hasta varios kilos, como calabazas, melones o sandías. Pero los hay más grandes. Una fruta de gran importancia en Bangladesh, Sri Lanka e Indonesia es una «fruta con el sabor de todas las frutas», como se conoce en Latinoamérica, porque, aunque su pulpa (ligeramente ácida y profundamente dulce) recuerda al mango y a la naranja, tiene otros sabores parecidos al del plátano, la manzana, la guanábana, la papaya, la piña. Se trata de la yaca (*jackfruit* en inglés), producida por el árbol de jaca, *Artocarpus heterophyllus*. Su fruto, considerado exótico y tropical, puede llegar a pesar ¡¡50 kg!! y es muy rico en calcio y vitaminas A y C. Por cierto, si has tenido oportunidad de viajar a zonas tropicales y probar sus frutas, ¡enhorabuena! Te habrás dado cuenta de la increíble variedad de texturas y formas de los frutos que se dan allí: el tamarindo tiene forma de estrella; la pitahaya, curiosa por fuera y por dentro, tanto que en Vietnam la llaman «comida de dragón»; la lima Kaffir, rugosa; el lichi, con una superficie llena de «pinchos»; el rambután, cubierto de «pelos»; el lulo, como una naranja por fuera y como un tomate por dentro, o el maracuyá, con una textura tan gelatinosa que parece que te estés comiendo un cerebro crudo (o al menos eso me parece a mí).

Estudiar desde el punto de vista botánico la anatomía del fruto y los tipos de frutos que hay, probablemente, no te resulte interesante, aunque hay una ciencia que se dedica a eso, la pomología, cuyo nombre viene de Pomona, diosa romana de la fruta. Pero lo que sí te voy a contar es alguna curiosidad de los frutos.

La mayor parte de tu vida has pensado que las fresas son frutos carnositos, ¿verdad? ¿Y si te digo que la fresa es un tipo de fruto seco? Concretamente, es un fruto seco indehiscente (no se abre al madurar). Verás, cada fruto de la fresa es lo que hasta ahora pensabas que era la semilla, cada puntito. Y dentro de cada puntito, está la semilla de verdad. La fresa es lo que se conoce como «fruto tipo polia-quenio», donde la fresa como tal es un receptáculo carnoso y jugoso de la inflorescencia, y sobre este receptáculo se dispone cada flor, que se transformará en un fruto, es decir, en un puntito de la fresa. Otro aquenio sería cada una de las pipas de un girasol. La pipa es el fruto (seco, aquí está más claro) y lo que hay en su interior es la semilla. Bien, ahora piensa en las gramíneas, como el arroz, trigo, cebada o la avena. Piensa en el maíz, en la mazorca. Cada grano de maíz es un fruto, y es un fruto seco indehiscente. La cáscara es el salvado, y el interior es el germen, donde va la semilla y, por tanto, el embrión. Ahora vamos a las legumbres, que las reconocerás porque sabes que tienen vainas alargadas, como los guisantes, la soja, habas o lentejas. Cada una de esas vainas es un fruto. Lo que hay en su interior son las semillas. Pues los cacahuetes también son legumbres, solo que, al crecer bajo tierra, están protegidas por una vaina más dura. Todas las legumbres son un tipo de fruto seco (dehiscente, que significa que, al madurar, se abre para liberar las semillas).

Posiblemente pensabas que el coco es un fruto. Pues no. El coco que nos comemos es la semilla. Cuando lo compras en el súper, viene separado del resto del fruto, pero este, aunque tiene la misma forma del coco, es mucho más grande. Lo vamos a ver por dentro comparándolo con otros frutos. Será divertido, como un «viaje al interior de la tierra», de fuera hacia dentro. La cáscara externa del fruto es dura y se llama «epicarpio» o «exocarpio». En la ciruela, sería la piel y, en la naranja, también. A continuación, entre la cáscara y el coco hay una zona blanca muy fibrosa y seca que se llama «mesocarpio». En la ciruela, es todo lo que se come (por eso es un fruto carnoso) y, en la naranja, es la capa blanquecina que hay bajo la piel (también se llama «albedo» y es bastante nutritiva, aunque nos dé repelús comerla). Finalmente, el endocarpio, en el coco, es la cáscara del coco; en la ciruela, es el hueso (dentro está la semilla) y, en la naranja, son los gajos. Por cierto, desde el punto de vista botánico, el tomate es un fruto, como lo es el pimiento, la berenjena, el pepino, la vaina de guisantes o la cápsula de una amapola. Te digo que el tomate es un fruto ¿y te quedas igual? Desde el punto de vista botánico, sí, el tomate se considera un fruto, pues deriva de la flor y contiene las semillas. La OMS lo considera así. El diccionario de la RAE también, que lo define como «[…] fruto de la tomatera». Sin embargo, hoy en día, a pie de calle, entre la gente del sector agroalimentario y en los fogones de las cocinas de los grandes *chefs*, así como en algunos organismos, como la Oficina Europea de Estadística (Eurostat), se considera una verdura. El debate de si el tomate es un fruto o una verdura viene de lejos. Concretamente, de Estados Unidos en el siglo XIX. Caso «Nix vs. Hedden». En 1883, y tras la guerra de Secesión de EE. UU., el Congreso impuso un impuesto del 10 % a las hortalizas importadas (frescas o en conserva), pero no a las frutas (verdes, maduras o secas). La familia Nix, con su empresa John Nix and Company, era una de las principales importadoras, cuyo producto estrella era el tomate. Dado que clasificar en la categoría de «hortalizas importadas» al tomate planteaba una seria duda, emprendió acciones legales contra el recaudador del puerto de Nueva York Edward L. Hedden para que se considerara al tomate una fruta y así evitar el pago de los aranceles. Las únicas pruebas en el juicio fueron definiciones de distintos diccionarios sobre «frutas» y «verduras», que después se cotejaron con la opinión de dos testigos con 30 años de experiencia en el comercio de estos alimentos. La parte demandante decía que el tomate era una fruta, salvo por el hecho de que tenía semillas. Y los abogados del Estado argumentaban que el guisante, la berenjena, el pepino, etc.

contienen semillas y son considerados vegetales. Entonces, ¿quién tenía razón? Finalmente, en 1893, la Corte Suprema de EE. UU. falló y decidió que

> Botánicamente hablando, el tomate es un fruto, al igual que son pepinos, calabazas, frijoles y guisantes; pero en el conocimiento común de la gente, todos estos son verduras, que se cultivan en huertas, y se sirven generalmente en la cena, con o después de la sopa, pescado o carnes […] y no como frutas generalmente como postre.

Así que, ya lo sabes, el tomate, aunque cualquier botánico te diga (o a mí se me escape) que es un fruto, es una verdura, por ley.

La clasificación de los frutos es extensa y compleja, pero, a grandes rasgos y sin entrar en detalle, hay frutos simples, que son los que vienen de una sola flor con un único ovario (de dos tipos: carnosos y secos); frutos agregados, que provienen de una sola flor con varios ovarios que maduran a la vez (fresa, frambuesa, chirimoya), y frutos múltiples, en los que todas las flores de una inflorescencia participan en el desarrollo de una estructura que parece un solo fruto pero que en realidad son muchos (higo, mora, piña). Por cierto, cuando veas una piña, piensa que cada trocito que se diferencia en su pared viene de una flor. Te estás comiendo muchísimas flores que, al madurar, engordan, no dejan espacio y terminan fusionándose para formar la piña. Pues, siguiendo con los frutos, al igual que las semillas, se diseminan utilizando distintos vectores. Atendiendo al tipo de fruto y de semilla/s que tiene, casi sabríamos adivinar la forma de dispersión. En plantas angiospermas que son más evolucionadas, sus frutos se han especializado adaptándose a la mejor estrategia para diseminar sus semillas. Aunque utilizan el aire (anemocoria), especialmente en gimnospermas, o el agua (hidrocoria), mayoritariamente la vía de dispersión va a ser mediante los animales (zoocoria). Si el fruto es todo carnosito, dulce y jugoso (kiwi, uva, papaya, caqui...), o carnosito pero con hueso central, también llamados «frutos de hueso» (albaricoque, cereza, melocotón, ciruela, mango...), la estrategia será llamar la atención de los animales para que se los coman. A ti te gustan los frutos carnosos, de hecho, son de este tipo los mayoritarios que forman parte de tu postre cuando comes fruta. Pues a ellos también. Serán frutos de colores vistosos, preferentemente rojos. Aunque también hay frutos secos que van a ser dispersados por animales, como las ardillas, que transportan bellotas o avellanas en su boca hasta sus madrigueras. De ahí que la pared de estos frutos sea lo suficientemente dura para resistir la exposición a la saliva durante el transporte. Si Newton me estuviera leyendo (y de haber sido verdad), diría: «¡Eh, Rosa! Que te olvidas de la gravedad». Pues es verdad. Los frutos redondos, pesados y grandes caen directamente del árbol al suelo. Esto, conocido como «barocoria», es otra forma de dispersión, aprovechada por la gravedad y complementada con el agua o los animales en ocasiones, porque, otras veces, ruedan lejos de la planta madre. Cuanto más grande y alto sea el árbol, más lejos llegará. Le ocurre a los cocos, por ejemplo.

Con el aguacate (*Persea americana*), ocurrió algo insólito. Que podamos comer guacamole o añadirlo a la ensalada es algo extraordinario, y se lo debemos a los agricultores aztecas de hace miles de años. De no haber sido por ellos, este fruto se habría extinguido el mismo día en que murió el último animal «garganta profunda», capaz de tragarse su semilla sin ahogarse, hace 13.000 años. Parece ser que hace millones de años, en el Cenozoico, unas criaturas inmensas, similares a elefantes, mamuts, caballos enormes y otros herbívoros, eran las que se encargaban de comerse los aguacates y diseminar las semillas con sus heces. Para eso, el fruto suponía un señuelo, cuya pulpa es muy nutritiva y tierna. Probablemente, el principal diseminador de este fruto fuera el perezoso gigante, que se extinguió hace mucho tiempo, entonces ¿cómo sobrevivió el aguacate? Connie Barlow, en su libro *The ghosts of evolution* (*Los fantasmas de la evolución*), explica este hecho como un «anacronismo evolutivo», algo que también ocurrió con otros frutos, como la papaya. Es decir, que mientras que esos mamíferos gigantescos hace miles de años que ya no existen, los aguacates sí. Su semilla prácticamente no ha cambiado de tamaño, a pesar de que está claro que el tamaño no le aporta ninguna ventaja en la actualidad. Fueron los aztecas de Mesoamérica los que lo domesticaron y, gracias a ellos, se llama «aguacate», palabra que proviene del náhuatl *ahuacatl*, que significa «testículo». Quizá por ello lo consideraban un símbolo de fertilidad. Lo que es evidente es que quizá el consumo humano sea el único motivo por el que aún no se haya extinguido.

El hecho de que muchos frutos constituyan una parte fundamental de nuestra alimentación hace que se conviertan en objeto de manipulación biotecnológica. Se persigue un mayor tamaño, mayor tiempo de vida útil y, sobre todo, mejores propiedades nutricionales y organolépticas. Pero una de las aplicaciones que más nos ha interesado como consumidores ha sido poder disponer de frutos sin semillas. Por comodidad o seguridad, preferimos no tener que ir separando pulpa de las semillas con las interrupciones que eso conlleva. En los cítricos es tan importante que una partida de naranjas polinizadas y, por tanto, con pepitas puede arruinar a los agricultores. No se va a poder comercializar igual. Por lo tanto, disponemos de técnicas para evitar esto en frutas como naranjas, mandarinas, uvas, sandías y plátanos.

Podemos encontrar frutos que se han formado sin polinización ni fecundación previa en un proceso conocido como «partenocarpia». Al no haber fecundación, no hay embrión ni, por tanto, semilla. Ocurre, por ejemplo, en el pepino de ensalada o el plátano comestible de forma natural. Podemos inducir la partenocarpia de varias formas, por ejemplo, añadiendo hormonas o jugando con la temperatura (más baja con pimientos y más alta con tomate). Otra forma de inducirla es produciendo androesterilidad, como en las naranjas Navel (las reconocerás porque tienen «ombligo» en un extremo).

Una variante de la partenocarpia contempla que en otros frutos sin semillas puede haber polinización y fecundación, lo que ocurre es que el embrión aborta en estadios muy tempranos y es imperceptible en el fruto. Es el caso de las uvas o la sandía donde podemos encontrar semillas blanquecinas, pequeñas y blandas. El caso de los plátanos es curioso. Los plátanos son individuos triploides, tienen tres juegos de cromosomas, lo que provoca que el reparto cromosómico sea desigual y dé lugar a gametos inviables, originando individuos estériles. O sea, sin semillas. Por ejemplo, si cruzamos un individuo diploide con dos juegos de cromosomas como nosotros (2x) con otro tetraploide (4x), los gametos del primero serán haploides (x) y los del segundo serán diploides (2x), por lo que el individuo resultante será 3x, y su polen, estéril. El plátano que nos comemos hoy en día, *Musa x paradisiaca*, es una variedad híbrida triploide entre *Musa acuminata* y *Musa balbisiana*. La reminiscencia de sus semillas que hace miles de años ocupaban gran parte de su pulpa son hoy unos puntitos negros que tiene en su interior. Al ser estéril, no se puede reproducir por semillas, la única forma será a través de trozos de partes de la planta, por lo que todos sus individuos son iguales, clones. Esto es lo que ha ocurrido desde 1950 con la variedad Gros Michel. En los años 50, la enfermedad de Panamá, causada por un hongo, obligó a los agricultores a adoptar una nueva variedad, la Cavendish triploide y estéril que comemos en la actualidad. La generación de variedades triploides es un método empleado también con las sandías para que podamos disfrutar de un potente sabor dulce. Ahora sí, sin pepitas y sin interrupciones.

LOS NIÑOS SE VAN DE CASA

«Y se marchó. Y a su barco le llamó Libertad». *Un velero llamado Libertad*, de J. L. Perales (1945), cantautor, compositor, escritor y productor español.

La semilla, como hemos visto, es el óvulo transformado y maduro tras la fecundación. Es el bebé vegetal, lo que supone la continuidad de la vida en plantas gimnospermas (donde está desnuda y no dentro de un fruto) y angiospermas (donde se encuentra protegida dentro de frutos).

Que las plantas no se desplacen no es más que otra complicación a la hora de propagarse, colonizar nuevos hábitats y perpetuarse, de manera que no tienen más remedio que asegurar la dispersión de sus semillas. ¿Cómo? Pues produciendo muchas y pequeñas, otras producen pocas pero muy grandes, otras tienen cubiertas muy resistentes que se van ablandando con las lluvias para germinar, etc. Es tan importante que llegue al lugar idóneo para germinar como que llegue en buen estado. Y para eso deberá tener el alimento suficiente para nutrir y proteger al embrión hasta que este germine. Debe retardar la germinación si hace falta y aportarle nutrientes no solo hasta poder germinar, sino hasta que desarrolle raíces y hojas verdes y pueda valerse por sí mismo. ¿Quién dijo que ser planta era fácil? ¿Y ser madre? ¡Menos!

A nosotros también nos interesa que todo este proceso vaya bien. Nos alimentamos de muchas semillas, que forman parte esencial en nuestra dieta: arroz, legumbres, cereales, frutos secos. Las procesamos para obtener pan, pasta, tortas de maíz, de trigo o arroz, especias como la mostaza y el sésamo, café, cerveza, chocolate, aceites (girasol, colza, oliva, maíz, algodón, coco, cacahuete). Son fuente de medicamentos, materias primas de industria textil (fibras de algodón, que crecen alrededor de las semillas), química (aceite de jojoba industrial), energética (biocombustibles), etc.

Si había frutos de todos los colores, tamaños, formas y texturas, no te digo nada de las semillas. Vamos a encontrarlas ridículamente pequeñas, como en la amapola y orquídeas. Por cierto, hablando de la orquídea, puede producir hasta 4 millones de semillas (básicamente polvillo), pero, de tan pequeñas que son, apenas tienen material de reserva. Este es uno de los motivos por los que debían crecer asociadas a un hongo micorrícico; les aportará los nutrientes que requieren. La semilla más grande del reino vegetal es el coco, pero no el que comemos habitualmente, sino un coco conocido vulgarmente como «culo de negra» por su forma y color, que puede pesar hasta 20 kilos. Lo produce *Lodoicea maldivica*, una palmera llamada también «coco de mar» originaria de Seychelles. El que sea una especie dioica, con sexos separados, cuyos frutos tardan unos siete años en madurar y producen la mayoría de las veces una sola semilla tan grande, hace que el éxito reproductivo sea bastante bajo y esté considerada hoy en día una especie amenazada. Hace tiempo se pensaba que el agua transportaba las semillas, pero se ha visto que son demasiado densas para flotar, y las que se han encontrado en la superficie están podridas. Esto explica por qué los árboles están limitados solo a dos islas. Por cierto, todas las semillas tienen una parte denominada «endospermo», que es la que va a nutrirla antes y durante la germinación.

Vendría a ser como la placenta de los mamíferos. En el caso del coco que encontramos en el súper, su endospermo es parcialmente líquido y está bien rico. Es el agua de coco. Si resulta interesante desde el punto de vista nutricional, es precisamente por eso, porque debe nutrir al embrión hasta un tiempo después de germinar. Bajo en calorías y grasas, contiene aminoácidos; minerales, como el sodio, potasio, magnesio y calcio, y algunas vitaminas. Durante la Segunda Guerra Mundial, la demanda de sangre era tan alta que a veces los médicos y personal sanitario, con pocos medios a su alcance, tenían que improvisar con lo que tenían a mano. Su contenido acuoso y rico en electrolitos hizo que el agua de coco fuera administrada intravenosamente por los británicos en Ceilán y los japoneses en Sumatra para rehidratar a los heridos, ante la falta de plasma, pero no olvidemos que esto fue una medida desesperada y que puede ser peligrosa, especialmente por su alto contenido en potasio y sodio.

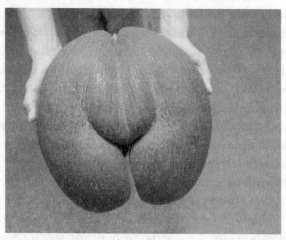

Manos sosteniendo la forma voluptuosa de una exótica semilla de coco de mar de una jungla de las Seychelles.

Siguiendo con el periplo de las semillas, una vez que la semilla ha completado su desarrollo y se ha provisto de las sustancias de reserva que faciliten la germinación cuando llegue el momento, pueden pasar dos cosas. Estará en una fase de reposo un tiempo variable sin perder viabilidad y en unas condiciones que pueden ser buenas o no. Esto es una estrategia adaptativa para favorecer la dispersión de las semillas y evitar que germinen antes de tiempo (cerca o incluso dentro aún del fruto). Digamos que es una moratoria para diseminarla. Superado este tiempo, ya puede germinar, pero es posible que no lo haga, porque no hay agua, que suele ser la causa más común. Ha pasado entonces del reposo a la quiescencia. La segunda cosa que puede ocurrir es que, encontrando las condiciones perfectas de todo (temperatura y humedad), no germine porque le pasa algo. Hay algún problema. Este reposo se denomina «latencia» y suele estar causado por sustancias presentes en el suelo, inhibidores que formen parte de la semilla o requerimientos específicos, como ocurre con las malezas que germinan solo si están en la superficie y expuestas a la luz solar. O sea, que la semilla puede estar en reposo, en quiescencia o en latencia. Pero, eso sí, desde el momento en que la semilla entra en reposo, empieza una cuenta atrás que tiene un tiempo limitado para dispersarse y germinar. Normalmente, ese tiempo es relativamente corto, como en el sauce, que solo resisten unos días. En otras especies pueden aguantar decenas o cientos de años. Eso es, en teoría, porque, como ya te dije, la ciencia no deja de aportarnos nuevas evidencias pero también duda, y nos cambia lo que dábamos por cierto (así es ella). Una de las semillas más longevas conocidas pertenece a una palmera datilera. Fue encontrada hace más de 50 años en Israel, y, en 2005, científicos israelíes consiguieron que germinara, dando una hermosa «palmera de dátiles judíos». Esa semilla tenía unos 2000 años. Matusalén, que fue como la llamaron, fue la primera, pero detrás han ido Adán, Jonás, Uriel, Boaz, Judith y Hannah, otras palmeras obtenidas de semillas de la misma época encontradas en Judea. No deja de ser sorprendente que podamos tener hoy en día palmeras como las que crecieron en Jerusalén en tiempos bíblicos. Todo forma parte de un proyecto a largo plazo donde se pretende conocer el linaje desaparecido, desentrañar cuál es el secreto de la longevidad de la semilla de la palmera datilera y poder aplicar este descubrimiento en otras plantas y, sobre todo, en la agricultura. Pero hay más. En 2012, un grupo de investigadores rusos consiguió regenerar *Silene stenophylla*, una planta herbácea del Pleistoceno, a partir del fruto. Un roedor prehistórico, una especie de ardilla terrestre, escondió el fruto en su madriguera, en la tundra del noroeste de Siberia, y ahí estuvo durante 32.000 años hasta que fue encontrada a 38 m de profundidad. Poco después de ser excavadas, las madrigueras fueron selladas con tierra arrastrada por el viento, enterradas bajo metros de sedimento y congeladas permanentemente a -7 °C. Su apariencia una vez crecida es algo distinta a la especie actual, pero lo que está claro es que el permafrost es una rica fuente de moléculas, material genético de plantas silvestres y una reserva de genes antiguos.

A pesar de esto, de verdad que no es común que las semillas resistan miles de años. De hecho, conforme va pasando el tiempo, van perdiendo viabilidad y cada vez es más difícil que germinen, o, si lo hacen, pueden producir plantas débiles o con problemas. El tiempo en que son viables, siendo capaces de germinar sin problemas, es lo que conocemos como «longevidad de las semillas». ¿De qué depende? Pues de muchos factores. Resumiendo, podríamos decir que la semilla más longeva sería aquella que en el momento de la dispersión tuviera una cubierta impermeable (para protegerla de la entrada de agua), bajo contenido inicial de agua, alta tolerancia a la deshidratación y al frío, que tuviera período de latencia, metabolitos secundarios que aporten resistencia a los microorganismos, resistencia al deterioro genético, etc. Vamos, parece una semilla imposible, pero, como acabamos de ver, existe.

Saber cuánto tiempo dispondrán de una viabilidad óptima es importante no solo de cara a un banco de semillas (donde, en función de ese tiempo, se deben ir renovando los lotes), sino para cualquier persona que esté relacionada con la producción, el almacenamiento o la comercialización. Piensa que, probablemente, las que sobrevivan más tiempo en el almacenamiento crecerán mejor y darán más cosecha.

Hablando de almacenamiento…, ¿sabes la importancia que tiene un banco de semillas? Un banco de semillas o banco de germoplasma es como una caja fuerte. En depósitos más o menos grandes y entre medidas de seguridad (no para nosotros), lo que se guarda no son lingotes de oro ni diamantes, sino germoplasma, es decir, alimento en potencia. Germoplasma es todo aquel material biológico que puede servir para regenerar otro organismo. Estos depósitos almacenan semillas, tubérculos, raíces, esporas o cualquier forma de material genético como para poderlo reproducir en caso necesario. Si desaparecen variedades en la naturaleza, perdemos genes de adaptación al medio, resistencia a plagas y enfermedades, etc., que pueden resultar muy valiosos y útiles para la obtención mediante mejora genética de nuevas plantas. Hay varios bancos de germoplasma en España, de especies silvestres, de especies hortícolas, de especies raras o amenazadas, ornamentales, etc. En la Universitat Politècnica de València, donde yo trabajo, disponemos de uno de los más relevantes de la Comunidad Valenciana, que conserva una colección de unas 13.000 entradas de hortícolas (solanáceas y cucurbitáceas sobre todo), procedentes de España, América Central y Latinoamérica. El objetivo de este banco valenciano, además de la conservación, es regenerar, caracterizar y promover que se sigan utilizando esas variedades. Los distintos países tendrán sus propios bancos de germoplasma, pero, si hay una nave nodriza de todos los bancos de semillas, esa es la Bóveda Global de Semillas de Svaldbard. Vamos a visitarla.

Nos desplazamos al Círculo Polar Ártico, a poco más de 1000 km del Polo Norte. En Spitsbergen, la mayor isla del archipiélago noruego de Svalbard, encontramos excavado en el permafrost nórdico un búnker. Un proyecto que, tanto por su ubicación como por su aspecto y función, parece más típico de una película de ciencia ficción. Los primeros ministros de Noruega, Suecia, Finlandia, Dinamarca e Islandia participaron en la ceremonia de «colocación de la primera piedra» el 19 de junio de 2006. La construcción de este proyecto costó 45 millones de coronas noruegas (unos 9 millones de dólares) y fue financiada en su totalidad por el Gobierno de Noruega. La Bóveda fue levantada a unos 120 m sobre el nivel del mar. Los pocos que tienen autorización para entrar recorrerán un túnel de 100 m de largo provisto de un sistema de seguridad y un circuito de cámaras de vigilancia (no hay personal permanente en las instalaciones). A lo largo del túnel, se localizan las áreas administrativas y, al final, encontraremos tres cámaras subterráneas, de unos 1200 m^3 cada una. Cada cámara tiene una capacidad de almacenamiento de 1,5 millones de muestras de semillas diferentes dispuestas en estanterías y perfectamente clasificadas (en total, puede acoger 4,5 millones de muestras). La Bóveda está construida a prueba de erupciones volcánicas, terremotos de hasta grado 10 en la escala de Richter, crecida del nivel del mar, la radiación solar, y el permafrost (capa de suelo permanentemente congelada) del exterior actúa como refrigerante natural, manteniendo una temperatura constante de -18 °C en caso de fallo del suministro eléctrico.

Las primeras semillas llegaron en enero de 2008. Hoy en día hay más de 1 millón de muestras de más de 5000 especies vegetales. En 2020, se han añadido 60.000 nuevas entradas (una entrada es una semilla distinta a otra, que puede ser otra variedad de la misma especie), entre ellas, tres tipos de frijoles y cuatro de maíz, incluido el maíz sagrado White Eagle, donados por el pueblo Cherokee de EE. UU.; el trigo ancestral procedente de la Universidad de Haifa, en Israel, o patatas de Perú. Ha sido diseñada para almacenar duplicados de variedades de semillas provenientes de bancos de semillas de todo el mundo, muchas de las cuales se encuentran en países en desarrollo. Pero no de cualquier semilla, sino solo de aquellas que puedan ser únicas y relevantes para asegurar el futuro de la agricultura. Si vienen de un país en desarrollo, la Bóveda Global de Semillas de Svalbard se hará cargo del coste de preparación, embalaje y envío de los distintos recursos genéticos que son importantes para la humanidad. El objetivo principal de este banco mundial de semillas es preservar los cultivos que sirven de alimento a la humanidad en caso de catástrofe natural o guerras, aunque también en otros supuestos, como accidentes, fallos técnicos, recortes de fondos, etc. De manera que los bancos de semillas serían reestablecidos con semillas de Svalbard. No ha tenido que pasar mucho tiempo para hacer uso de ella. En 2015, con la guerra de Siria, el banco de semillas de Alepo quedó destruido. Como consecuencia, se tuvo que hacer la primera retirada de semillas de la bóveda para reabastecer al banco de Alepo. En 2017, fueron redepositadas tras haber sido cultivadas de nuevo. Históricamente, la dieta humana ha usado más de 7000 especies de plantas, sin embargo, hoy en día se usan menos de 150, y solo 12 especies representan la fuente vegetal de nuestra dieta actual. Dentro de cada especie vegetal, la Bóveda almacena un gran número de variedades y diversidad genética. Por tanto, es la mejor forma de conservar la biodiversidad. Por ejemplo, alberga más de ¡100.000 variedades de arroz!

Las semillas son envasadas en paquetes de 500 semillas con cuatro capas especiales de termosellado para aislarlas de la humedad. Una vez clasificadas, se mantendrán a una temperatura constante de -18 °C en contenedores sellados especialmente. Esta temperatura y el acceso limitado al oxígeno asegura una baja actividad metabólica y retrasa el envejecimiento de las semillas, con lo cual, como decíamos antes, la longevidad será mayor. De cualquier forma, disponemos de técnicas para comprobar la viabilidad, y, en caso de que presentara algún problema, sería el momento de sustituir por otro lote nuevo. En la Bóveda, además, el permafrost asegura la viabilidad continuada de las semillas durante 200 años si se produce un fallo en el suministro eléctrico. Sin embargo, antes de lo que se pensaba, se ha tenido que invertir en mantenimiento debido al cambio climático. En 2016, la temperatura registró un incremento inusual, el permafrost se fue descongelando, y el agua llegó a entrar en el túnel, pero, por suerte, no llegó a las cámaras donde están las semillas. Un proyecto de varios millones de euros ha servido para aislar la bóveda de los efectos del calentamiento global, que está ocurriendo más rápido en aquella región.

Bóveda Global de Semillas de Svalbard.

Por cierto, si te has preguntado si se guardan semillas transgénicas en la Bóveda, la respuesta es no, de momento. Para ello se necesita una aprobación previa, y, como la legislación noruega en materia de biotecnología es anterior a la creación de la Bóveda, hasta que no se hagan cambios a la normativa o excepciones que tengan en cuenta estos detalles, no se podrán almacenar semillas OMG. Si los responsables vieran que el almacenamiento de estas semillas fuera esencial para cumplir el propósito del proyecto, Noruega revisaría las políticas y normas para permitirlo.

La Bóveda Global de Svaldbard es el último bastión,

guardián del ADN vegetal del planeta y de nuestra historia como agricultores desde hace más de 10.000 años.

Siguiendo con la vida de nuestra semilla, cuando ya está perfectamente formada, madura y en la etapa de reposo, llega el momento de su dispersión. Los niños se nos van de casa. Ellas solas no lo van a poder hacer. Necesitan una ayuda, aunque a veces sea mínima. ¡Es tan importante que salgan! Es la única forma que tienen de conquistar nuevos hábitats, pero es que, además, si no se movieran, estarían aumentando la presión en el sitio conviviendo los descendientes demasiado cerca de los padres. En la vida real suele ocurrir algo parecido. No somos propiedad de nuestros padres, aunque ellos decidieran traernos al mundo. Cada uno de nosotros somos un proyecto propio que se ha de desarrollar. Ya habrás oído eso de «El casado, casa quiere». Pues eso. Como le ocurría al polen, las semillas van a ser dispersadas a través de distintos vectores (uno o más, porque no son excluyentes), así que la evolución ha hecho que adopten formas, tamaños, colores y texturas a veces muy curiosas o que desarrollen estructuras especiales dedicadas a hacer más óptimo el proceso.

Por ejemplo, el viento es el principal agente dispersor de las semillas (anemocoria). ¿Cómo serán las semillas dispersadas por el viento? «Ha fallecido tras haberle caído encima un coco de 20 kg transportado por el viento». Salvo que sea por un huracán, esta noticia sería más propia de *El mundo today*, pero, ojo, que hay huracanes (y cocos de 20 kg). De hecho, muere más gente por la caída de un coco que por ataques mortales de tiburones. Pues, como es lógico, las semillas dispersadas por el viento serán pequeñas y muy ligeras para mantenerse suspendidas en el aire el mayor tiempo posible. Ocurre, por ejemplo, con las semillas de tabaco, amapolas o las orquídeas. A veces, la semilla tiene alas y se vuelve aerodinámica, como las alas de un pájaro o de un avión, un diseño completamente favorecido por el viento. Les pasa a las semillas especialmente de gimnospermas (semillas que están desnudas y no dentro de frutos), como fresnos y olmos. Otras veces son vilanos, bolitas plumosas y ligeras, como las del diente de león, aunque un ejemplo curioso sería el de *Salsola kali*. Este nombre no te dirá nada, pero ¿has visto esas plantas secas que ruedan por el desierto en las películas del oeste? En ese caso, es la planta entera la que se rompe por la base y se desplaza dispersando cientos de miles de semillas. Al cardo corredor (*Eryngium campestre*) le pasa exactamente igual. Por cierto, asociada a este cardo vive una micorriza, que es la seta de cardo (*Pleurotus eryngii*), muy apreciada en gastronomía.

«...¿Una golondrina va a transportar un coco?... ¡Podría agarrarlo por fuera!». Tan absurdo como divertido es ese diálogo de la película de los Monty Phyton, *Los caballeros de la tabla cuadrada*.

En las plantas acuáticas, es el agua el que se encarga de la dispersión (hidrocoria), aunque también es el vector idóneo para plantas que, aun no siendo acuáticas, se encuentren en las cercanías de ríos o mares, o bien que, estando en otras zonas, el arrastre del agua de lluvia actúe como un buen mecanismo de dispersión. A diferencia de la gigantesca semilla del coco de mar, que no está adaptada a ser transportada por el agua, la semilla de *Cocos nucifera* (el que conocemos y disfrutamos) tiene un gran hueco dentro que le permite flotar y utilizar las corrientes marinas para viajar y conquistar otras playas o islas incluso a miles de kilómetros.

Los animales tienen mucho que decir en este proceso. Si se alimentan de frutos, como los pájaros y muchos mamíferos (murciélagos, primates, roedores, etc.), una vez ingeridos, las semillas no solo van a pasar intactas su tracto digestivo, sino que, a veces, los propios ácidos gástricos van a facilitar la posterior germinación. Como todo lo que entra sale, las semillas irán embebidas en sus heces y repartidas por donde les pille. Pero puede ocurrir que no dispersen las semillas «por dentro», sino «por fuera», adheridas a su superficie. Para ello, muchas semillas y frutos tienen ganchos, pelos o espinas. Todo lo que te acabo de decir vale para ti también. Si vas a la montaña y en un momento dado te da un apretón, de esos que activan la alerta marrón y tienes que agacharte sin pisar ninguna piedra, paquete de clínex en la boca y guardando un equilibrio que ni el Cirque du Soleil, estás haciendo lo mismo que ellos, igual que cuando se te pegan esos molestos «pinchos» que parece que tienen velcro a la ropa mientras haces senderismo.

Aunque hay vídeos en la red espectaculares, poca gente habrá tenido la suerte de ver explotar en vivo al fruto del pepinillo del diablo (*Ecballium elaterium*). Cuando este fruto madura, se crea una tensión que va aumentando progresivamente en su cubierta y origina una explosión al más mínimo roce lanzando un chorro de líquido que contiene las semillas a más de 3 m de distancia. Este método se llama «autocoria». Por cierto, si el pepinillo del diablo se llama así, es por algo. No te podrás comer sus semillas, porque salen disparadas, pero, por si acaso, te aviso: no te las comas. Hay numerosos frutos que lanzan sus semillas como si fueran balas a la velocidad de un disparo. Es un mecanismo denominado «dispersión balística». Mención especial merece *Hura crepitans*. Fíjate en el nombre de su especie. Se le conoce (quien la conozca) como «catahua», y es un árbol de importancia maderera, con el tronco cubierto de espinas. Su fruto, en forma de cápsula, contiene semillas que maduran con las lluvias y, al mojarse, la cápsula estalla, produciendo un ruido explosivo y lanzando las semillas a una velocidad de 70 metros por segundo hasta distancias de 100 m.

Ecballium elaterium, el pepinillo del diablo.

Sin embargo, no podía dejar pasar el caso especial del cacahuete y el trébol subterráneo (*Trifolium subterraneum*), que van por libre y siguen la ley de la independencia y del mínimo esfuerzo. Su estrategia es enterrar sus frutos mediante movimientos lentos dirigidos hacia la tierra (geotropismo positivo) para que maduren ahí. De esta forma, las semillas ya quedan enterradas de manera natural.

La llegada de la semilla a un suelo y las condiciones idóneas será el comienzo de una nueva vida. Porque este libro llega a su fin, pero la vida…, ¡ay!

La vida sigue.

EPÍLOGO

Querida lectora, querido lector, si has llegado hasta aquí, espero haberte transmitido, aunque solo sea un poquito, la fascinación que las plantas ejercen sobre mí. Y si no he logrado que te fascinen, al menos espero haber conseguido que te interesen un poco. Piensa que dependemos de ellas.

La población mundial no deja de crecer y no lo hará en breve. Ha pasado de los casi 1000 millones de habitantes que había en 1800 a los más de 6000 millones en el año 2000. Hoy somos más de 7700 millones. Además, algunos hitos históricos, como los antibióticos, la cloración del agua, las vacunas o los fertilizantes sintéticos, entre otros muchos, han permitido que actualmente dupliquemos la esperanza de vida con respecto a la Gran Bretaña medieval. El problema viene cuando hay que procurar alimento a una población en constante aumento, mientras que la superficie destinada al cultivo no solo no crece, sino que disminuye. Las frutas, verduras, hortalizas, cereales y legumbres forman parte de una alimentación sana y, para algunas personas, su única alimentación, así que el reto que tenemos por delante es obtener alimentos suficientes, sanos, seguros y respetuosos con el medio, por lo tanto, nuestro futuro depende de las plantas. Hablamos de seres vivos que han existido desde hace casi 500 millones de años, mucho antes de que nosotros llegáramos al planeta, y de los que dependemos para vivir y para respirar..., y en algún momento hasta para hacernos felices.

A pesar de su importancia, constituyen un reino muy poco estudiado y, sin embargo, lleno de curiosidades. No deja de darme un poco de pena que la mayoría de los estudiantes se decanten por investigar la biotecnología animal. Todos quieren curar el cáncer (este año, encontrar la vacuna de la COVID-19), pero vivimos en un mundo en constante crecimiento que hay que alimentar. Por lo tanto, investigar en plantas le puede hacer un mayor servicio a la humanidad, a la de ahora y a la del futuro. Con un clima revuelto y el calentamiento global amenazando, además de nuevas plagas emergiendo cada año y desplazándose con mayor rapidez por este mundo globalizado, cada vez es más importante conocer los cultivos tradicionales, así como las nuevas técnicas para poder encontrar las mejores soluciones. El maíz, frijoles y calabaza que los nativos americanos plantaban juntos no eran cultivados así por capricho. El maíz aportaba sombra, los frijoles (como leguminosa, asociada a los rizobios) nitrogenaban el suelo y la calabaza evitaba la aparición de malas hierbas. Estos hoy se llaman «cultivos asociados». Muchas de esas técnicas seguimos aplicándolas, pero también podemos utilizar la mejora genética clásica o la biotecnología moderna, mediante el desarrollo de plantas transgénicas o plantas modificadas por CRISPR/Cas9, para hacer cultivos más resistentes a plagas, a condiciones ambientales adversas o con mejores propiedades nutricionales. Por lo tanto, conocer mejor a las plantas, además de un fascinante reto intelectual, es asegurarnos el futuro.

Pero el libro no acaba aquí. Te voy a poner deberes. Si te ha gustado esta lectura, puedes ir al parque o al jardín botánico más cercano y tratar de localizar alguna de las plantas que menciono y ver si identificas alguna de las características que te he contado. Busca sus flores y contémplalas de cerca. Si te sigue llamando la atención el tema, te interesará saber que todos los años, el 18 de mayo, se organiza el Día Internacional de la Fascinación de las Plantas (como ves, no estoy yo sola, somos muchos). Esta celebración la organiza la EPSO, que es la sociedad europea que engloba todas las sociedades científicas nacionales centradas en la investigación de las plantas (en España es la Sociedad Española de Fisiología Vegetal). Cuando se acerca esa fecha, en muchas ciudades europeas se organizan eventos y conferencias relacionadas con las plantas. Puedes participar y aprovechar todo lo que has leído en estas páginas. Seguro que te gusta. Solo espero que la próxima vez que admires la belleza de una flor, porque la tengas en tus manos, porque te la hayan regalado, porque te ha brotado en una maceta o porque estás mirando un cuadro de Georgia O'Keeffe, veas, igual que yo, que no solo es belleza, sino el resultado de miles de años de evolución y una complejidad biológica que es hermosa y, a la vez, fascinante. Como dijo Martin Luther King: «Si supiera que el mundo se acaba mañana, yo, hoy todavía, plantaría un árbol».

Tanto si te ha gustado el libro como si no, o quieres escribirme algún comentario, puedes hacerlo en mi blog, *La Ciencia de Amara*, o en mi cuenta de Twitter (@bioamara).

Valencia, 4 de mayo de 2020.
Confinada y en pleno estado
de alarma por la crisis sanitaria COVID-19.

Los dioses Esculapio, Flora, Ceres y Cupido honran la figura de Linneo.

NOTAS

ANATOMÍA DE LA FLOR

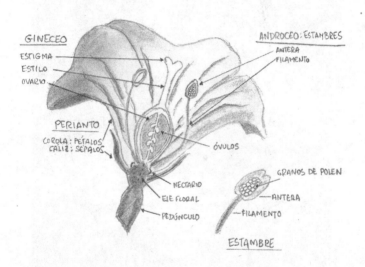

GINECEO
ESTIGMA
ESTILO
OVARIO

ANDROCEO: ESTAMBRES
ANTERA
FILAMENTO

PERIANTO
COROLA: PÉTALOS
CÁLIZ: SÉPALOS

ÓVULOS

NECTARIO
EJE FLORAL
PEDÚNCULO

GRANOS DE POLEN

ANTERA
FILAMENTO

ESTAMBRE

ANATOMÍA DEL FRUTO

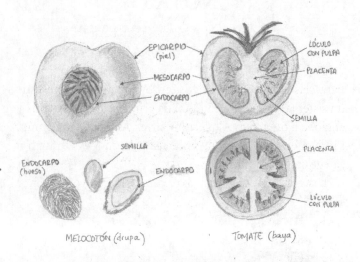

MELOCOTÓN (drupa)

TOMATE (baya)

ANATOMÍA DE LA SEMILLA

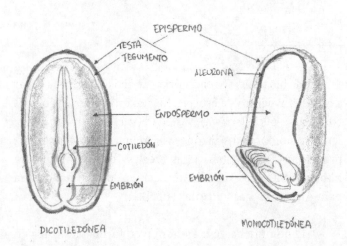

DICOTILEDÓNEA

MONOCOTILEDÓNEA

¿CÓMO LLAMAMOS A LAS PLANTAS? GUÍA RÁPIDA

Para clasificar los seres vivos, en biología disponemos de un sistema jerárquico donde cada grupo se llama «taxón» y engloba a organismos que comparten un ancestro común. El nivel que ocupa un taxón en la jerarquía es el rango o categoría taxonómica.

Las grandes categorías taxonómicas de mayor a menor son:

1. Dominio
2. Reino
3. Filo
4. Clase
5. Orden
6. Familia
7. Género
8. Especie

Desde filo podemos encontrar subdivisiones hasta llegar a especie. Y dentro de especie, hay taxones intraespecíficos como subespecie (subsp.), variedad (var.) y forma (f.).

Para nombrar los taxones del reino *Plantae* (nuestras protagonistas), existen unas reglas de nomenclatura impuestas por el Código Internacional de Nomenclatura para Algas, Hongos y Plantas (ICN).

– El nombre ha de ir en latín o en forma latinizada en todas las categorías.

- Hasta llegar al género, cada nombre tiene una terminación. Por ejemplo, la familia termina en -aceae (latín) o -áceas (castellano) como Rosaceae / rosáceas.
- Una vez clasificado el organismo, ¿cómo lo llamamos? Pues todas las plantas, al igual que todos los seres vivos, como tú y como yo, tienen un nombre y un apellido únicos, de manera que los podamos identificar y diferenciar del resto.

Bond, James Bond. Bond nunca dice el apellido en solitario. La nomenclatura en taxonomía se le atribuye a Carlos Linneo (1707-1778), considerado el creador de la clasificación de los seres vivos. Esta nomenclatura, a veces llamada «binomial», consta de dos palabras: la primera denota el género y la segunda indica el epíteto específico.

- El género o nombre genérico debe estar escrito en cursiva y empezando por mayúscula. Ejemplo: *Rosa.*
- El nombre de la especie está compuesto por dos palabras, género y epíteto, de manera que este último nunca irá solo. Así, al conocer el epíteto, sabremos también a qué género pertenece. A diferencia del género, el epíteto va enteramente en minúscula. Ejemplo: *Rosa canina* o *R. canina* (para abreviar si ya la hemos nombrado anteriormente en la forma completa).
- En ocasiones podemos ver escrito, tras el género, «sp.», en lugar del epíteto específico. Se utiliza cuando la especie es desconocida o no es relevante en el texto. Si vemos «spp.», es el plural y suele ser una forma de referirse a muchas especies (no todas)

dentro de un mismo género. Se escribe en minúscula y sin cursiva. Ejemplo: *Rosa* sp. (una especie desconocida de rosa) o *Rosa* spp. (un grupo de especies de rosa).

Con nuestras plantas, podemos encontrar adicionalmente por debajo de especie otras categorías que nos ayudan a identificarlas con mayor precisión:

CULTIVAR: Son categorías propias independientes (no taxonómicas) de las plantas domésticas que aparecen por cultivo, por hibridación, etc. Se escriben con mayúscula y precedidas por la abreviación «cv.». Ejemplo: *Solanum lycopersicum* cv. *Moneymaker*.

HÍBRIDOS: Los híbridos producidos por cruzamiento sexual pueden ser designados por fórmulas o por nombre. Por ejemplo, la fresa, *Fragaria x ananassa*, es un híbrido procedente del cruce de *Fragaria chiloensis* y *Fragaria virginiana*.

ÍNDICE DE PLANTAS QUE
APARECEN EN EL TEXTO

Arroz	*Oryza sativa*	Fam. Poáceas o gramíneas
Aspérula olorosa	*Galium odoratum*	Fam. Rubiáceas
Avellano común	*Corylus avellana*	Fam. Betuláceas
Avena	*Avena sativa*	Fam. Poáceas o gramíneas
Azafrán	*Crocus sativus*	Fam. Iridáceas
Azucena, lirio	Lillium	Fam. Liliáceas
Banksia, árbol australiano madreselva	*Banksia*	Fam. Proteáceas
Baobab	*Adansonia* spp.	Fam. Malváceas
Barrilla pinchosa, trotamundos	*Salsola kali*	Fam. Amarantáceas
Beleño	*Hyoscyamus* spp.	Fam. Solanáceas
Belladona	*Atropa belladonna*	Fam. Solanáceas
Bergamota	*Citrus x bergamia*	Fam. Rutáceas
Berenjena	*Solanum melongena*	Fam. Solanáceas
Berro	*Nasturtium officinale*	Fam. Brasicáceas o crucíferas
Bromelia	*Brocchinia* spp.	Fam. Bromeliáceas
Cacao, árbol del cacao, cacaotero	*Theobroma cacao*	Fam. Malváceas
Cacahuete, maní	*Arachis hypogaea*	Fam. Fabáceas o leguminosas
Cactus *old lady*	*Mammillaria hahniana*	Fam. Cactáceas
Cafeto	*Coffea* spp.	Fam. Rubiáceas
Calabaza	*Cucurbita moschata, C.ficifolia, C.mixta*	Fam. Cucurbitáceas
Camelia común	*Camellia japonica*	Fam. Teáceas
Campanula	*Campanula* spp.	Fam. Campanuláceas
Canela, árbol de la canela, canelo	*Cinnamomum verum o C. zeylanicum*	Fam. Lauráceas
Cáñamo, cannabis, o marihuana	*Cannabis sativa*	Fam. Canabáceas
Cáñamo índico	*Cannabis indica*	Fam. Canabáceas
Caña de azúcar	*Saccharum officinarum*	Fam. Poáceas
Caoba de Honduras	*Swietenia macrophylla*	Fam. Meliáceas
Caqui	*Diospyros kaki*	Fam. Ebenáceas
Cardamomo	*Elettaria cardamomum, Amomum* spp.	Fam. Zingiberáceas
Cardo corredor	*Eryngium campestre*	Fam. Apiáceas

Cardón resinoso	*Euphorbia resinifera*	Fam. Euforbiáceas
Casia, árbol de la Casia	*Cinnamomum cassia*	Fam. Lauráceas
Castaño	*Castanea sativa*	Fam. Fagáceas
Catahua, haba de indio	*Hura crepitans*	Fam. Euforbiáceas
Cayena, chile en polvo, ají en polvo	*Capsicum* spp.	Fam. Solanáceas
Cebada	*Hordeum vulgare*	Fam. Poáceas o gramíneas
Cebolla	*Allium cepa*	Fam. Amarilidáceas
Cedro del Líbano	*Cedrus libani*	Fam. Pináceas
Ceiba, ceibo	*Ceiba pentandra*	Fam. Malváceas
Centeno	*Secale cereale*	Fam. Poáceas o gramíneas
Cerezo	*Prunus cerasus*	Fam. Rosáceas
Chile, guindilla	*Capsicum* spp.	Fam. Solanáceas
Chirimoya	*Annona cherimola*	Fam. Anonáceas
Ciprés común	*Cupressus sempervirens*	Fam. Cupresáceas
Cicuta o ruda	*Conium maculatum*	Fam. Apiáceas
Cicuta de agua	*Cicuta virosa*	Fam. Apiáceas
Cicuta menor	*Aethusa cynapium*	Fam. Apiáceas
Ciruelo	*Prunus domestica*	Fam. Rosáceas
Clavel antártico o perla antártica	*Colobanthus quitensis*	Fam. Cariofilácea
Clavo, árbol del clavo, clavero	*Syzygium aromaticum*	Fam. Mirtáceas
Coco de mar	*Lodoicea maldivica*	Fam. Arecáceas
Cocotero	*Cocos nucifera*	Fam. Arecáceas
Col, repollo, coliflor, brócoli	*Brassica oleracea*	Fam. Brasicáceas o crucíferas
Cola de caballo	*Equisetum ramosissimum*	Fam. Equisetáceas
Colza	*Brassica napus*	Fam. Brasicáceas o crucíferas
Comino	*Cuminum cyminum*	Fam. Apiáceas
Copas de mono, plantas jarro	*Nepenthes* spp.	Fam. Nepentáceas
Crisantemo	*Chrysanthemun* spp.	Fam. Asteráceas
Curare	*Strychnos toxifera*	Fam. Longaniáceas
Cúrcuma	*Curcuma longa*	Fam. Zingiberáceas
Cuscuta	*Cuscuta* spp.	Fam. Convolvuláceas

Diente de león	*Taraxacum officinale*	Fam. Asteráceas
Diente de león ruso	*Taraxacum kok-saghyz*	Fam. Asteráceas
Drácena, drácena marginata	*Dracaena reflexa var. angustifolia*	Fam. Asparagáceas
Dondiego de día, gloria de la mañana	*Ipomoea purpurea*	Fam. Convolvuláceas
Dondiego de noche, donpedro	*Mirabilis jalapa*	Fam. Nictaginácea
Doradilla	*Selaginella lepidophylla*	Fam. Selagineláceas
Drago	*Dracaena draco*	Fam. Asparagáceas
Eléboro	*Helleborus spp.*	Fam. Ranunculáceas
Encina, carrasca	*Quercus ilex*	Fam. Fagáceas
Espinaca	*Spinacia oleracea*	Fam. Amarantáceas
Estramonio	*Datura stramonium*	Fam. Solanáceas
Eucalipto	*Eucalyptus*	Fam. Mirtáceas
Ficus	*Ficus* spp.	Fam. Moráceas
Flor esqueleto, flor cristal	*Diphylleia grayi*	Fam. Berberidáceas
Frambuesa	*Rubus idaeus*	Fam. Rosáceas
Fresa	*Fragaria x ananassa*	Fam. Rosáceas
Fresno común	*Fraxinus excelsior*	Fam. Oleáceas
Galán de noche, dama de noche	*Cestrum nocturnum*	Fam. Solanáceas
Gardenia	*Gardenia* spp.	Fam. Rubiáceas
Geranio	*Pelargonium* spp.	Fam. Geraniáceas
Ginkgo	*Ginkgo biloba*	Fam. Ginkgoáceas
Ginseng	*Panax ginseng*	Fam. Araliáceas
Girasol	*Helianthus annuus*	Fam. Asteráceas
Gomero fantasma	*Corymbia aparrerinja*	Fam. Mirtáceas
Guanábana	*Annona muricata*	Fam. Anonáceas
Guisante	*Pisum sativum*	Fam. Fabáceas o leguminosas
Grama de olor, pasto oloroso	*Anthoxanthum odoratum.*	Fam. Poáceas o gramíneas
Granado	*Punica granatum*	Fam. Litrácea
Haba	*Vicia faba*	Fam. Fabáceas
Haba de tonka, cumaruna, cumarú	*Dipteryx odorata.*	Fam. Fabáceas o leguminosas
Hibisco, rosa de China, Pacífico	*Hibiscus rosa-sinensis*	Fam. Malváceas

Hiedra común	*Hedera helix*	Fam. Araliáceas
Hierba de limón, *lemongrass*	*Cymbopogon* spp.	Fam. Poáceas
Higuera	*Ficus carica*	Fam. Moráceas
Hipérico, hierba de San Juan	*Hypericum perforatum*	Fam. Hipericáceas
Hydnora	*Hydnora* spp.	Fam. Hidnoráceas
Jarro morado, jarra púrpura	*Sarracenia purpurea*	Fam. Sarraceniáceas
Jarro de sol	*Heliamphora* spp.	Fam. Sarraceniáceas
Jazmín	*Jasminum* spp.	Fam. Oleáceas
Jengibre	*Zingiber officinale*	Fam. Zingiberáceas
Judía verde, frejol, habichuela verde	*Phaseolus vulgaris*	Fam. Fabáceas o leguminosas
Kiwi	*Actinidia deliciosa*	Fam. Actinidiáceas
Lantana común, cinco negritos	*Lantana camara*	Fam. Verbenáceas
Laurel, lauro	*Laurus nobilis*	Fam. Lauráceas
Lechuga	*Lactuca sativa*	Fam. Asteráceas
Lengua de serpiente	*Ophioglossum vulgatum*	Fam. Ofioglosáceas
Lenteja	*Lens culinaris*	Fam. Fabáceas o leguminosas
Lenteja de agua	*Wolffia*	Fam. Aráceas
Lichi	*Litchi chinensis*	Fam. Sapindáceas
Lima *kafir*, combava	*Citrus* × *hystrix*	Fam. Rutáceas
Limonero	*Citrus x limon*	Fam. Rutáceas
Lino	*Linum usitatissimum*	Fam. Lináceas
Lirio	*Iris* spp.	Fam. iridáceas
Lirio africano, tuberosa azul	*Agapanthus africanus*	Fam. Amarilidáceas
Lirio cobra	*Darlingtonia califórnica*	Fam. Sarraceniáceas
Lulo, naranjilla	*Solanum quitoense*	Fam. Solanáceas
Madera de sangre	*Corymbia terminalis*	Fam. Mirtáceas
Maíz	*Zea mays*	Fam. Poáceas o gramíneas
Mandarino	*Citrus reticulata, Citrus x tangerina*	Fam. Rutáceas
Mandrágora	*Mandragora officinarum*	Fam. Solanáceas
Mangle negro	*Avicennia germinans*	Fam. Acantácea
Mangle rojo	*Rhizophora mangle*	Fam. Rizoforáceas

Mango	*Mangifera indica*	Fam. Anacardiáceas
Manuca, árbol del té	*Leptospermum scoparium*	Fam. Mirtáceas
Manzano	*Malus domestica*	Fam. Rosáceas
Melocotonero	*Prunus persica*	Fam. Rosáceas
Melón	*Cucumis melo*	Fam. Cucurbitáceas
Membrillo	*Cydonia oblonga*	Fam. Rosáceas
Menta	*Mentha* spp.	Fam. Lamiáceas
Mimosa, acacia mimosa	*Acacia dealbata*	Fam. Fabáceas o leguminosas
Mimosa sensitiva, nometoques	*Mimosa pudica*	Fam. Fabáceas o leguminosas
Mirra	*Commiphora myrrha*	Fam. Burseráceas
Mirto, arrayán, murta	*Myrtus communis*	Fam. Mirtáceas
Morera	*Morus* spp.	Fam. Moráceas
Mostaza	*Sinapis* spp.	Fam. Brasicáceas o crucíferas
Naranjo dulce	*Citrus x sinensis*	Fam. Rutáceas
Narciso	*Narcissus* spp.	Fam. Amarilidáceas
Níspero	*Eriobotrya japónica*	Fam. Rosáceas
Nogal común	*Juglans regia*	Fam. Juglandáceas
Nuez moscada, mirística	*Myristica fragrans*	Fam. Miristicáceas
Olivo, aceituno	*Olea europaea*	Fam. Oleáceas
Olmo común	*Ulmus minor*	Fam. Ulmáceas
Opio	*Papaver somniferum*	Fam. Papaveráceas
Oreja de liebre, lengua de perro	*Cynoglossum officinale*	Fam. Boragináceas
Oreja de oso	*Ramonda myconi*	Fam. Gesneriáceas
Orgaza	*Atriplex halimus*	Fam. Quenopodiáceas
Palma aceitera	*Elaeis guineensis*	Fam. Arecáceas
Palmera datilera	*Phoenix dactylifera*	Fam. Arecáceas
Palo de sangre, marri	*Corymbia calophylla*	Fam. Mirtáceas
Papayo	*Carica papaya*	Fam. Caricáceas
Pasionaria, flor de la pasión, maracuyá	*Passiflora edulis*	Fam. Pasifloráceas
Pasto antártico	*Deschampsia antárctica*	Fam. Poáceas
Patata	*Solanum tuberosum*	Fam. Solanáceas
Pensamiento	*Viola × wittrockiana*	Fam. Violáceas
Pepinillo del diablo	*Ecballium elaterium*	Fam. Apiáceas
Pepino	*Cucumis sativus*	Fam. Cucurbitáceas

Perejil	*Petrosellinum crispum*	Fam. Apiáceas
Petunia	*Penunia x hybrida*	Fam. Solanáceas
Pícea común, falso abeto	*Picea abies*	Fam. Pináceas
Pimienta	*Piper* spp.	Fam. Piperáceas
Pimiento	*Capsicum annuum*	Fam. Solanáceas
Pimentón	*Capsicum annuum* cv Bola/Ñora, Jaranda, Jariza, Jeromín.	Fam. Solanáceas
Pino de Alepo, pino carrasco	*Pinus halepensis*	Fam. Pináceas
Pino longevo	*Pinus longaeva*	Fam. Pináceas
Piña, ananás	*Ananas comosus*	Fam. Bromeliáceas
Planta de la nieve, sarcodes	*Sarcodes sanguinea*	Fam. Ericáceas
Planta fantasma, pipa fantasma	*Monotropa uniflora*	Fam. Ericáceas
Plátano, banano, platanera	*Musa x paradisiaca*	Fam. Musáceas
Quino, quina, chinchona	*Chinchona officinalis*	Fam. Rubiáceas
Quinoa, quinua	*Chenopodium quinoa*	Fam. Amarantáceas
Rábano	*Raphanus sativus*	Fam. Brasicáceas o crucíferas
Rafflesia	*Rafflesia* spp.	Fam. Raflesiáceas
Rambután	*Nephelium lappaceum*	Fam. Sapindáceas
Regaliz	*Glycyrrhiza glabra*	Fam. Fabáceas o leguminosas
Remolacha	*Beta vulgaris*	Fam. Amarantáceas
Roble común	*Quercus robur*	Fam. Fagáceas
Rododendro, azalea	*Rhododendron*	Fam. Ericáceas
Romero	*Salvia rosmarinus*	Fam. Lamiáceas
Rosal	*Rosa* spp.	Fam. Rosáceas
Rosal silvestre	*Rosa canina*	Fam. Rosáceas
Rosa de Jericó	*Anastatica hierochuntica*	Fam. Brasicáceas o crucíferas
Ruda común	*Ruta graveolens*	Fam. Rutáceas
Rúcula	*Eruca vesicaria*	Fam. Brasicáceas o crucíferas
Salicornia	*Salicornia*	Fam. Amarantáceas
Sandía, melón de agua	*Citrullus lanatus*	Fam. Cucurbitáceas
Sarcocornia	*Sarcocornia*	Fam. Amarantáceas
Sarracenia	*Sarracenia* spp.	Fam. Sarraceniáceas

Sauce	Salix spp.	Fam. Salicáceas
Scybalium	Scybalium fungiforme	Fam. Balanoforáceas
Sequoya	Sequoia sempervirens	Fam. Cupresáceas
Sésamo, ajonjolí	Sesamum indicum	Fam. Pedaliáceas
Siempreviva azul	Limonium sinuatum	Fam. Plumbagináceas
Soja	Glycine max	Fam. Fabáceas o leguminosas
Striga	Striga spp.	Fam. Orobancáceas
Tabaco	Nicotiana tabacum	Fam. Solanáceas
Tamarindo	Tamarindus indica	Fam. Fabáceas o leguminosas
Té	Camellia sinensis	Fam. Teáceas
Teca africana, teca silvestre	Pterocarpus angolensis	Fam. Fabáceas o leguminosas
Tejo común	Taxus baccata	Fam. Taxáceas
Tejo del Pacífico	Taxus brevifolia	Fam. Taxáceas
Tomate	Solanum lycopersicum	Fam. Solanáceas
Tomatillo del diablo	Solanum nigrum	Fam. Solanáceas
Tomillo	Thymus vulgaris	Fam. Lamiáceas
Tornasol, cenclia, cendia	Chrozophora tinctoria	Fam. Euforbiáceas
Tradescantia lanosa	Tradescantia sillamontana	Fam. Commelináceas
Trébol	Trifolium spp.	Fam. Fabáceas o leguminosas
Trébol dulce	Melilotus officinalis	Fam. Fabáceas o leguminosas
Trébol subterráneo	Trifolium subterraneum	Fam. Fabáceas o leguminosas
Trigo	Triticum spp.	Fam. Poáceas
Tulipán	Tulipa spp.	Fam. Liliáceas
Tulipán de jardín	Tulipa gesneriana	Fam. Liliáceas
Uña de gato	Uncaria tomentosa	Fam. Rubiáceas
Vainilla	Vanilla planifolia	Fam. Orquidáceas
Venus atrapamoscas	Dionaea muscipula	Fam. Droseráceas
Vid	Vitis vinifera	Fam. Vitáceas
Violeta común	Viola odorata	Fam. Violácea
Winterfat, grasa de invierno	Krascheninnikovia Lanata	Fam. Amarantáceas
Yaca, Yack, árbol de jaca	Artocarpus heterophyllus	Fam. Moráceas
Zanahoria	Daucus carota	Fam. Apiáceas

BIBLIOGRAFÍA RECOMENDADA

PARTE I

Briones, C., Fernández Soto, A., Bermúdez de Castro, J.M. (2015). *Orígenes. El universo, la vida, los humanos*. Drakontos. Ed. Crítica.

Canales, C; del Rey, M. (2015). *Naves negras: La ruta de las especias*. Ed. EDAF.

Caro Baroja, J. (2015). *Las brujas y su mundo*. Ed. Alianza Editorial.

Druon, M. (2016). *Los venenos de la corona. Los reyes malditos III*. Ed. B de Bolsillo.

Goldgar, A. (2007). *Tulipmania, Money, Honor, and Knowledge in the Dutch Golden Age*. Chicago, IL, University of Chicago Press.

Harholt, J., Moestrup, Ø., Ulvskov, P. (2016). *Why Plants Were Terrestrial from the Beginning. Trends in Plant Science*, 21(2), 96-101. https://doi.org/10.1016/j.tplants.2015.11.010

Johannessen, J. A. (2017). *The Tulip Crisis of 1637*. En: *Innovations Lead to Economic Crises*. Ed. Palgrave Macmillan, Cham.

Margulis, L., Sagan, D. (2013). *Captando genomas. Una teoría sobre el origen de las especies*. Ed. Kairós S. A.

Michelet, J. (2004). *La bruja: Un estudio de las supersticiones en la Edad Media*. Ed. Akal.

Muñoz Páez, A. (2012). *Historia del veneno: de la cicuta al polonio*. Ed. Debate.

Orlikowska T., Podwyszyńska M., Marasek-Ciołakowska A., Sochacki D., Szymański R. (2018). *Tulip*. En: *Ornamental Crops. Handbook of Plant Breeding*, vol 11. Van Huylenbroeck J. (eds.) Springer, Cham.

Turner, J. (2018). *Las especias: Historia de una tentación*. Ed. Acantilado.

PARTE II

Basu, S., Kumar, G. (2020). *Nitrogen Fixation in a Legume-Rhizobium Symbiosis: The Roots of a Success Story*. En: *Plant Microbe Symbiosis*.

Varma A., Tripathi S., Prasad R. (eds). Springer, Cham. https://doi.org/10.1007/978-3-030-36248-5_3

Darwin, C. (2008). *Plantas insectívoras*. Ed. La Catarata.

— *Plantas carnívoras*. Ed. Laetoli S.L.

Ellison, A.M. (2015). *They Really Do Eat Insects*. In: *Darwin-Inspired Learning. New Directions in Mathematics and Science Education*. Boulter C.J., Reiss M.J., Sanders D.L. (eds) SensePublishers, Rotterdam. https://doi.org/10.1007/978-94-6209-833-6_19

Hedrich, R., Neher E. (2018). *Venus flytrap: how an excitable, carnivorous plant works. Trends in Plant Science* 23: 220–234. https://doi.org/10.1016/j.tplants.2017.12.004

Hurst, C.J. (2016). *The Rasputin effect: when commensals and symbionts become parasitic*. En: *Advances in Environmental Microbiology*. Springer International Publishing Switzerland.

Lambers H., Oliveira, R.S. (2019). *Biotic Influences: Carnivory*. En: *Plant Physiological Ecology*. Springer, Cham. https://doi.org/10.1007/978-3-030-29639-1_17

PARTE III

Alamgir, A.N.M. (2017). *Cultivation of Herbal Drugs, Biotechnology, and In Vitro Production of Secondary Metabolites, High-Value Medicinal Plants, Herbal Wealth, and Herbal Trade*. En: *Therapeutic Use of Medicinal Plants and Their Extracts*: Volume 1. Progress in Drug Research, vol 73. Ed. Springer, Cham. https://doi.org/10.1007/978-3-319-63862-1_9

Alamgir, A.N.M. (2017). *Pharmacognostical Botany: Classification of Medicinal and Aromatic Plants (MAPs), Botanical Taxonomy, Morphology, and Anatomy of Drug Plants*. En: *Therapeutic Use of Medicinal Plants and Their Extracts*: Volume 1. Progress in Drug Research, vol 73. Ed. Springer, Cham. https://doi.org/10.1007/978-3-319-63862-1_6

Baluška, F., Mancuso, S., Volkmann, D. (2006). *Communication in Plants. Neuronal Aspects of Plant Life*. Ed. Springer-Verlag, Berlin, Heidelberg.

Darwin, C. (2009). *Los movimientos y hábitos de las plantas trepadoras*. Ed. La Catarata.

Dhanker, R., Chaudhary, S., Kumari, A., Kumar, R., Goyal, S. (2020). *Symbiotic Signaling: Insights from Arbuscular Mycorrhizal Symbiosis*. En: *Plant Microbe Symbiosis*. Varma A., Tripathi S., Prasad R. (eds). Springer, Cham.

Das, A.J., Stephenson, N.L., Davis, K.P. (2016). *Why do trees die? Characterizing the drivers of background tree mortality. Ecology* 97, 2616–2627. https://doi.org/10.1002/ecy.1497

Dou, J., Beitz, J., Temple, R. (2019). *Development of Plant-Derived Mixtures as Botanical Drugs: Clinical Considerations.* En: *The Science and Regulations of Naturally Derived Complex Drugs. AAPS Advances in the Pharmaceutical Sciences* Series, vol 32. Sasisekharan, R., Lee, S., Rosenberg, A., Walker, L. (eds) Springer, Cham. http://doi-org-443.webvpn.fjmu.edu.cn/10.1007/978-3-030-11751-1_14

Eich, E. (2008). *Solanaceae and Convolvulaceae: Secondary Metabolites. Biosynthesis, Chemotaxonomy, Biological and Economic Significance* (A Handbook). Springer Berlin Heidelberg

Hasanuzzaman, M. (2020). *Agronomic Crops Volume 3: Stress Responses and Tolerance.* Springer Nature Singapore Pte Ltd.

Horst, R.K. (2013). *Westcott's Plant Disease Handbook.* Springer Science + Business Media. Dordrecht.

Kingsbury, N. (2018). *Historias secretas de los* árboles. Ed. Blume.

Kirkham, T. (2019). Árboles *extraordinarios.* Ed. Planeta.

Kikuzawa, K., Lechowicz, M. J. (2011). *Ecology of Leaf Longevity in Ecological Research Monographs.* Ed. Springer.

Kumar, A., Singh Meena, V. (2019). *Plant Growth Promoting Rhizobacteria for Agricultural Sustainability. From Theory to Practices.* Springer Nature Singapore Pte Ltd.

Mancuso, S. (2017). *El futuro es vegetal.* Ed. Galaxia Gutenberg.

Mancuso, S., Viola, A. (2015). *Sensibilidad e inteligencia en el mundo vegetal.* Ed. Galaxia Gutenberg.

Mishra, R.C., Bae, H. (2019). *Plant Cognition: Ability to Perceive 'Touch' and 'Sound'.* En: *Sensory Biology of Plants.* Sopory S. (eds) Springer, Singapore. 10.1007/978-981-13-8922-110.1007/978-981-13-8922-1_6

Munné-Bosch, S. (2014). *Perennial roots to immortality. Plant Physiology.* 166: 720-725. https://doi.org/10.1104/pp.114.236000

Munné-Bosch, S. (2018). *Limits to Tree Growth and Longevity. Trends in Plant Science*, 23: 985-993. https://doi.org/10.1016/j.tplants.2018.08.001

Rocky Mountain Tree-Ring Research. OLDLIST, A Database of Old Trees. http://www.rmtrr.org/oldlist.htm

Shepherd, V.A. (2012). *At the Roots of Plant Neurobiology.* En: *Plant Electrophysiology.* Volkov A. (eds). Springer, Berlin, Heidelberg. https://doi.org/10.1007/978-3-642-29119-7_1

Sopory, S., Kaul, T. (2019). *Sentient Nature of Plants: Memory and Awareness.* En: *Sensory Biology of Plants.* Sopory S. (eds) Springer, Singapore. https://doi.org/10.1007/978-981-13-8922-1_23

Swart, E.R. (1963). *Age of the baobab tree. Nature* 4881: 708-709. https://doi.org/10.1038/198708b0

Varma, A., Prasad, R., Tuteja, N. (2017). *Mycorrhiza - Function, Diversity, State of the Art.* Springer International Publishing AG https://doi.org/10.1007/978-3-319-53064-2

Varma, A., Tripathi, S., Prasad, R. (2019). *Plant Biotic Interactions. State of the Art.* Springer Nature Switzerland AG. https://doi.org/10.1007/978-3-030-26657-8

Varma, A., Tripathi, S., Prasad, R. (2020). *Plant Microbe Symbiosis.* Springer Nature Switzerland AG. https://doi.org/10.1007/978-3-030-36248-5

Vats, S. (2018). *Biotic and Abiotic Stress Tolerance in Plants.* Springer Nature Singapore Pte Ltd. https://doi.org/10.1007/978-981-10-9029-5

Vidhasekaran, P. (2020). *Plant Innate Immunity Signals and Signaling Systems.* En: *Bioengineering and Molecular Manipulation for Crop Disease Management.* Springer Nature B.V. https://doi.org/10.1007/978-94-024-1940-5

Wohlleben, P. (2019). *Comprender a los* árboles. Ed. Obelisco.

Xu, Z., Chang, L. (2017). *Solanaceae.* En: *Identification and Control of Common Weeds*: Volume 3. Springer, Singapore.

PARTE IV

Bahadur, B., Manchikatla V.R., Leela, S., Krishnamurthy, K.V. (2015). *Plant Biology and Biotechnology Volume I: Plant Diversity, Organization, Function and Improvement.* Springer India. https://doi.org/10.1007/978-81-322-2286-6

Bahadur, B., Pullaiah, T., Krishnamurthy, K.V. (2015). *Angiosperms: An Overview.* En: *Plant Biology and Biotechnology.* Bahadur, B., Venkat Rajam, M., Sahijram, L., Krishnamurthy, K. (eds). Springer, New Delhi.

Faisal, M., Alatar, A. (2019). *Synthetic Seeds. Germplasm Regeneration, Preservation and Prospects.* Springer Nature Switzerland. https://doi.org/10.1007/978-3-030-24631-0

Harley, M., Kesseler, R. (2012). *Polen.* Ed. Turner.

Kato, M. (2017). *Obligate Pollination Mutualism.* En *Ecological Research Monographs* Atsushi Kawakita. Springer, Tokyo https://doi.org/10.1007/978-4-431-56532-1

Mancuso, S. (2019). *El increíble viaje de las plantas*. Ed. Galaxia Gutenberg.

Seguí-Simarro, J.M. (2010). *Biología y Biotecnología Reproductiva de Plantas*. Ed. Universitat Politècnica de València.

Stuppy, W., Kesseler, R. (2013). *Semillas*. Ed. Turner.

GENERAL

Alonso, J.R., González, Y. (2016). *Botánica Insólita*. Ed. Next Door Publishers S. L.

González Jara, D. (2018). *El reino ignorado: Una sorprendente visión del maravilloso mundo de las plantas*. Editorial Ariel.

Madigan, M., Martinko, J.M., Bender, K.S., Buckley, D.H., Stahl, D.A. (2015). *Brock. Biología de los microorganismos* (13ª ED). Ed. Pearson.

Magdalena, C. (2018). *El mesías de las plantas*. Ed. Debate.

Mulet, J.M. (2017). *Transgénicos sin miedo*. Ed. Destino.

Raven, P.H., Evert, R.F., Eichhorn, S.E. (1992). *Biología de las Plantas*. Ed. Reverte.

Taiz, L., Zeiger, E. (2007). *Fisiología Vegetal* (2 volúmenes). Ed. Universidad Jaume I.